误差理论与测量平差基础

Error Theory and Foundation of Surveying Adjustment

瞿 伟 赵丽华 张菊清 赵超英
凌 晴 张 静 康 亚 编著

中国地质大学出版社
CHINA UNIVERSITY OF GEOSCIENCES PRESS

内容提要

本书是测绘类本科专业必修的专业基础课通用教材。本书系统、全面地介绍了测量误差的基本理论、测量平差的基本原理和基本方法，以及测量平差的应用，概述了现代测量平差的基本理论。全书共8章，主要内容包括误差理论基础、测量平差数学模型与最小二乘原理、测量平差基本方法、误差椭圆、测量平差模型误差的假设检验、近代测量平差概论等。本书内容充实、层次分明、体系完整、理论与应用并重，不仅包括了测量数据处理的经典理论，而且反映了测量平差的当代进展。

本书可作为高等学校测绘类专业本科教材，也可作为其他技术人员了解误差理论与测量平差知识的参考书。

图书在版编目(CIP)数据

误差理论与测量平差基础/瞿伟等编著. —武汉：中国地质大学出版社，2024.12. —ISBN 978-7-5625-5991-7

Ⅰ. O241.1;P207

中国国家版本馆CIP数据核字第2024NA4864号

误差理论与测量平差基础	瞿　伟　赵丽华　张菊清　赵超英	编著
	凌　晴　张　静　康　亚	

责任编辑：李焕杰	选题策划：李焕杰	责任校对：沈婷婷

出版发行：中国地质大学出版社(武汉市洪山区鲁磨路388号)	邮编：430074
电　　话：(027)67883511　　　传　真：(027)67883580	E-mail:cbb@cug.edu.cn
经　　销：全国新华书店	http://cugp.cug.edu.cn
开本：787毫米×1092毫米　1/16	字数：300千字	印张：12.25
版次：2024年12月第1版	印次：2024年12月第1次印刷	
印刷：武汉市籍缘印刷厂		
ISBN 978-7-5625-5991-7		定价：39.00元

如有印装质量问题请与印刷厂联系调换

前　言

为了落实党的二十大精神和习近平新时代中国特色社会主义思想进课堂、进教材及立德树人的根本任务，为高等教育测绘类专业人才培养提供优质教材，特编写本书。

2024年教育部发布的最新《普通高等学校本科专业目录(2024年)》中，测绘类专业设置有测绘工程、遥感科学与技术、导航工程、地理国情监测、地理空间信息工程等。"误差理论与测量平差基础"作为测绘类专业几门核心课程之一，是测绘类专业学生必修的专业基础课。按照新的课程标准和教学大纲，为适应新时代测绘人才"宽口径、厚基础、强能力、高素质"的培养目标，以加强基础理论、注重基本方法和培养动手能力为出发点，在几代测量平差教师多年教学和科研成果的基础上，经集体讨论编写完成了本书。

本书以带有偶然误差的观测量为处理对象，系统阐述测量误差处理的基本原理与方法，为实际工程中测量数据的处理提供理论支撑。全书分为8章，主要内容如下：第1章主要介绍测量平差的基本概念、发展简史；第2章介绍误差理论基础；第3章主要介绍测量平差函数模型与随机模型建立、测量平差的准则；第4章、第5章主要介绍测量平差的4种基本方法及其在典型工程中的应用，包括条件平差与附有参数的条件平差，间接平差与附有限制条件的间接平差；第6章介绍误差椭圆及其在线状工程与线要素定位精度评价中的应用；第7章主要介绍偶然误差特性、误差分布正态性与平差模型正确性的统计检验；第8章主要介绍近代测量平差基本理论和基本方法，为进一步学习后续课程奠定基础。

本书的特色主要体现在以下两个方面：

(1)对测量平差中4类主要平差方法进行了内容重构与合并，结构合理，主线清晰，逻辑性强，增加了易读性。

(2)为适应现代测量技术对数据处理的需求，培养学生理论联系实际和解决实际问题的能力，本书在应用案例中增设了大地测量、遥感科学与技术、地理信息科学典型工程案例。

本书由长安大学、兰州理工大学、南京邮电大学的多名老师共同编写。其中，第1章、第2章由长安大学瞿伟教授编写，第3章由长安大学赵丽华副教授编写，第4章由兰州理工大学凌晴副教授编写，第5章由长安大学瞿伟教授(5.1～5.2节)、兰州理工大学凌晴副教授(5.3～5.4节)、长安大学赵丽华副教授(5.5节～5.6.3小节)、长安大学赵超英教授(5.6.4～5.6.5小节)、长安大学张菊清教授(5.6.6～5.6.7小节)编写，第6章由长安大学张菊清教授编写，第7章由长安大学张静老师编写，第8章由长安大学赵超英教授、南京邮电大学康亚老师编写。全书由长安大学瞿伟教授、赵丽华副教授、张菊清教授统一修改定稿。

本书的编写得到了长安大学地质工程与测绘学院张勤教授的关心和支持，同时也得到了陕西高等教育教学改革研究(本科/重点攻关)项目(23BG015)、陕西省一流本科课程“测量平差基础”资助,在此深表感谢。

由于作者水平有限,书中难免有不足之处,恳请读者提供改进意见,以便重印或再版时修订。

作者
2024 年 7 月

目　录

1 绪 论

测量数据是指利用某种仪器、工具、传感器或其他观测手段获取的,能够反映地球与其他实体空间分布有关信息的数据。测量数据可以是直接测量的结果,也可以是经过某种变换后的结果。任何测量数据均包含信息和噪声两个部分,采集数据是为了获取有用信息,而噪声却是对有用信息的干扰,必须设法予以排除或减弱噪声对观测结果的影响,在测量数据处理中也常称此为误差。

误差具有必然性与普遍性的特点,会显著地影响测量数据的质量。因此,在测量过程中发现误差并减弱误差的影响,是提高测量成果质量的关键。高斯(Gauss)和勒让德尔(Legendre)于18世纪末创立了解决这一问题的基本理论和方法,即最小二乘法。两个多世纪以来,随着科学技术的不断进步,特别是随着近代科技的飞速发展,最小二乘法也增添了许多新的内容,理论更趋全面严谨,方法更加灵活多样,应用也更为广泛。

1.1 测量平差的基本概念

在测量过程中,由于受到各种因素的影响,测量结果不可避免地会含有误差。例如,对一段距离进行重复的观测,各次观测的距离长度不可能完全相同。又如,一个平面三角形3个内角之和理论上应该等于180°,但如果对这3个内角进行观测,观测值之和通常不等于180°。由此表明,在实际观测中观测值与理论值之间会存在差异,这种差异也表明了观测值中总含有误差。因此,研究观测误差的内在规律,对含有误差的观测数据进行合理的处理并评定其精度,是实际测量工作中需要解决的重要问题。

1.1.1 观测误差

测量工作是观测者利用测量仪器,在一定的外界条件下,测定地球表面自然形态的地理要素和地表人工设施的形状、大小、空间位置及其属性等。例如,角度观测、边长丈量、高差测量等。因此,通常将观测者、测量仪器和外界条件三者统称为观测条件。

由于观测条件不可能尽善尽美,因此在一定的观测条件下得到的观测结果,不可能恰好等于被观测量的真值。这种由观测条件不完善引起的观测量与其真值之间的差异称为观测真误差。然而真值往往不可知,通常用其最佳估计值(理论真值)来代替,并称观测值与其理论真值之间的差异为观测误差。

1.1.2 观测误差的来源

观测误差产生的原因很多,概括起来主要有以下4个方面:

(1)测量仪器。测量仪器是指采集数据所采用的仪器或设备。由于每一种测量仪器的准确度有限,因此仪器观测所得的数据也必然带有误差。例如,利用刻有厘米分划的普通水准尺进行水准测量时,就难以保证在估读厘米以下的尾数时正确无误。同时,仪器本身也有一定的误差,如水准仪的视准轴不平行于水准轴,电磁波测距仪的零位误差、电路延迟,使用自动化精密仪器(如全站仪、GNSS接收机等)采集的数据等也存在仪器误差。

(2)观测者。由于观测者感觉器官的鉴别能力有一定的局限性,因此在仪器的安置、照准、读数等方面也均会产生误差。同时,观测者的工作态度、技术水平以及情绪的变化,也会对观测成果的质量产生影响。

(3)外界环境。实际观测过程所处的环境,如温度、湿度、风力、风向及大气折光和电离层延迟等因素均会对观测结果产生影响,而且随着这些因素的变化,如温度的高低、湿度的大小、风力的强弱及大气折光的不同,其对观测结果的影响也不同。例如,中午时段受大气折光的影响要大于早上和晚上。因此,在外界自然条件下进行观测时,观测结果必然会存在误差。对于高精度的测量,则更加需要关注外界环境导致的观测误差。

(4)观测对象。观测目标本身的结构、状态和清晰程度等,也会对观测结果产生影响。例如,三角测量中的观测目标觇标和圆筒由于风吹日晒而产生的偏差。

上述测量仪器、观测者、外界环境和观测对象4个方面的因素(也称测量条件)是导致测量过程中产生误差的主要来源。不难得出:如果测量条件好,观测误差会小,观测成果质量会高;如果测量条件差,观测误差会大,观测成果质量则会低;如果测量条件相同,观测误差的量级则相同。因此,观测成果的质量高低也客观反映了观测条件的优劣。测量条件相同的观测称为等精度观测,在相同测量条件下获取的观测值称为等精度观测值;测量条件不同的观测称为非等精度观测,相应的观测值称为非等精度观测值。

由于测量条件不尽完善,因此测量误差也不可避免。为了检验观测结果的精确性,提高观测结果的可靠性,实际测量工作中最有效的方法是进行多余观测,利用多余观测值之间的关系来揭示误差、发现错误,从而提高观测结果的质量。

1.1.3 观测误差的分类

观测误差按其性质可分为偶然误差、系统误差和粗差3类。

(1)偶然误差。在相同的观测条件下进行一系列的观测,如果观测误差在大小和符号上均表现出偶然性,即从单个误差来看该误差的大小和符号没有规律性,但从误差总体来看,其误差分布具有一定的统计规律,这类误差称为偶然误差。

偶然误差是由各种随机因素影响而产生的误差,其产生的原因具有多样性,往往难以预知和控制。例如,仪器本身构造的各种因素不完善引起的观测误差,观测者的估读、照准等因素引起的观测误差,以及不断变化的外界条件(如风力、风向、温度、湿度、目标背景、电磁干扰等多种偶然因素)引起的观测误差均属于偶然误差。此外,如果观测数据的误差是由许多微小偶然误差项构成,其总和也是偶然误差。例如,测角误差可能是照准误差、读数误差、外界条件变化和仪器本身不完善等多项偶然误差的总和。因此,某一观测值最后的观测误差实际可能是由多种因素引起的误差总和。依据统计学大数定律,多项偶然误差总和服从或近似服从正态分布,因而在测量中常将大量偶然误差视为服从正态分布的误差。由于偶然误差是由各种随机因素引起的,因此又被称为随机误差。

在测量过程中,偶然误差是不可避免的。经典最小二乘平差就是在认为观测值中仅含有偶然误差的情况下,调整误差,消除矛盾,求出最可靠值,并进行精度评定。

(2)系统误差。在相同的观测条件下进行一系列的观测,如果误差在大小、符号上表现出系统性,或误差在观测过程中按一定的规律变化,抑或为某一常数,这类误差称为系统误差。例如,利用钢尺量距时由钢尺的尺长误差引起的量距误差,水准仪视准轴与水准管轴不平行引起的误差,测距仪的工作频率与标准频率不一致引起的测距误差等均属于系统误差。此外,有些系统误差源对一部分观测呈规律性影响,而对另一部分观测影响则表现出有正有负的随机性。总体而言,此类系统误差属于随机性系统误差,在测量中也被称为半系统误差。

系统误差对于观测结果的影响一般具有累积性,其对观测成果质量的影响也较为显著。在实际测量工作中,应采用一定的方法减弱系统误差的影响。目前,削弱系统误差的方法主要有3种:一是在观测方法或观测程序上采取必要的措施。例如,在三角测量中的正倒镜观测,盘左、盘右读数,分不同时段进行观测;三角高程中的对向观测;水准测量中的前后视距保持相等。二是找出系统误差产生的原因。找出系统误差出现的规律并求出其数值,通过建立一定的数学模型,在平差计算前按一定模型对观测值进行系统误差改正。例如,在距离丈量中的尺长改正、温度改正,以及各种观测中的气象改正等。三是当系统误差的存在及其对观测结果的影响不能利用前述两种方法予以减弱时,应在平差计算中,将系统误差视为未知参数纳入平差函数模型一并解算得出并进行扣除。

(3)粗差。粗差是一种大量级的观测误差,可能是由测量过程中的差错造成的,也可能是电子仪器设备的故障所导致。例如,作业人员的疏忽大意而引起的读错、记错、瞄错目标,计算机输入数据错误,航测相片判读错误,控制网起始数据错误,全球卫星导航定位系统(GNSS)中的周跳等。

粗差对测量结果的影响比较大,因此在测量过程中应尽量避免出现粗差。发现粗差的有效方法是进行多余观测,以及采用严格的检核、验算等措施。但现代对地观测技术,如全球卫星导航定位系统(GNSS)、地理信息系统(GIS)、遥感(RS)及其他高精度自动化数据采集,在海量监测数据中不可避免地会含有粗差,往往很难利用前述传统方法对粗差进行有效识别与处理,此时则需要通过合适的数据处理方法对粗差进行识别与处理。

1.1.4 测量平差的任务

由于观测结果不可避免地含有误差,因此,如何处理带有误差的观测值,求出待求量(以下称未知量)的最佳估值,是测量平差研究的主要内容。在测量工作中,通常需要进行多余观测。多余观测被定义为多于必要观测的观测,而必要观测是指确定一个几何或物理问题所需要的最少观测个数。例如,精确测定某一段距离长度时,实际仅需要观测一次即可确定出量值(即必要观测),但因为实际观测中含有误差,因此通常采取的措施是多次观测并取其平均值作为最终的量值。再例如,对于一个平面三角形,确定其中的任意2个内角,即可确定三角形形状,因此必要观测为2。但实际工作中,通常都是观测3个内角,于是会产生一个多余观测,以此检核是否存在粗差,并可依据3个内角的角度闭合差按一定的准则加以分配,以此提高观测精度。

多余观测在实际观测中有着重要的作用，可以揭示出测量误差，同时通过多余观测也可发现观测结果与理论值之间存在的矛盾。为了消除矛盾，则必须对观测结果进行平差处理。因此多余观测是测量平差的前提条件，当观测值存有多余观测，则可依据一定的数学模型和估计准则，对含有误差的观测数据进行合理的调整，从而求得一组没有矛盾的最可靠结果，并评定其精度，这一过程被称为测量平差。测量平差的数学模型包括函数模型和随机模型：函数模型是指观测值之间、未知参数与观测值之间，以及未知参数之间数学函数关系的模型，它是确定客观实际的本质或特征的模型；随机模型则是描述观测值精度特性的模型，通常利用观测向量的方差-协方差矩阵或权矩阵表示。

当观测值中仅含有偶然误差，则可以采用最小二乘平差准则处理，这属于经典测量平差范畴，也是测量平差的基础内容。如果观测值中除了偶然误差外，还包含有系统误差或粗差，针对此类含有多种不同类型误差的数据处理方法则属于近代测量平差的范畴。经典平差和近代测量平差理论与方法是测绘学科中测量数据处理和质量控制的基础，在 GNSS、GIS、RS 及其集成的现代测量技术和高精度自动化数据采集与处理中得到了广泛的应用。本书主要涉及经典测量平差的内容，是在观测值中不含有系统误差和粗差的假设前提下，利用最小二乘平差准则求未知量的最佳估值并进行精度评定的理论和方法，这实质上也就是测量平差的基本任务。

1.2 测量平差的发展简史

测量平差与其他学科一样，均是随着生产需要而产生，并在生产实践过程中随着科学技术的进步而不断发展。从 18 世纪末到现今，测量平差主要经历了经典平差和近代平差阶段。

1.2.1 经典平差发展历史

经典平差主要研究观测值中仅含有偶然误差的情况。18 世纪末，在测量学、天文测量学等实践中提出了如何消除由观测误差引起的观测量之间矛盾的问题，即如何从含有误差的观测值中找出未知量的最佳估值。

1794 年，年仅 17 岁的高斯(Gauss)首先提出了解决这一问题的方法，即最小二乘法。他根据偶然误差的 4 个特性，以算术平均值作为待求量的最或然值，推导了偶然误差的概率分布，并给出了在最小二乘原理下求解未知量最或然值的方法，但当时这一理论并未发表。

1801 年，意大利天文学家朱赛普·皮亚齐(Giuseppe Piazzi)发现了第一颗小行星谷神星，在经过 40 天的跟踪观测后，谷神星运行至太阳背后，导致观测时失去了谷神星的位置。随后全世界的科学家利用皮亚齐的观测数据开始寻找谷神星，但根据大多数人计算的结果并未寻找到谷神星。时年 24 岁的高斯利用最小二乘法计算了谷神星的轨道，德国天文学家海因里希·奥伯斯(Heinrich Olbers)则根据高斯计算出来的轨道重新发现了谷神星。

1809 年，高斯在《天体运动的理论》一文中正式发表了最小二乘法。在此之前的 1806 年，勒让德尔(Legendre)也发表了《决定彗星轨道方法》一文，他从代数观点也独立提出了最小二乘法，并定名为最小二乘法。因此，后人也将此方法称为高斯-勒让德尔方法。

19 世纪初至 20 世纪五六十年代的 100 多年来，测量平差学者在基于偶然误差并依最小二乘准则的平差方法上开展了诸多研究，提出了一系列解决各类测量问题的平差方法。例如，提出了高斯约化法（高斯-杜里特表格）、平方根法（乔勒斯基法）等解算线性方程组的方法，以及许多分组解算线性方程组的方法，以达到简化计算的目的。

1.2.2 近代平差发展历史

自 20 世纪五六十年代开始，随着计算技术的进步和生产实践中对测量成果高精度的需要，测量平差得到了较大的发展，主要表现在以下几个方面：

（1）研究对象从偶然误差扩展到系统误差和粗差。在偶然误差理论的基础上，对误差理论及其相应平差理论和方法进行了全方位研究，扩展了测量平差学科的研究领域和范围。

（2）从独立观测值发展到相关观测值。1947 年，铁斯特拉（Tienstra）提出了相关观测值平差理论，但限于当时的计算条件，直至 20 世纪 70 年代以后该理论才被广泛应用。相关平差的出现，使得观测值的概念广义化，将经典最小二乘平差法推向更广泛的应用领域。

（3）从非随机参数发展到随机参数。在经典最小二乘平差法中，通常将所选的平差参数（未知量）均假设是非随机变量。但随着测量技术的不断进步，需要解决观测量和平差参数均为随机变量的平差问题。20 世纪 60 年代末，莫里茨（Moritz）、克拉鲁普（Krarup）提出了顾及参数随机性的最小二乘平差方法，并将其命名为最小二乘滤波、推估和配置，也被称为拟合推估法。此类方法最早被用于解决最小二乘内插和外推重力异常等的平差问题。

（4）从满秩平差发展到秩亏平差。经典最小二乘平差法是满秩平差，即平差时法方程系数阵满秩，方程组有唯一解。20 世纪 60 年代迈塞尔（Meissl）提出了针对非满秩平差问题的平差原理，经 70—80 年代国内外学者深入研究（如我国测量平差奠基人周江文教授、陶本藻教授等），形成了秩亏自由网平差理论体系和多类解法，并广泛应用于测量实践中。

（5）从先验定权发展到后验定权。随着微波测距技术在测量中的应用，经典平差中的定权理论和方法也被革新。许多学者致力于将经典的先验定权拓展到后验定权。在 20 世纪 80 年代，方差-协方差估计理论的提出被广泛应用于测量实践中。

（6）从偶然误差平差发展到含有系统误差的平差方法。当观测值中含有显著的系统误差时，针对系统误差的相应平差方法也随之产生，如附有系统参数的平差法等。为了检验系统误差的存在和影响，数理统计学中的假设检验方法被引入平差理论中，进一步结合平差的对象和特点，测量平差的学者又发展了测量平差统计假设检验理论。

（7）从偶然误差平差进一步发展到含有粗差的平差方法。除偶然误差与系统误差外，观测中还可能含有粗差，因此针对粗差的相应误差理论也得到了发展，其中最著名的是 20 世纪 60 年代后期荷兰巴尔达（Baarda）教授提出的测量系统的数据探测法和可靠性理论，为粗差的理论研究和检验方法奠定了基础。处理粗差问题，一种途径是进行粗差探测，对粗差进行定位和剔除；另一种途径则是稳健估计方法，或称抗差估计，它是通过降权的方法削弱粗差对观测成果的影响。

此外，测量平差还从研究函数模型扩展至随机模型，从无偏估计扩展至有偏估计，从最小二乘估计准则扩展到其他多类估计准则，从线性模型参数估计扩展到非线性模型的参数估计，从仅处理静态数据扩展到处理动态数据，以及从处理误差扩展到处理不确定性等。

综上，自20世纪70年代以来，测量平差与误差理论得到了长足的发展。这些研究成果在常规测量技术中得到了广泛且成功的应用，但在当下日益更新的现代测绘新技术发展背景下，如何利用已有方法及研究提出新平差理论与方法，以适应现代数据处理高精度的需要，是一个值得持续深入研究的课题。

1.3 本书的主要内容

本书以带有偶然误差的观测值为处理对象，系统阐述测量误差处理的基本原理与方法，为实际工程中测量数据的处理提供理论支撑。

本书的主要内容包括以下几个方面：

(1)误差理论基础。包含随机变量数字特征、偶然误差的分布特性、精度和衡量精度的指标、误差传播定律及其在典型测量工程中的应用等。

(2)平差数学模型与最小二乘原理。阐述与测量平差相关的基本概念、测量平差的函数模型和随机模型的建立，以及参数估计与最小二乘平差准则等。

(3)条件平差与附有参数的条件平差。介绍条件平差原理与精度评定、附有参数的条件平差原理与精度评定，以及两类测量方法在实际测量案例中的应用。

(4)间接平差与附有限制条件的间接平差。介绍间接平差原理与精度评定，附有限制条件的间接平差原理与精度评定，以及两类测量方法在典型测量控制网、GNSS网、坐标转换、遥感影像几何校正、空间数据插值等实际工程中的应用。

(5)误差椭圆。介绍点位误差、误差曲线与误差椭圆，点位落入误差椭圆内的概率，以及误差椭圆在实际线状工程与线要素定位精度中的应用等。

(6)测量平差模型误差的假设检验。介绍假设检验的基本概念、基本方法，以及偶然误差特性、误差分布正态性和平差模型正确性的假设检验。

(7)近代测量平差概论。阐述秩亏自由网平差、附加系统参数平差，粗差探测与稳健估计等的原理和方法，为后续近代测量数据处理理论学习及应用打下基础。

2 误差理论基础

经典测量平差的任务是处理一系列带有偶然误差的观测值，求出未知量的最佳估值，并评定测量成果的精度。而解决上述问题的基础，是要研究观测误差的一些统计特性。偶然误差是一种随机变量，带有偶然误差的观测量也是随机变量。因此，本章从分析偶然误差的统计规律性入手，引出测量中常用的精度含义，以及衡量精度的指标，并进一步阐明误差传播律及其在测量中的应用。

2.1 随机变量数字特征

2.1.1 数学期望

随机变量取值的概率平均值称为随机变量 X 的数学期望，记作 $E(X)$。

如果 X 是离散型随机变量，其可能取值为 $x_i(i=1,2,\cdots,n)$，$X=x_i$ 的概率为 $P(X=x_i)=p_i$，且 $\sum_{i=0}^{n} p_i = 1$，则数学期望可定义为

$$E(X) = \sum_{i=0}^{n} x_i p_i \tag{2.1.1}$$

如果 X 是连续型随机变量，其分布密度为 $f(x)$，则数学期望可定义为

$$E(X) = \int_{-\infty}^{+\infty} x f(x)\mathrm{d}x \tag{2.1.2}$$

数学期望有如下性质：

性质①：若 C 为常数，则有 $E(C)=C$。

严格意义上讲，一个常数 C 不具有随机性，不是真正意义上的随机变量，但在概率论中为了讨论方便，常将常数 C 看作随机变量的一种极端情况，即一个只取常数 C 的特殊随机变量。此时，随机变量称作点分布的随机变量，其概率分布为 $P(X=C)=1$。

证明：

$$P(X=C)=1$$

故

$$E(X)=E(C)=C\times 1=C$$

性质②：若 C 为常数，则有 $E(CX)=CE(X)$。

证明：设 X 为连续型随机变量，其概率密度函数为 $f(x)$，则

$$E(CX) = \int_{-\infty}^{+\infty} Cxf(x)\mathrm{d}x = C\int_{-\infty}^{+\infty} xf(x)\mathrm{d}x = CE(X)$$

性质③:$E(X \pm Y)=E(X) \pm E(Y)$。

证明:设(X,Y)为二维连续型随机变量,其联合概率密度函数为$f(x,y)$,关于X与Y的边缘概率密度函数分别为$f_x(x)$、$f_y(y)$,则

$$
\begin{aligned}
E(X \pm Y) &= \iint_{-\infty}^{+\infty}(x \pm y)f(x,y)\mathrm{d}x\mathrm{d}y \\
&= \iint_{-\infty}^{+\infty} xf(x,y)\mathrm{d}x\mathrm{d}y \pm \iint_{-\infty}^{+\infty} yf(x,y)\mathrm{d}x\mathrm{d}y \\
&= \int_{-\infty}^{+\infty} x\left[\int_{-\infty}^{+\infty} f(x,y)\mathrm{d}y\right]\mathrm{d}x \pm \int_{-\infty}^{+\infty} y\left[\int_{-\infty}^{+\infty} f(x,y)\mathrm{d}x\right]\mathrm{d}y \\
&= \int_{-\infty}^{+\infty} xf_X(x)\mathrm{d}x \pm \int_{-\infty}^{+\infty} yf_Y(y)\mathrm{d}y \\
&= E(X) \pm E(Y)
\end{aligned}
$$

推论:$E(X_1 \pm X_2 \pm \cdots \pm X_n)=E(X_1) \pm E(X_2) \pm \cdots \pm E(X_n)$。

性质④:设X与Y相互独立,则有$E(XY)=E(X)E(Y)$。

证明:设X、Y为二维连续型随机变量,其联合概率密度函数为$f(x,y)$,关于X与Y的边缘概率密度函数分别为$f_x(x)$、$f_y(y)$,则

$$
\begin{aligned}
E(XY) &= \iint_{-\infty}^{+\infty} xyf(x,y)\mathrm{d}x\mathrm{d}y \\
&= \iint_{-\infty}^{+\infty} xyf_x(x)f_y(y)\mathrm{d}x\mathrm{d}y \\
&= \int_{-\infty}^{+\infty} xf_X(x)\mathrm{d}x \int_{-\infty}^{+\infty} yf_Y(y)\mathrm{d}y \\
&= E(X)E(Y)
\end{aligned}
$$

推论:设$X_1,X_2,\cdots,X_n$相互独立,则$E(X_1,X_2,\cdots,X_n)=E(X_1)\cdot E(X_2)\cdot\cdots\cdot E(X_n)$。

性质⑤:满足柯西-施瓦茨(Cauchy-Schwarz)不等式。设X与Y是随机变量,若$E(X)$与$E(Y)$存在,则有$[E(XY)]^2 \leqslant E(X^2)\cdot E(Y^2)$。

证明:

令

$$g(t)=E(tX-Y)^2$$

则

$$g(t)=E(tX-Y)^2=t^2E(X^2)-2tE(XY)+E(Y^2)$$

$\forall t \in R$,恒有$g(t) \geqslant 0$,令$g(t)=0$,其判别式$\Delta=4[E(XY)]^2-4E(X^2)E(Y^2) \leqslant 0$,即$[E(XY)]^2 \leqslant E(X^2)E(Y^2)$。

2.1.2 方差

$E(X)$描述了随机变量X的“平均取值”数字特征,X的一切可能取值分散在$E(X)$的两侧,围绕着$E(X)$左右波动。常用$E[X-E(X)]^2$来衡量取值的离散程度,$E[X-E(X)]^2$能反映出X所有可能取值与$E(X)$之间的离散程度,即本节所要讨论的数字特征——方差。

随机变量 X 的方差记作 $D(X)$，其定义为

$$D(X)=E[X-E(X)]^2=E(X^2)-[E(X)]^2 \tag{2.1.3}$$

式中：$E(X)$ 为 X 的数学期望。

如果 X 是离散型随机变量，其可能取值为 $x_i(i=1,2,\cdots)$，则方差可表示为

$$D(X)=\sum_{i=1}^{\infty}[x_i-E(X)]^2 \tag{2.1.4}$$

如果 X 是连续型随机变量，其分布密度为 $f(x)$，则方差可表示为

$$D(X)=\int_{-\infty}^{+\infty}[x-E(X)]^2 f(x)\mathrm{d}x \tag{2.1.5}$$

当 X 的所有可能取值越集中在 $E(X)$ 附近时，$D(X)$ 越小；反之，$D(X)$ 越大。$D(X)$ 越小，说明 X 与 $E(X)$ 之间离散程度越小。在实际测量工作中，$D(X)$ 越小，精度越高。

对方差性质的研究不仅可以加深理解方差的本质，也可以简化运算。方差具有如下性质：

性质①：若 C 为常数，则有 $D(C)=0$。

证明：

$$D(C)=E[C-E(C)]^2=E(C-C)^2=0$$

性质②：若 C 为常数，则有 $D(CX)=C^2D(X)$。

证明：

$$D(CX)=E[CX-E(CX)]^2=C^2E[X-E(X)]^2=C^2D(X)$$

性质③：设随机变量 X 与 Y 相互独立，则有 $D(X\pm Y)=D(X)+D(Y)$。

证明：

$$\begin{aligned}D(X+Y)&=E[(X+Y)-E(X\pm Y)]^2\\&=E\{[X-E(X)]\pm[Y-E(Y)]\}^2\\&=E\{[X-E(X)]^2\pm2[X-E(X)][Y-E(Y)]+[Y-E(Y)]^2\}\\&=E[X-E(X)]^2\pm2E\{[X-E(X)][Y-E(Y)]\}+E[Y-E(Y)]^2\\&=D(X)\pm2E\{[X-E(X)][Y-E(Y)]\}+D(Y)\end{aligned}$$

若 X 与 Y 相互独立，则它们的函数也相互独立，即 $X-E(X)$ 与 $Y-E(Y)$ 相互独立，于是有

$$2E\{[X-E(X)][Y-E(Y)]\}=2E[X-E(X)]E[Y-E(Y)]=2[E(X)-E(X)][E(Y)-E(Y)]=0$$

因此

$$D(X\pm Y)=D(X)+D(Y)$$

数学期望、方差都是一维随机变量的数字特征，对于二维随机变量 (X,Y)，除了关注单个随机变量 X 与 Y 的期望和方差外，还需要关注刻画两个随机变量 X 与 Y 之间相互关系的数字特征——协方差和相关系数。

2.1.3 协方差

协方差是描述两个随机变量 X、Y 之间的相关程度，记作 σ_{XY}，定义为

$$\sigma_{XY}=E\{[X-E(X)][Y-E(Y)]\} \tag{2.1.6}$$

当 X 和 Y 的协方差 $\sigma_{XY}=0$ 时，表示这两个随机变量互不相关；当 $\sigma_{XY}\neq 0$ 时，则表示两者之间相关。

2.1.4 相关系数

除协方差外，两个随机变量 X、Y 的相关性还可以用相关系数来表述。相关系数定义为

$$\rho=\frac{\sigma_{XY}}{\sqrt{D(X)}\sqrt{D(Y)}}=\frac{\sigma_{XY}}{\sigma_X\sigma_Y} \tag{2.1.7}$$

式中：$\sigma_X=\sqrt{D(X)}$，$\sigma_Y=\sqrt{D(Y)}$，分别称为随机变量 X 和 Y 的标准差。

可以证明，相关系数取值范围为 $-1\leqslant\rho\leqslant 1$。

2.2 偶然误差的分布特征

偶然误差是由测量条件中多种随机因素的偶然性影响而产生的误差，如果每种误差都是独立且对误差总体都不构成决定性的影响，则符合中心极限定理的条件。如果把构成偶然误差的各种随机影响看成是随机变量，那么观测值的误差就是服从正态分布的随机变量。

2.2.1 正态分布

无论是在理论中还是在实际应用中，正态分布均是一种很重要的分布，它是一种最常见的概率分布，是处理观测数据的基础。

(1)设有相互独立的随机变量 $x_1,x_2,\cdots,x_n$，总和为 $X=\sum_{i}^{n}x_i$，无论这些随机变量原来服从什么分布，也无论它们是同分布还是不同分布，只要它们具有有限的数学期望和方差，且其中每一个随机变量对总和 X 的影响都是均匀的，即没有一个变量比其他的变量占有绝对优势，总和 X 将服从或近似服从正态分布。

(2)有许多分布，如后续提及的 t 分布、χ^2 分布等，当 $n\to\infty$时，它们多趋近于正态分布，或者说，许多分布都是以正态分布为其极限分布的。

1.一维正态分布

假设一维随机变量 x 的概率密度为

$$f(x)=\frac{1}{\sqrt{2\pi}\sigma}\mathrm{e}^{-\frac{(x-\mu)^2}{2\sigma^2}}(-\infty<x<+\infty) \tag{2.2.1}$$

则称该随机变量服从正态分布，简记为 $x\sim N(u,\sigma^2)$。正态分布有时也称为高斯分布。式(2.2.1)中，μ 和 σ 是分布密度的两个参数。可以证明，它们分别是随机变量 X 的期望和标准差。

1)μ 为正态随机变量 X 的数学期望

根据数学期望的定义，有

$$E(x)=\int_{-\infty}^{+\infty}xf(x)\mathrm{d}x=\int_{-\infty}^{+\infty}x\frac{1}{\sqrt{2\pi}\sigma}\mathrm{e}^{-\frac{(x-\mu)^2}{2\sigma^2}}\mathrm{d}x \tag{2.2.2}$$

作变量代换，令 $t=\frac{x-\mu}{\sigma}$，得

$$E(x)=\frac{1}{\sqrt{2\pi}}\int_{-\infty}^{+\infty}(\sigma t+\mu)\mathrm{e}^{-\frac{1}{2}t^2}\mathrm{d}t=\frac{\sigma}{\sqrt{2\pi}}\int_{-\infty}^{+\infty}t\mathrm{e}^{-\frac{1}{2}t^2}\mathrm{d}t+\frac{\mu}{\sqrt{2\pi}}\int_{-\infty}^{+\infty}\mathrm{e}^{-\frac{1}{2}t^2}\mathrm{d}t$$

因

$$\int_{-\infty}^{+\infty}t\mathrm{e}^{-\frac{1}{2}t^2}\mathrm{d}t=0,\quad \int_{-\infty}^{+\infty}\mathrm{e}^{-\frac{1}{2}t^2}\mathrm{d}t=\sqrt{2\pi}$$

故

$$E(x)=\frac{\mu}{\sqrt{2\pi}}\sqrt{2\pi}=\mu$$

2)正态随机变量 x 的方差

根据方差的定义，有

$$D(x)=\int_{-\infty}^{+\infty}[x-E(x)]^2f(x)\mathrm{d}x=\frac{1}{\sqrt{2\pi}\sigma}\int_{-\infty}^{+\infty}(x-\mu)^2\mathrm{e}^{-\frac{1}{2\sigma^2}(x-\mu)^2}\mathrm{d}x$$

作变量代换，令 $t=\frac{x-\mu}{\sigma}$，得

$$\begin{aligned}D(x)&=\frac{\sigma^2}{\sqrt{2\pi}}\int_{-\infty}^{+\infty}t^2\exp(-\frac{1}{2}t^2)\mathrm{d}t\\&=\frac{\sigma^2}{\sqrt{2\pi}}[-t\exp(-\frac{1}{2}t^2)\ |_{-\infty}^{+\infty}+\int_{-\infty}^{+\infty}\exp(-\frac{1}{2}t^2)\mathrm{d}t]\\&=\frac{\sigma^2}{\sqrt{2\pi}}\sqrt{2\pi}\\&=\sigma^2\end{aligned}$$

由此可见，正态分布密度中的参数 μ 是它的数学期望，而 σ^2 就是它的方差。对于正态分布而言，这些参数恰好就是随机变量的两个主要数字特征。因此，如果已知某一随机变量服从正态分布，则由数字特征即可决定其分布律。

于是，正态随机变量 x 出现在给定区间 $(\mu-k\sigma,\mu+k\sigma)$ (k 为正数)内的概率为

$$\begin{aligned}P(u-k\sigma<x<\mu+k\sigma)&=\int_{\mu-k\sigma}^{\mu+k\sigma}f(x)\mathrm{d}x\\&=\frac{1}{\sqrt{2\pi}}\int_{\mu-k\sigma}^{\mu+k\sigma}\exp\left[-\frac{1}{2\sigma^2}(x-h)^2\right]\mathrm{d}x\end{aligned}\tag{2.2.3}$$

令 $t=\frac{x-\mu}{\sigma}$，则有

$$P(\mu-k\sigma<x<\mu+k\sigma)=\frac{1}{\sqrt{2\pi}\sigma}\int_{-k}^{h}\mathrm{e}^{-\frac{t^2}{2}}\mathrm{d}t=2\int_0^k\frac{1}{\sqrt{2\pi}\sigma}\mathrm{e}^{-\frac{t^2}{2}}\mathrm{d}t\tag{2.2.4}$$

由上式并查概率分布表可得

$$P(\mu-\sigma<x<\mu+\sigma)\approx 68.3\%$$
$$P(\mu-2\sigma<x<\mu+2\sigma)\approx 95.5\%$$
$$P(\mu-3\sigma<x<\mu+3\sigma)\approx 99.7\%$$

2. n 维正态分布

在测量工作中，通常用纵坐标和横坐标确定平面点的位置，而纵、横坐标误差构成的向量

就是二维正态随机变量,它们服从二维正态分布。二维正态随机变量联合分布概率密度函数为

$$f(x,y)=\frac{1}{2\pi\sigma_x\sigma_y\sqrt{1-\rho^2}}\exp\left\{-\frac{1}{2(1-\rho^2)}\left[\frac{(x-\mu_x)^2}{\sigma_x^2}-\frac{2\rho(x-\mu_x)(y-\mu_y)}{\sigma_x\sigma_y}+\frac{(y-\mu_y)^2}{\sigma_y^2}\right]\right\} \tag{2.2.5}$$

式中:参数 μ_x、μ_y 分别是随机变量 x、y 的数学期望;σ_x、σ_y 分别是随机变量 x、y 的标准差;ρ 是相关系数。

当分别研究随机变量 x,y 时,可求得边缘分布密度函数为

$$f_1(x)=\int_{-\infty}^{+\infty}f(x,y)\mathrm{d}y=\frac{1}{\sqrt{2\pi}\sigma_x}\exp\left\{-\frac{(x-\mu_x)^2}{2\sigma_x^2}\right\} \tag{2.2.6}$$

$$f_2(y)=\int_{-\infty}^{+\infty}f(x,y)\mathrm{d}x=\frac{1}{\sqrt{2\pi}\sigma_y}\exp\left[-\frac{(x-\mu_y)^2}{2\sigma_y^2}\right] \tag{2.2.7}$$

当相关系数 $\rho=\frac{\sigma_{xy}}{\sigma_x\sigma_y}=0$,即 x 和 y 互不相关时,将 $\rho=0$ 代入式(2.2.5),并顾及式(2.2.6)与式(2.2.7),则有

$$f(x,y)=f_1(x)\cdot f_2(y) \tag{2.2.8}$$

式(2.2.8)表明,正态随机变量 x、y 相互独立。可见对于正态随机变量而言,互不相关等价于互相独立。

设随机向量 $\boldsymbol{X}=(x_1,x_2,\cdots,x_n)^{\mathrm{T}}$,若服从正态分布,则 $\boldsymbol{X}$ 为 n 维正态随机向量。其联合概率密度函数为

$$f(x_1,x_2,\cdots,x_n)=\frac{1}{(2\pi)^{\frac{n}{2}}\ |\boldsymbol{D}_X|^{\frac{1}{2}}}\exp\left\{-\frac{1}{2}(\boldsymbol{X}-\boldsymbol{\mu}_X)^{\mathrm{T}}\boldsymbol{D}_X^{-1}(\boldsymbol{X}-\boldsymbol{\mu}_X)\right\} \tag{2.2.9}$$

式(2.2.9)中:随机向量 $\boldsymbol{X}$ 的数学期望 $\boldsymbol{\mu}_X$ 和方差阵 $\boldsymbol{D}_X$ 分别为

$$\boldsymbol{\mu}_X=\begin{bmatrix}\mu_1\\ \vdots\\ \mu_n\end{bmatrix}=\begin{bmatrix}E(x_1)\\ \vdots\\ E(x_n)\end{bmatrix},\boldsymbol{D}_X=\begin{bmatrix}\sigma_{x_1}^2 & \cdots & \sigma_{x_1x_n}\\ \vdots & & \vdots\\ \sigma_{x_nx_1} & \cdots & \sigma_{x_n}^2\end{bmatrix}$$

数学期望向量 $\boldsymbol{\mu}_X$ 和方差阵 $\boldsymbol{D}_X$ 是 n 维正态随机向量的数字特征。$\boldsymbol{\mu}_x$ 中各元素 μ_i 为随机变量 x 的数学期望,$\boldsymbol{D}_X$ 中各主对角线上的元素 $\sigma_{x_i}^2$ 为 x_i 的方差,非主对角线中的元素 $\sigma_{x_ix_j}$ 为 x_i 关于 x_j 的协方差,是描述随机变量 x_i 和 x_j 之间相关性的量。随机向量 $\boldsymbol{X}$ 的方差 $\boldsymbol{D}_X$ 也称为方差-协方差阵,简称为方差阵或协方差阵,将在后续方差阵的性质中作详细介绍。

2.2.2 偶然误差的统计特性

任何一个被观测的量,客观上总存在一个能代表其真正大小的数值,该数值称为该观测值的真值。有些观测值的真值是已知的,如三角形内角之和应等于 180°,往返观测边的边长相等等;但大部分被观测量的真值是不可知的,通常用约定真值作为观测值的真值,即相对于观测值而言具有更高精度的观测值,该值可以是高精度观测值,也可以是经过高等级控制网平差后的平差值。

设进行了 n 次观测，其观测值为 $L_1,L_2,\cdots,L_n$，假定观测量的真值为$\widetilde{L}$，由于各观测值都带有一定误差。因此，观测值L_i与其真值$\widetilde{L}$或数学期望$E(L_i)$并不相同，设其差为

$$\Delta_i = \widetilde{L}_i - L_i \tag{2.2.10}$$

式中：Δ_i 称为观测值L_i的真误差，有时简称为误差。

若记

$$\underset{n\times1}{\boldsymbol{L}} = \begin{bmatrix} L_1 \\ \vdots \\ L_n \end{bmatrix},\underset{n\times1}{\widetilde{\boldsymbol{L}}} = \begin{bmatrix} \widetilde{L}_1 \\ \vdots \\ \widetilde{L}_n \end{bmatrix},\underset{n\times1}{\boldsymbol{\Delta}} = \begin{bmatrix} \Delta_1 \\ \vdots \\ \Delta_n \end{bmatrix}$$

则有误差向量

$$\boldsymbol{\Delta}=\widetilde{\boldsymbol{L}}-\boldsymbol{L} \tag{2.2.11}$$

如果用观测量的数学期望 $E(\boldsymbol{L})$表示其真值，即

$$\widetilde{\boldsymbol{L}} = E(\boldsymbol{L}) = [E(L_1),E(L_2),\cdots,E(L_n)]^{\mathrm{T}} \tag{2.2.12}$$

于是

$$\boldsymbol{\Delta} = E(\boldsymbol{L})-\boldsymbol{L} \tag{2.2.13}$$

由于本书所要处理的观测值不包含系统误差和粗差，因此上述 $\boldsymbol{\Delta}$ 仅指偶然误差。

有些教材或文献将真误差定义为观测值与真值之差，虽然与式(2.2.11)的符号相反，但对后续各种计算公式的推导并无实质上的影响。

真误差 $\boldsymbol{\Delta}$ 属于偶然误差，就单个而言是随机的，即有大有小，有正有负，没有规律性；但对于大量的偶然误差而言，则往往呈现出一定的规律性。为了进一步说明随机误差这一统计规律，设计如下实验：

在相同的观测条件下，对某测区 817 个三角形的内角进行独立观测，并按式(2.2.14)计算三角形内角和的真误差，即

$$A_i = 180^\circ - (L_1 + L_2 + L_3)_i \qquad (i = 1,2,\cdots,817) \tag{2.2.14}$$

式中：180°为三角形内角和的真值；$(L_1+L_2+L_3)_i$ 为第 i 个三角形内角和的观测值。

现将误差出现的范围分为若干个相等的小区间，每个区间的长度 $\mathrm{d}\Delta$ 为 $0.5''$。将这一组误差数值按大小排列，并统计出现在各区间内误差的个数 μ_i 及误差出现在该区间内的频率 $\mu_i/n(n=817)$，其结果列于表 2.2.1 中。

从表 2.2.1 可以看出，误差表现出如下分布规律：①绝对值较小的误差比绝对值较大的误差多；②绝对值相等的正误差与负误差个数相近；③误差的绝对值有一定限值，最大不超过 $3.5''$。

为了更直观地表示偶然误差的正负及大小的分布情况，可利用表 2.2.1 中的数据制作直方图(图 2.2.1)。

表 2.2.1　实验结果

误差区间(″)	Δ为负值			Δ为正值			备注
	个数(μ_i)	频率(μ_i/n)	$\frac{\mu_i/n}{d\Delta}$	个数(μ_i)	频率(μ_i/n)	$\frac{\mu_i/n}{d\Delta}$	
0.0～0.5	119	0.146	0.292	124	0.152	0.304	dΔ＝0.5″。统计时将区间左端的误差计算在该区间内
0.5～1.0	99	0.121	0.242	95	0.116	0.232	
1.0～1.5	73	0.089	0.178	80	0.098	0.196	
1.5～2.0	55	0.067	0.134	52	0.064	0.128	
2.0～2.5	25	0.031	0.062	37	0.045	0.09	
2.5～3.0	19	0.023	0.046	17	0.021	0.042	
3.0～3.5	12	0.015	0.03	10	0.012	0.024	
3.5以上	0	0	0	0	0	0	
和	402	0.492		415	0.508		

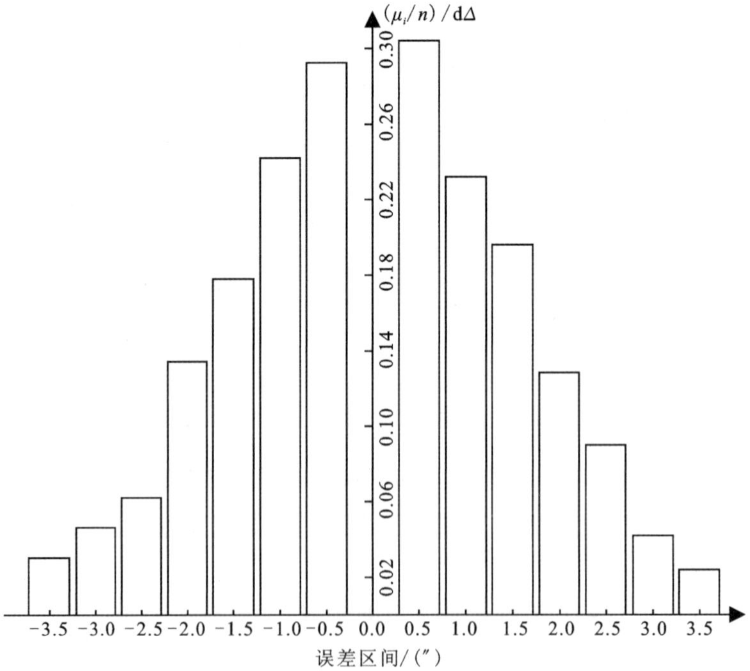

图 2.2.1　频率直方图

图 2.2.1 中横坐标表示误差区间，纵坐标表示误差出现在各区间的频率 μ_i/n 与区间长 dΔ 之比。所有区间按横坐标形成矩形条，每一误差区间上的矩形条面积就代表了误差出现在该区间内的频率，矩形条面积总和等于 1。图 2.2.1 在统计学中称为频率直方图。

由此可知，在相同观测条件下所得到的一组独立观测误差，只要误差的总个数足够多，则出现在各区间内误差的频率会稳定在某一常数（理论频率）附近，而且观测个数愈多，各区间出现的频率愈稳定。例如，表 2.2.1 中的一组误差，在观测条件不变的情况下，如果增加观测的三角形个数 n，误差出现在各区间内的频率将越来越稳定，即变动的幅度越来越小。当 $n\to\infty$时，各频率也就趋于一个完全确定的数值，即为误差出现在各区间的概率。

当误差的个数 n 无限增多，并无限缩小误差统计区间 $\mathrm{d}\Delta$ 时，可以想象图 2.2.1 中的各个小长方条顶边的折线就会变成一条光滑曲线，此曲线为误差分布的概率密度函数曲线，简称误差曲线。它与正态分布曲线极为接近，其极限分布就是正态分布。因此，可以认为偶然误差是服从正态分布的连续型随机变量。

至此，关于偶然误差的分布可以用 3 种方法描述：一种为列表法，如表 2.2.1 所示；另一种为作图法，如图 2.2.1 所示；第三种为密度函数法，即利用正态分布的密度函数表示。由于密度函数法科学实用，通常情况下均采用这种方法。正态分布的密度函数为

$$f(x)=\frac{1}{\sqrt{2\pi}\sigma}\exp\left[-\frac{(x-\mu)^2}{2\sigma^2}\right] \tag{2.2.15}$$

正态分布的参数为数学期望 u 和方差 σ^2，这两个参数决定了正态分布密度函数曲线的位置和形状。在图 2.2.2 中给出了 2 条 σ 均为 1 而 μ 不相同的曲线。当 $\mu=0$ 时，曲线以纵轴为对称线；当 $\mu=4$ 时，曲线以直线 $x=4$ 为对称线，可见 μ 决定了曲线的位置。在图 2.2.3 中给出了 3 条 μ 均为 0 而 σ 不相同的曲线。当 σ 越小时，小误差越聚集，曲线形状越陡峭；反之，曲线越平缓，误差越分散。正态分布曲线具有两个拐点，它们在横轴上的坐标为 $x_{拐}=\mu\pm\sigma$，可见 σ 决定了曲线的形状。

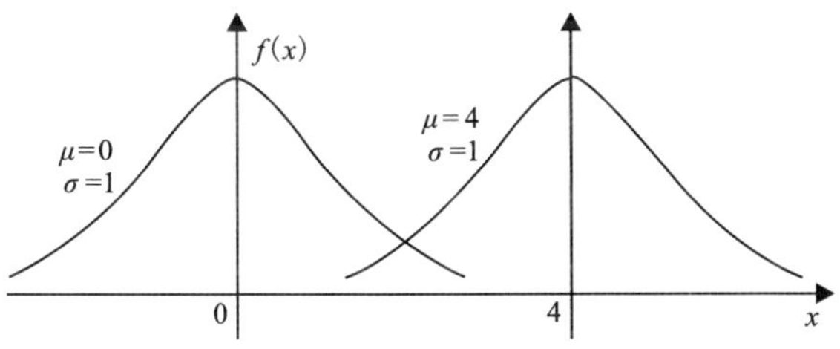

图 2.2.2　正态分布的密度函数（$\sigma=1$）

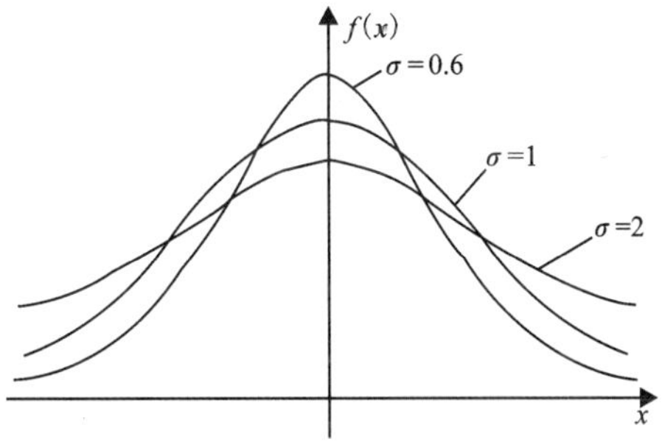

图 2.2.3　正态分布的密度函数（$\mu=0$）

所以，μ 和 σ 是正态分布的两个重要数字特征。此外，无论分布的密度函数曲线形状如何变化，曲线与横轴线包围的面积恒为 1。

综上，偶然误差特性可总结如下：

(1)有界性。在一定的观测条件下，误差的绝对值不会超过一定的限值，即超出一定限值的误差其出现的概率为零。若假设 B 为误差限值，即误差在$[-B,B]$区间出现是一必然事件，其概率为

$$P(-B<\Delta\leqslant B)=\int_{-B}^{B}f(\Delta)\mathrm{d}\Delta=1$$

(2)聚中性。绝对值较小的误差比绝对值较大的误差出现的概率大。若 $\Delta_1<\Delta_2$，则概率 $P(\Delta_1)>P(\Delta_2)$。

(3)对称性。绝对值相等的正负误差出现的概率相同。定义可表述为

$$P(+\Delta)=P(-\Delta)$$

(4)抵偿性。偶然误差的数学期望为零。定义可表述为

$$E(\Delta)=\lim_{n\to\infty}\frac{1}{n}(\Delta)=0$$

由偶然误差特性④可知，偶然误差服从于数学期望为零的正态分布，即 $\Delta\sim N(0,\sigma^2)$。因此，偶然误差的密度函数可表示为

$$f(\Delta)=\frac{1}{\sqrt{2\pi\sigma}}\exp\left(-\frac{\Delta^2}{2\sigma^2}\right)$$

可见偶然误差的分布曲线以纵轴为对称轴，曲线的形状取决于方差 σ^2 的大小。当观测误差中含有系统误差时，观测误差的数学期望 $\mu\neq0$，此时，分布曲线以 $x=\mu$ 处的纵轴为对称轴。

2.3 精度和衡量精度的指标

观测条件的好坏与观测成果的质量有着密切的关系。因此，在相同观测条件下进行的一组观测，各观测值精度相等，称为等精度观测值。但必须指出，由于偶然误差的随机性，等精度观测值的真误差彼此并不相等，有时甚至会相差较大。在一定观测条件下进行的一组观测，其结果总是对应着一种误差分布。若观测条件好，则小误差出现的机会多，其对应的误差分布较为密集，观测成果的质量较好，即这一组观测精度较高；反之，若观测条件差，则误差分布较为离散，观测值的波动较大，观测成果的质量较差，则该组观测精度较低。

例如，甲、乙、丙 3 人分别对靶心射击，其弹着点分别用“·”“◦”和“+”表示，如图 2.3.1 所示。从图 2.3.1 可以看出，甲、丙的弹着点分布均比较密集，因此其“射准”精度(精密度)较高；而乙的弹着点分布较离散，其“射准”精度(精密度)较低。丙的弹着点尽管比较密集，但整体偏离靶心一定的距离，准确度较低；反之，甲和乙的弹着点均围绕着靶心周围分布，其均值接近靶心，准确度比较高。因此要准确衡量观测值的质量，应从精密度和准确度两个方面加以评价。一般地，精密度衡量偶然误差的大小，准确度衡量系统误差的大小。

因此，精度是指误差分布的密集或离散的程度，即指离散度的大小。离散度越小，则精度越高。如果两组观测成果的离散程度相同，则两组观测成果的精度相同；反之，若误差分布不同，则精度亦不同。

衡量观测值的精度高低，虽然可以按一定的方法把在一组相同条件下得到的误差，用误差分布表、绘制直方图或误差分布曲线等方法进行比较，但在实际测量工作中，上述方法较为繁琐，需要对精度有一个量化的指标，该指标能够反映出误差分布的密集或离散程度。

衡量精度的指标有很多种，下面介绍几种常用的精度指标。

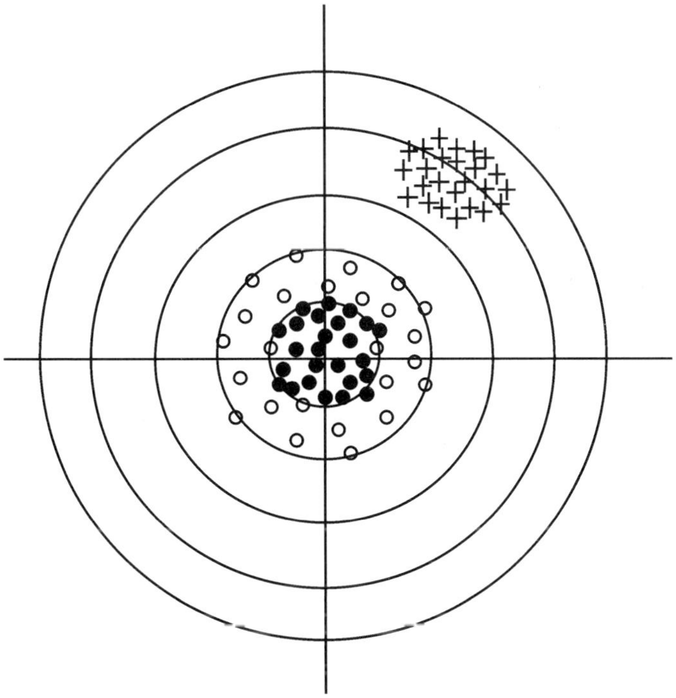

图 2.3.1 甲、乙、丙弹着点分布图

2.3.1 绝对精度指标

1. 方差和中误差

根据前述方差的定义，即

$$D(x)=E\{[x-E(x)]^2\}=\int_{-\infty}^{+\infty}[x-E(x)]^2 f(x)\mathrm{d}x \tag{2.3.1}$$

式中：$f(x)$为 x 的概率分布密度函数。

由上一节内容可知，偶然误差的概率密度函数为

$$f(\Delta)=\frac{1}{\sqrt{2\pi}\sigma}\exp\left(-\frac{\Delta^2}{2\sigma^2}\right)$$

参照方差定义式(2.3.1)，并结合 $E(\Delta)=0$，则得偶然误差的方差为

$$\sigma^2=D(\Delta)=E(\Delta^2)=\int_{-\infty}^{+\infty}\Delta^2 f(\Delta)\mathrm{d}\Delta \tag{2.3.2}$$

方差的均方根通常称为标准差，也叫中误差，于是有

$$\sigma=\pm\sqrt{D(\Delta)}=\pm\sqrt{E(\Delta^2)}$$

不同的 σ 将对应着不同形状的分布曲线，同时误差分布曲线具有两个拐点，如图 2.3.2 所示。

从图 2.3.2 可以看出，两个拐点在横轴上的坐标为 $X_{拐}=\mu_x\pm\sigma$，μ_x 为变量 x 的数学期望。对于偶然误差而言，其数学期望 $E(\Delta)=0$，所以拐点在横轴上的坐标应为

$$\Delta_{拐}=\pm\sigma$$

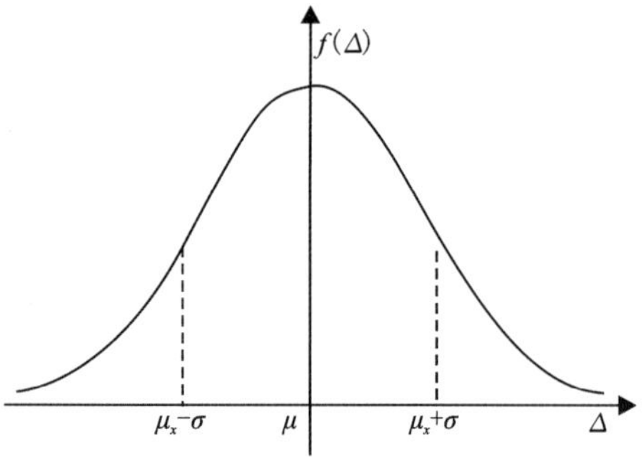

图 2.3.2 误差分布曲线

由图 2.3.2 可知，σ 越小，曲线越为陡峭，误差分布越密集；σ 越大，则曲线越为平缓，误差分布越离散。即 σ 的大小可以反映精度的高低，因此常用中误差 σ 作为衡量精度的指标。

由式(2.3.2)知，方差为真误差平方(Δ^2)的数学期望，即为 Δ^2 的理论平均值。因此，式(2.3.2)也可写为

$$\sigma^2 = \lim_{n\to\infty}\sum_{i=1}^{n}\frac{\Delta_i^2}{n}$$

方差和中误差分别可表示为

$$\sigma^2 = \lim_{n\to\infty}\sum_{i=1}^{n}\frac{\Delta_i^2}{n},\quad \sigma = \pm\lim_{n\to\infty}\sqrt{\sum_{i=1}^{n}\frac{\Delta_i^2}{n}} \tag{2.3.3}$$

可见，方差(σ^2)和中误差(σ)分别是 $\sum_{i=1}^{n}\frac{\Delta_i^2}{n}$ 和 $\sqrt{\sum_{i=1}^{n}\frac{\Delta_i^2}{n}}$ 的极限值，它们均是理论上的数值。但在实际工作中观测次数 n 总是有限的，由有限个观测值的真误差只能求得方差和中误差的估值。通常用符号 $\hat{\sigma}^2$ 和 $\hat{\sigma}$ 表示，即

$$\hat{\sigma}^2 = \sum_{i=1}^{n}\frac{\Delta_i^2}{n},\quad \hat{\sigma} = \pm\sqrt{\sum_{i=1}^{n}\frac{\Delta_i^2}{n}} \tag{2.3.4}$$

式(2.3.4)即为根据一组同精度真误差计算方差和中误差估值的公式。

从式(2.3.4)可以看出，小误差出现的越多，σ 越小，精度就越高。而且即使有一个真误差显著大时，σ 也会有较大增长，即中误差能够灵敏地反映出较大真误差的影响，因此我国及许多其他国家在测量中均采用中误差作为衡量精度的指标。

注：由于在测量中观测次数总是有限的，只能求得方差和中误差的估值，因此在本书后续的叙述中，一般不再强调“估值”的概念，均简称为“方差”或“中误差”，并不再严格区分 σ^2 与 $\hat{\sigma}^2$，σ 与 $\hat{\sigma}$。此外，在测量中中误差 σ 也常用 m 表示，其估值为 $\hat{m}$，即 m 与 σ，$\hat{m}$ 与 $\hat{\sigma}$ 意义相同，本书统一采用符号 σ 和 $\hat{\sigma}$，即为根据一组等精度真误差计算方差和中误差估值的基本公式。

对于单个随机变量的精度衡量，可以用其方差来描述。但在实际测量中，经常会碰到多维随机向量，为了描述多维随机向量的精度，需要引进方差-协方差矩阵(简称协方差矩阵)的概念。

由方差的定义可知，一维随机变量 $\boldsymbol{X}$ 的方差为

$$\underset{1\times1}{D(\boldsymbol{X})} = E\{[\boldsymbol{X}-E(\boldsymbol{X})]^2\} = E\{[\boldsymbol{X}-E(\boldsymbol{X})][\boldsymbol{X}-E(\boldsymbol{X})]^{\mathrm{T}}\}$$

上式也可以写为

$$\underset{1\times1}{D(\boldsymbol{X})} = E(\boldsymbol{\Delta}_x\boldsymbol{\Delta}_x^{\mathrm{T}}) = E(\boldsymbol{\Delta}_x^2) = \lim_{n\to\infty}\frac{[\boldsymbol{\Delta}_x^2]}{n} \tag{2.3.5}$$

式中：$\boldsymbol{\Delta}_x = E(\boldsymbol{X}) - \boldsymbol{X}$。

对于多维随机向量 $\underset{t\times1}{\boldsymbol{X}} = [x_1\quad x_2\quad\cdots\quad x_t]^{\mathrm{T}}$，描述其精度的协方差矩阵定义为

$$D\underset{t\times t}{(\boldsymbol{X})}=E\{[\boldsymbol{X}-E(\boldsymbol{X})][\boldsymbol{X}-E(\boldsymbol{X})]^{\mathrm{T}}\}=\begin{pmatrix}\sigma_{x_1}^2 & \cdots & \sigma_{x_1x_t}\\ \vdots & & \vdots\\ \sigma_{x_tx_1} & \cdots & \sigma_{x_t}^2\end{pmatrix}$$

$\sigma_{x_i}^2=E\{[x_i-E(x_i)][x_i-E(x_i)]^{\mathrm{T}}\}$为 $\boldsymbol{X}$ 向量中第 i 个随机变量 x_i 的方差，而 $\sigma_{x_ix_j}=E\{[x_i-E(x_i)][x_j-E(x_j)]^{\mathrm{T}}\}$为随机向量中 x_i 和 x_j 两个随机变量的协方差，故式(2.3.5)称为随机向量 $\boldsymbol{X}$ 的协方差矩阵。它是一对称方阵，其主对角线元素为向量中各随机变量的方差，非对角线元素为随机变量间的协方差。

由数理统计中相关系数的定义得

$$\rho_{x_ix_j}=\frac{\sigma_{x_ix_j}}{\sigma_{x_i}\sigma_{x_j}}$$

当 t 维随机向量$\underset{t\times 1}{\boldsymbol{X}}$中的任意两个随机变量均互不相关时，有 $\sigma_{x_ix_j}=0(i\neq j)$，此时协方差矩阵 $\boldsymbol{D}_{XX}$ 变为对角矩阵，即

$$\boldsymbol{D}_{XX}=\begin{pmatrix}\sigma_{x_1}^2 & & \\ & \ddots & \\ & & \sigma_{x_t}^2\end{pmatrix}$$

进一步，当 $\sigma_{x_1}^2=\sigma_{x_2}^2=\cdots=\sigma_{x_i}^2=\sigma^2$ 时，即为等精度情况时，有 $\boldsymbol{D}_{XX}=\sigma^2\underset{t\times t}{\boldsymbol{I}}$，$\underset{t\times t}{\boldsymbol{I}}$ 为 t 阶单位矩阵。

2. 平均误差

在一定的观测条件下，一组独立的偶然误差绝对值的数学期望称为平均误差。设以 θ 表示平均误差，则

$$\theta=E(|\Delta|)=\int_{-\infty}^{+\infty}|\Delta|f(\Delta)\mathrm{d}\Delta$$

如果在相同条件下得到了一组独立的观测误差，上式可写为

$$\theta=\lim_{n\to\infty}\frac{\sum_{i=1}^{n}|\Delta_i|}{n}$$

因此，平均误差就是一组独立的偶然误差绝对值的算术平均值的极限值。

因为

$$\begin{aligned}\theta=E(|\Delta|)&=\int_{-\infty}^{+\infty}|\Delta|f(\Delta)\mathrm{d}\Delta=2\int_{0}^{+\infty}\Delta\frac{1}{\sqrt{2\pi}\sigma}\mathrm{e}^{-\frac{\Delta^2}{2\sigma^2}}\mathrm{d}\Delta\\&=\frac{2}{\sqrt{2\pi}}\int_{0}^{+\infty}(-\sigma\mathrm{d}\mathrm{e}^{-\frac{\Delta^2}{2\sigma^2}})\\&=\frac{2\sigma}{\sqrt{2\pi}}[-\mathrm{e}^{-\frac{\Delta^2}{2\sigma^2}}]_0^{\infty}\end{aligned}$$

所以

$$\theta=\sqrt{\frac{2}{\pi}}\sigma\approx0.7979\sigma\approx\frac{4}{5}\sigma$$

$$\sigma=\sqrt{\frac{\pi}{2}}\theta\approx 1.253\theta\approx\frac{5}{4}\theta$$

上式是平均误差与中误差的理论关系式。据此，平均误差 θ 与标准差 σ 一样，均能反映误差的密集或离散程度。因此，也可以用平均误差 θ 作为衡量精度的指标。

由于观测值的个数 n 总是一个有限值，因此在实际测量中只能用 θ 的估值来衡量精度，并用 $\hat{\theta}$ 表示 θ 的估值，但仍简称为平均误差。

$$\hat{\theta}=\frac{\sum_{i=1}^{n}|\Delta_i|}{n} \tag{2.3.6}$$

3. 或然误差

随机变量 X 落入区间 (a,b) 内的概率为

$$P(a<X\leqslant b)=\int_a^b f(x)\mathrm{d}x \tag{2.3.7}$$

于是对于偶然误差 Δ 而言，误差 Δ 落入区间 (a,b) 的概率同样为

$$P(a<\Delta\leqslant b)=\int_a^b f(\Delta)\mathrm{d}\Delta \tag{2.3.8}$$

通常定义误差出现在 $(-\rho,+\rho)$ 之间的概率等于 1/2 时的区间为该误差或然误差 ρ，即

$$\int_{-\rho}^{+\rho} f(\Delta)\mathrm{d}\Delta=\frac{1}{2} \tag{2.3.9}$$

如图 2.3.3 所示，图中的误差分布曲线与横轴所包围的面积为 1，则在曲线下 $(-\rho,+\rho)$ 间的面积为 1/2。

将 Δ 的概率密度代入式(2.3.8)，并作变量代换，令

$$\frac{\Delta}{\sigma}=t,\Delta=\sigma t,\mathrm{d}\Delta=\sigma\mathrm{d}t$$

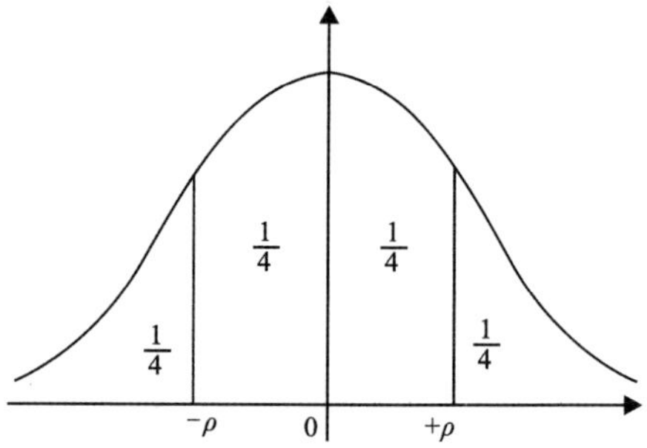

图 2.3.3　误差的概率分布曲线

则得

$$\int_{-\rho}^{+\rho} f(\Delta)\mathrm{d}\Delta=2\int_0^{\frac{\rho}{\sigma}}\frac{1}{\sqrt{2\pi}}\mathrm{e}^{-\frac{t^2}{2}\mathrm{d}t}=\frac{1}{2} \tag{2.3.10}$$

由概率积分表可查得，当概率为 1/2 时，积分限为 0.6745，即得

$$\rho\approx 0.6745\sigma\approx\frac{2}{3}\sigma$$

$$\sigma\approx 1.482\rho\approx\frac{3}{2}\rho$$

由以上关系可知，或然误差 ρ 也可以作为衡量精度的指标。

因为观测值个数 n 是有限值，所以实际上也只能得到 ρ 的估值，用 $\hat{\rho}$ 表示，但仍简称为或然误差。此时，$\hat{\rho}$ 的求法如下：将在相同观测条件下得到的一组误差，按绝对值的大小排列。当 n 为奇数时，取位于中间的一个误差值作为 $\hat{\rho}$；当 n 为偶数时，则取中间两个误差值的平均值作为 $\hat{\rho}$。实际计算时也可先求出中误差的估值，然后按上式求出或然误差。

【例 2.3.1】 设某一角度，用两台经纬仪各观测了 11 次，其观测值见表 2.3.1。该角已用精密经纬仪预先精确测定，其值为 $50°33'53.4''$，由于测量非常准确，在此该值可看成该角的真值。

(1)试计算这两台经纬仪观测值的方差、平均误差和或然误差。

(2)比较两台经纬仪观测值的精度高低。

表 2.3.1　两台经纬仪观测值及其中误差计算表

编号	第一台经纬仪			第二台经纬仪		
	观测值(L)	Δ	Δ^2	观测值(L)	Δ	Δ^2
1	$50°33'51.8''$	+1.6	2.56	$50°33'50.1''$	+3.3	10.89
2	$50°33'54.0''$	−0.6	0.36	$50°33'58.8''$	−5.4	29.16
3	$50°33'52.8''$	+0.6	0.36	$50°33'53.6''$	−0.2	0.04
4	$50°33'54.4''$	−1.0	1.00	$50°33'51.8''$	+1.6	2.56
5	$50°33'51.6''$	+1.8	3.24	$50°33'57.2''$	−3.8	14.44
6	$50°33'53.0''$	+0.4	0.16	$50°33'50.8''$	+2.6	6.76
7	$50°33'54.1''$	−0.7	0.49	$50°33'53.1''$	+0.3	0.09
8	$50°33'57.3''$	−3.9	15.21	$50°33'55.9''$	−2.5	6.25
9	$50°33'55.6''$	−2.2	4.84	$50°33'54.4''$	−1.0	1.00
10	$50°33'52.5''$	+0.9	0.81	$50°33'52.2''$	+1.2	1.44
11	$50°33'53.9''$	−0.5	0.25	$50°33'54.2''$	−0.8	0.64
$\sum \lvert\Delta\rvert$		14.2	29.28		22.7	73.27

解：根据表 2.3.1 的数据可算得

$$\hat{\sigma}_1=\sqrt{\frac{\sum\Delta^2}{n}}=\sqrt{\frac{29.28}{11}}=1.63'',\hat{\sigma}_2=\sqrt{\frac{\sum\Delta^2}{n}}=\sqrt{\frac{73.27}{11}}=2.58''$$

平均误差为

$$\hat{\theta}_1=\frac{\sum|\Delta|}{n}=\frac{14.2}{11}=1.29'',\hat{\theta}_2=\frac{\sum|\Delta|}{n}=\frac{22.7}{11}=2.06''$$

或然误差为

$$\hat{\rho}_1\approx\frac{2}{3}\hat{\sigma}_1=\frac{2}{3}\times1.63=1.09'',\hat{\rho}_2\approx\frac{2}{3}\hat{\sigma}_2=\frac{2}{3}\times2.58=1.72''$$

从上述结果可知，用第一台经纬仪观测的观测值中误差、平均误差和或然误差，均小于用第二台经纬仪观测的各项误差，因此前者的精度高于后者。

显然，中误差、平均误差和或然误差都可以作为衡量精度的指标。由于实际测量中 n 有限，因此只能求得它们的估值，这难免与理论值存有一定的差异。通常 n 越大，差异越小，也就越能反映观测精度。如果 n 很小，求出来的估值往往不可靠。由于中误差比平均误差更能灵敏地反映真误差的影响，而或然误差往往又是利用中误差计算而得，因此我国统一采用中误差作为衡量精度的指标。

4. 极限误差

根据偶然误差的有界性可知：偶然误差一定位于某一区域范围内，超过该区域，则属于粗差。那么该区域范围怎么界定？超过多大就不属于偶然误差？通常称这个区域边界为极限误差也即最大误差，简称限差。根据随机误差出现在一定区间范围内的概率可知：

$$P(-\sigma < \Delta < +\sigma) = 68.3\%$$
$$P(-2\sigma < \Delta < +2\sigma) = 95.5\%$$
$$P(-3\sigma < \Delta < +3\sigma) = 99.7\%$$

也就是说大于 3 倍中误差的误差，其出现的概率只有 0.3%。通常认为小概率事件不可能发生，因此通常以 3 倍中误差作为观测值的限差，即

$$\Delta_{限} = 3\sigma \tag{2.3.11}$$

若对观测要求较为严格，也可以规定 2 倍中误差为极限误差，即采用 2σ 作为极限误差。我国大多测量规范规定也是以 2σ 作为极限误差。

5. 相对中误差

对于某些观测值，如距离测量，由于存在误差积累，其误差的大小与观测值本身的大小有一定的关系，因此仅靠中误差很难全面评价观测值精度的高低。例如，分别丈量了 1000m 及 100m 的两段距离，观测值的中误差均为 2cm，虽然两者的中误差相同，但两者的精度并不相同，显然前者的精度比后者要高。此时，须采用另一种衡量相对精度的办法，即相对中误差。通常定义相对中误差为中误差与观测值之比。针对上述两段距离，前者的相对中误差为 $\frac{2}{100000}=\frac{1}{50000}$，而后者则为 $\frac{2}{10000}=\frac{1}{5000}$，显然 $\frac{1}{50000}<\frac{1}{5000}$，用该指标能较好地衡量实际精度。

相对中误差无量纲，在测量中一般将分子化为 1，即用 $\frac{1}{N}$ 表示。其意义可简单理解为每观测 N 单位长度时产生 1 单位长度的误差。

对于真误差与极限误差，有时也用相对误差来表示。例如，经纬仪导线测量时，规范规定相对闭合差不能超过 $\frac{1}{20000}$，即是相对误差的极限误差；而在实际测量中所产生的相对闭合差，则是相对误差的真误差。

真误差、中误差、平均误差、或然误差、极限误差、相对误差均称为绝对误差。

【例 2.3.2】 设距离的观测值为 2000m，相对中误差为 1/200000，试求其中误差。

解：根据定义

$$相对中误差=\frac{中误差}{观测值}$$

由上式可得

$$\sigma_{绝} = 2000\text{m}\times\frac{1}{200000} = 10\text{mm}$$

即该距离的中误差为 10mm。

2.3.2 相对精度指标

1. 权

方差、中误差、平均误差、或然误差和极限误差等均是一种衡量观测值精度的绝对指标，但在实际应用中，很多情况下难以事先获得。对于同等精度的观测值，在平差时应同等对待，而对于非等精度的观测值，在平差时就不能同等处理。精度高的观测值在平差结果中理应占较大的比重；反之，精度低的观测值理应占较小的比重。在实际数据处理过程中，观测方差未知，但可以通过一定手段衡量出不同观测值之间的精度高低，因此为便于平差计算，需要引入一个新的精度指标，来表征观测值之间的相对精度，称之为权。

权与方差成反比，通常用 P 表示，定义为

$$P = \frac{c}{\sigma^2} \tag{2.3.12}$$

式中：c 为任意常数；σ^2 为方差。

由定义可以看出，方差越小，权越大，精度越高；反之，方差越大，权越小，精度越低。

由于常数 c 的任意性，虽然某个量的方差唯一，但其权会随 c 取值的变化而变化，故权不唯一。但对研究同一个问题，以权表征精度时，为使权有相对比较的意义，c 应取一定值。例如，有观测值 $L_1, L_2, \cdots, L_n$，其方差为 $\sigma_1^2, \sigma_2^2, \cdots, \sigma_n^2$，则对应的权可写为

$$P_1 = \frac{c}{\sigma_1^2}, P_2 = \frac{c}{\sigma_2^2}, P_n = \frac{c}{\sigma_n^2}$$

根据上式，可求出观测值之间的权比关系式，即

$$P_1 : P_2 : \cdots : P_n = \frac{1}{\sigma_1^2} : \frac{1}{\sigma_2^2} : \cdots : \frac{1}{\sigma_n^2} \tag{2.3.13}$$

因此，权比与 c 无关。为进一步阐述 c 的含义，令 $P_i = 1$，即

$$P_i = \frac{c}{\sigma_i^2} = 1$$

此时 $c = \sigma_i^2$。可见，c 是单位权（权为 1）观测值的方差，记为 σ_0^2，称其为单位权方差或方差因子，将 σ_0 称为单位权中误差。换句话而言，凡是方差等于 σ_0^2 的观测值，其权必等于 1；反之，权为 1 的观测值方差即为单位权方差，且称该观测值为单位权观测值。

在实际的平差问题中，观测值的方差在平差前通常是无法确定的，但为了确定各个观测值在平差中所占的比重，可首先确定各观测值的权，从而得出合理的平差结果，这是引入权概念的关键所在。

【例 2.3.3】 在三角测量中，三等三角网测角中误差为 $\pm 1.5''$，四等三角网测角中误差为 $\pm 3''$，试确定它们的权。

解：设 $\sigma_0 = 5''$，则

$$P_{\text{III}} = \frac{\sigma_0^2}{\sigma_{\text{III}}^2} = \frac{5^2}{1.5^2} = 11.11, P_{\text{IV}} = \frac{\sigma_0^2}{\sigma_{\text{IV}}^2} = \frac{5^2}{3^2} = 2.78$$

两者权的比例为

$$\frac{P_{Ⅲ}}{P_{Ⅳ}}=4$$

同理,设 $\sigma_0=\sigma_{Ⅳ}=3''$,则

$$P_{Ⅲ}=\frac{\sigma_0^2}{\sigma_{Ⅲ}^2}=4,P_{Ⅳ}=\frac{\sigma_0^2}{\sigma_{Ⅳ}^2}=1$$

两者权的比例为

$$\frac{P_{Ⅲ}}{P_{Ⅳ}}=4$$

同理,设 $\sigma_0=\sigma_{Ⅲ}=1.5''$,则

$$P_{Ⅲ}=\frac{\sigma_0^2}{\sigma_{Ⅲ}^2}=1,P_{Ⅳ}=\frac{\sigma_0^2}{\sigma_{Ⅳ}^2}=0.25$$

两者权的比例为

$$\frac{P_{Ⅲ}}{P_{Ⅳ}}=4$$

可见,无论 σ_0 的取值如何,两观测值权的比例保持不变。

【例 2.3.4】 在边角网中,已知测角中误差为±2″,测边中误差为±3.0cm,试确定它们的权。

解:设 $\sigma_0=\sigma_\beta=\pm 2.0''$,则

$$P_\beta=\frac{\sigma_0^2}{\sigma_\beta^2}=1(\text{无量纲}),P_s=\frac{\sigma_0^2}{\sigma_s^2}=0.44\ ('')^2/\text{cm}^2$$

由上述两个例子可以看出:观测值的权值会随单位权中误差 σ_0 取值的不同而不同,但观测值之间的权比保持不变。因此,在测量平差中权值的绝对大小没有意义,而观测量之间的权比才是需要的信息。一般来讲,只有相同类的观测值,其权为无量纲的值;而不同类的观测值(如边角网),其权为具有量纲的值,具体单位视所取的单位权方差而定。

2. 协因数

若将某观测值 L_i 的权的定义式改写为

$$\sigma_i^2=\frac{\sigma_0^2}{P_i}\text{ 或 }\sigma_i=\frac{\sigma_0}{\sqrt{P_i}}$$

令

$$Q_{ii}=\frac{1}{P_i}=\frac{\sigma_i^2}{\sigma_0^2}$$

称 Q_{ii} 为该观测值 L_i 的协因数或权倒数,所以

$$\sigma_i^2=\sigma_0^2Q_{ii}\text{ 或 }\sigma_i=\sigma_0\sqrt{Q_{ii}} \tag{2.3.14}$$

式(2.3.14)表明,任一观测值(或任一随机变量)的方差总是等于单位权方差与该观测值协因数(权倒数)的乘积。

类似地,对于 n 维观测向量 $\underset{n\times 1}{\boldsymbol{L}}$,假定 $\boldsymbol{D}_{LL}$ 为观测向量的方差协方差阵,$\boldsymbol{Q}_{LL}$ 为协因数阵,于是有

$$\boldsymbol{D}_{LL}=\sigma_0^2\boldsymbol{Q}_{LL}$$

进一步地，称协因数阵的逆矩阵为权阵，即

$$\boldsymbol{P}_L = \boldsymbol{Q}_{LL}^{-1} = \sigma_0^2 \boldsymbol{D}_{LL}^{-1}$$

对于 n 维观测向量 $\underset{n\times 1}{\boldsymbol{L}}$ 而言，则有对应的协因数阵

$$\boldsymbol{Q}_{LL} = \begin{bmatrix} Q_{11} & Q_{12} & \cdots & Q_{1n} \\ Q_{21} & Q_{22} & \cdots & Q_{2n} \\ \vdots & \vdots & & \vdots \\ Q_{n1} & Q_{n2} & \cdots & Q_{nn} \end{bmatrix}$$

对协因数阵 $\boldsymbol{Q}_{LL}$ 求逆可以得到权阵

$$\boldsymbol{P}_L = \sigma_0^2 \begin{bmatrix} \sigma_1^2 & \sigma_{12} & \cdots & \sigma_{1n} \\ \sigma_{21} & \sigma_2^2 & \cdots & \sigma_{2n} \\ \vdots & \vdots & & \vdots \\ \sigma_{n1} & \sigma_{n2} & \cdots & \sigma_n^2 \end{bmatrix}^{-1}$$

显然，当观测值不独立时，有

$$\boldsymbol{P}_L = \sigma_0^2 \begin{bmatrix} \sigma_1^2 & \sigma_{12} & \cdots & \sigma_{1n} \\ \sigma_{21} & \sigma_2^2 & \cdots & \sigma_{2n} \\ \vdots & \vdots & & \vdots \\ \sigma_{n1} & \sigma_{n2} & \cdots & \sigma_n^2 \end{bmatrix}^{-1} \neq \sigma_0^2 \begin{bmatrix} \frac{1}{\sigma_1^2} & \frac{1}{\sigma_{12}} & \cdots & \frac{1}{\sigma_{1n}} \\ \frac{1}{\sigma_{21}} & \frac{1}{\sigma_2^2} & \cdots & \frac{1}{\sigma_{2n}} \\ \vdots & \vdots & & \vdots \\ \frac{1}{\sigma_{n1}} & \frac{1}{\sigma_{n2}} & \cdots & \frac{1}{\sigma_n^2} \end{bmatrix}$$

即

$$\boldsymbol{P}_L \neq \begin{bmatrix} p_1 & p_{12} & \cdots & p_{1n} \\ p_{21} & p_2 & \cdots & p_{2n} \\ \vdots & \vdots & & \vdots \\ p_{n1} & p_{n2} & \cdots & p_n \end{bmatrix}$$

当观测值独立时，则有

$$\boldsymbol{P}_L = \sigma_0^2 \begin{bmatrix} \frac{1}{\sigma_1^2} & & & \\ & \frac{1}{\sigma_2^2} & & \\ & & \ddots & \\ & & & \frac{1}{\sigma_n^2} \end{bmatrix} = \begin{bmatrix} p_1 & & & \\ & p_2 & & \\ & & \ddots & \\ & & & p_n \end{bmatrix}$$

由上式可知，当观测值相互不独立时，权矩阵的对角线元素并不是观测值所对应的权，此时称 $\boldsymbol{P}_L$ 为相关权矩阵。当观测值相互独立时，权矩阵的对角线元素则是观测值所对应的权。

综上，权和协因数是测量平差中常用的两个概念，它们可以用来衡量观测值之间精度的相对高低，属于相对精度指标。权越大，观测值精度越高，对应的协因数越小；反之权越小，观测值精度越低，对应的协因数越大。

2.4 误差传播律

在实际测量工作中，往往会遇到某些量的大小并不是直接测定的，而是由观测值通过一定的函数关系间接计算而得到的，即某些量是观测值的函数。这类例子很多，例如，在一个三角形中，观测了3个内角 L_1、L_2、L_3，其闭合差 ω 和将闭合差平均分配之后所得的各角平差值 $\hat{L}_1$、$\hat{L}_2$、$\hat{L}_3$ 分别可表达为

$$\omega = 180° - (L_1 + L_2 + L_3)$$

$$\hat{L}_i = L_i - \frac{1}{3}\omega$$

又如，在侧方交会中(图2.4.1)，已知 A、B 两点的坐标 x_A、y_A 和 x_B、y_B，它们之间的距离为 S_0，坐标方位角为 α_0，由交会的观测角 L_1、L_2 通过以下公式求交会点的坐标：

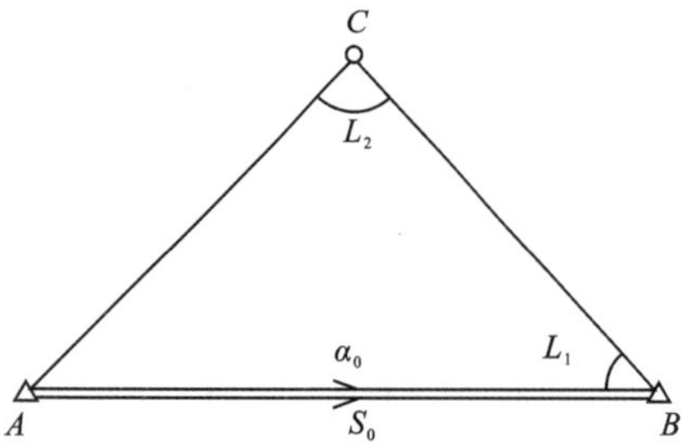

图2.4.1 侧方交会

$$S_{AC} = S_0 \frac{\sin L_1}{\sin L_2}$$

$$\alpha_{AC} = \alpha_0 - (180° - L_1 - L_2)$$

$$x_C = x_A + S_{AC}\cos\alpha_{AC}$$

$$y_C = y_A + S_{AC}\sin\alpha_{AC}$$

此时无论 AC 边的方位角，还是未知点 C 的坐标 (x_c, y_c)，均是观测值的函数。由于观测值不可避免地含有随机误差，因此观测值函数也必定含有随机误差。因为中误差可以由相应的方差开方得到，所以观测值函数的中误差与观测值的中误差之间的关系可以通过方差和协方差的运算规律来导出，故将阐述这种关系的过程称为协方差传播律。协方差传播律也称为误差传播律。

本节首先阐述协方差传播律的基本概念，推导出协方差传播律的一般公式，以及协因数阵的传播律，并以测量中的几个典型应用说明其具体的计算步骤。

2.4.1 协方差传播律

1. 观测值线性函数的方差-协方差阵

(1)设有观测值 $\boldsymbol{X}$，其数学期望为 $\boldsymbol{\mu}_X$，协方差阵为 $\boldsymbol{D}_{XX}$，即

$$\left.\begin{aligned} \boldsymbol{X} = \begin{bmatrix} X_1 \\ X_2 \\ \vdots \\ X_n \end{bmatrix}, \boldsymbol{\mu}_X = \begin{bmatrix} \mu_{X_1} \\ \mu_{X_2} \\ \vdots \\ \mu_{X_n} \end{bmatrix} = \begin{bmatrix} E(X_1) \\ E(X_2) \\ \vdots \\ E(X_n) \end{bmatrix} = E(\boldsymbol{X}) \\ \boldsymbol{D}_{XX} = E[(\boldsymbol{X} - \boldsymbol{\mu}_X)(\boldsymbol{X} - \boldsymbol{\mu}_X)^{\mathrm{T}}] = \begin{bmatrix} \sigma_1^2 & \sigma_{12} & \cdots & \sigma_{1n} \\ \sigma_{21} & \sigma_2^2 & \cdots & \sigma_{2n} \\ \vdots & \vdots & & \vdots \\ \sigma_{n1} & \sigma_{n2} & \cdots & \sigma_n^2 \end{bmatrix} \end{aligned}\right\} \tag{2.4.1}$$

其中，σ_i^2 为 X_i 的方差，σ_{ij} 为 X_i 与 X_j 的协方差，又设有 $\boldsymbol{X}$ 的线性函数为

$$\boldsymbol{Z} = \boldsymbol{KX} + k_0 \tag{2.4.2}$$

式中：$\boldsymbol{K}=[k_1 \quad k_2 \quad \cdots \quad k_n]$，$\boldsymbol{K}$ 和 k_0 均为常数。

式(2.4.2)的纯量形式为

$$\boldsymbol{Z} = k_1X_1 + k_2X_2 + \cdots + k_nX_n + k_0$$

现在求 $\boldsymbol{Z}$ 的方差 $\boldsymbol{D}_{ZZ}$。

对式(2.4.2)取数学期望，得

$$E(\boldsymbol{Z})=E(\boldsymbol{KX}+k_0)=\boldsymbol{K}E(\boldsymbol{X})+k_0=\boldsymbol{K\mu}_X+k_0 \tag{2.4.3}$$

根据方差的定义可知，$\boldsymbol{Z}$ 的方差为

$$\boldsymbol{D}_{ZZ} = \sigma_Z^2 = E\{[\boldsymbol{Z}-E(\boldsymbol{Z})][\boldsymbol{Z}-E(\boldsymbol{Z})]^{\mathrm{T}}\}$$

将式(2.4.2)和式(2.4.3)代入上式，得

$$\begin{aligned}\boldsymbol{D}_{ZZ} = \sigma_Z^2 &= E[(\boldsymbol{KX}-\boldsymbol{K\mu}_X)(\boldsymbol{KX}-\boldsymbol{K\mu}_X)^{\mathrm{T}}]\\ &= E[\boldsymbol{K}(\boldsymbol{X}-\boldsymbol{\mu}_X)(\boldsymbol{X}-\boldsymbol{\mu}_X)^{\mathrm{T}}\boldsymbol{K}^{\mathrm{T}}]\\ &= \boldsymbol{K}E[(\boldsymbol{X}-\boldsymbol{\mu}_X)(\boldsymbol{X}-\boldsymbol{\mu}_X)^{\mathrm{T}}]\boldsymbol{K}^{\mathrm{T}}\end{aligned}$$

所以

$$\boldsymbol{D}_{ZZ} = \sigma_Z^2 = \boldsymbol{KD}_{XX}\boldsymbol{K}^{\mathrm{T}} \tag{2.4.4}$$

将上式展开成纯量形式，得

$$\boldsymbol{D}_{ZZ} = \sigma_Z^2 = k_1^2\sigma_1^2 + k_2^2\sigma_2^2 + \cdots + k_n^2\sigma_n^2 + 2k_1k_2\sigma_{12} + 2k_1k_3\sigma_{13} + \cdots + 2k_1k_n\sigma_{1n} + \cdots + 2k_{n-1}k_n\sigma_{n-1\,n} \tag{2.4.5}$$

当向量中的各分量 $X_i(i=1,2,\cdots,n)$ 两两独立时，它们之间的协方差 $\sigma_{ij}=0(i\neq j)$，此时式(2.4.5)可改写为

$$\boldsymbol{D}_{ZZ} = \sigma_Z^2 = k_1^2\sigma_1^2 + k_2^2\sigma_2^2 + \cdots + k_n^2\sigma_n^2 \tag{2.4.6}$$

通常将式(2.4.4)～式(2.4.6)称为协方差传播律。其中式(2.4.6)是式(2.4.5)的一个特例。

【例 2.4.1】 在 1∶500 的地图上，量得某两点间的距离 $d=32.4\text{mm}$，d 的量测中误差 $\sigma_d=\pm0.3\text{mm}$，试求该两点实地距离 S 及其中误差 σ_S。

解：

$$S=500d=500\times32.4=16200\text{mm}=16.2\text{m}$$

$$\sigma_S^2 = 500^2\sigma_d^2$$

$$\sigma_S=500\sigma_d=\pm500\times0.3=\pm150\text{mm}=\pm0.15\text{m}$$

因此该两点的实地距离和中误差可表示为

$$S=16.2\text{m}\pm0.15\text{m}$$

【例 2.4.2】 设 $X=\frac{1}{7}L_1+\frac{2}{7}L_2-\frac{4}{7}L_3$，已知 L_1、L_2、L_3 为独立观测值，其中误差分别为 $\sigma_1=\pm2\text{mm}$，$\sigma_2=\pm4\text{m}$ 及 $\sigma_3=\pm1\text{mm}$，试求函数 X 的中误差 σ_X。

解：因为 L_1、L_2、L_3 是独立观测值，所以按式(2.4.6)得

$$\sigma_X^2=\left(\frac{1}{7}\right)^2\sigma_1^2+\left(\frac{2}{7}\right)^2\sigma_2^2+\left(-\frac{4}{7}\right)^2\sigma_3^2$$
$$=\frac{1}{49}\times 4+\frac{4}{49}\times 16+\frac{16}{49}\times 1=1.71$$

故

$$\sigma_X=\pm 1.3\text{mm}$$

【例 2.4.3】 设在测站 A 上(图 2.4.2),已知$\angle BAC=\alpha$,设无误差,而观测角 β_1 和 β_2 的中误差为 $\sigma_1=\sigma_2=\pm 1.3''$,协方差 $\sigma_{12}=1\ ('')^2$,求角 x 的中误差 σ_x。

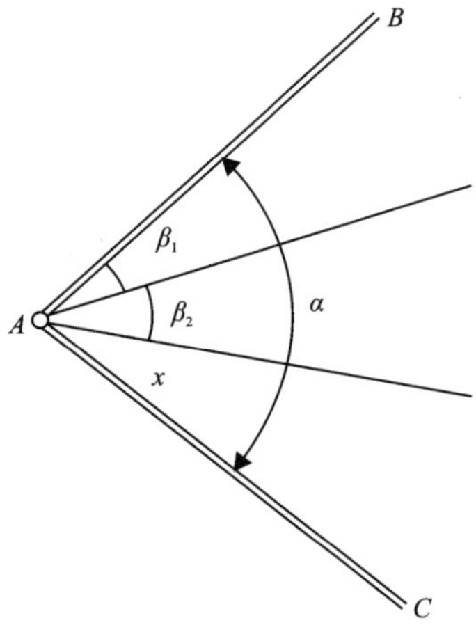

图 2.4.2 测站观测

解:因

$$x=a-\beta_1-\beta_2=\begin{bmatrix}-1 & -1\end{bmatrix}\begin{bmatrix}\beta_1\\ \beta_2\end{bmatrix}+\alpha$$

令

$$\boldsymbol{\beta}=\begin{bmatrix}\beta_1\\ \beta_2\end{bmatrix}$$

则

$$\boldsymbol{D}_{\beta\beta}=\begin{bmatrix}\sigma_1^2 & \sigma_{12}\\ \sigma_{21} & \sigma_2^2\end{bmatrix}=\begin{bmatrix}1.69 & 1\\ 1 & 1.69\end{bmatrix}$$

式中:$\sigma_{12}=\sigma_{21}$。

由式(2.4.4)得

$$\sigma_x^2=\begin{bmatrix}-1 & -1\end{bmatrix}\begin{bmatrix}1.69 & 1\\ 1 & 1.69\end{bmatrix}\begin{bmatrix}-1\\ -1\end{bmatrix}=\begin{bmatrix}-2.69 & -2.69\end{bmatrix}\begin{bmatrix}-1\\ -1\end{bmatrix}=5.38$$

所以

$$\sigma_x=\pm 2.3''$$

该例题如按式(2.4.5)解算,则为

$$\sigma_x^2=1^2\times 1.69+1^2\times 1.69+2\times 1\times 1\times 1=5.38$$

所以同样有

$$\sigma_x=\pm 2.3''$$

(2)若设有 $\boldsymbol{X}$ 的 t 个线性函数:

$$\left.\begin{aligned}Z_1&=k_{11}X_1+k_{12}X_2+\cdots+k_{1n}X_n+k_{10}\\ Z_2&=k_{21}X_1+k_{22}X_2+\cdots+k_{2n}X_n+k_{20}\\ &\vdots\\ Z_t&=k_{t1}X_1+k_{12}X_2+\cdots+k_{tn}X_n+k_{t0}\end{aligned}\right\}\tag{2.4.7}$$

$\boldsymbol{\mu}_X$ 与 $\boldsymbol{D}_{XX}$ 分别为观测值 $\boldsymbol{X}$ 的数学期望和方差阵,令

$$\boldsymbol{Z}=\begin{bmatrix}Z_1\\ Z_2\\ \vdots\\ Z_t\end{bmatrix},\boldsymbol{K}=\begin{bmatrix}k_{11} & k_{12} & \cdots & k_{1n}\\ k_{21} & k_{22} & \cdots & k_{2n}\\ \vdots & \vdots & & \vdots\\ k_{t1} & k_{t2} & \cdots & k_{tn}\end{bmatrix},\boldsymbol{K}_0=\begin{bmatrix}k_{10}\\ k_{20}\\ \vdots\\ k_{t0}\end{bmatrix}$$

则式(2.4.7)可写为

$$\boldsymbol{Z}=\boldsymbol{KX}+\boldsymbol{K}_0 \tag{2.4.8}$$

因为 $\boldsymbol{Z}$ 的数学期望为

$$E(\boldsymbol{Z}) = E(\boldsymbol{KX}+\boldsymbol{K}_0) = \boldsymbol{K}\boldsymbol{\mu}_X + \boldsymbol{K}_0 \tag{2.4.9}$$

所以 $\boldsymbol{Z}$ 的协方差阵为

$$\begin{aligned}\boldsymbol{D}_{ZZ} &= E\{[\boldsymbol{Z}-E(\boldsymbol{Z})][\boldsymbol{Z}-E(\boldsymbol{Z})]^{\mathrm{T}}\}\\ &= E[(\boldsymbol{KX}-\boldsymbol{K}\boldsymbol{\mu}_X)(\boldsymbol{KX}-\boldsymbol{K}\boldsymbol{\mu}_X)^{\mathrm{T}}]\\ &= \boldsymbol{K}E[(\boldsymbol{X}-\boldsymbol{\mu}_X)(\boldsymbol{X}-\boldsymbol{\mu}_X)^{\mathrm{T}}]\boldsymbol{K}^{\mathrm{T}}\end{aligned}$$

即得到

$$\boldsymbol{D}_{ZZ} = \boldsymbol{K}\boldsymbol{D}_{XX}\boldsymbol{K}^{\mathrm{T}} \tag{2.4.10}$$

可以看出,式(2.4.10)与式(2.4.4)在形式上完全相同,且两式的推导过程也相同。所不同的是式(2.4.4)中的 $\boldsymbol{D}_{ZZ}$ 是一个观测值函数的方差,而式(2.4.10)的 $\boldsymbol{D}_{ZZ}$ 是 t 个观测值函数的协方差阵,式(2.4.4)只是式(2.4.10)的一种特殊情况。因此,式(2.4.10)是协方差传播律的一般公式。

设另有 $\boldsymbol{X}$ 的 r 个线性函数

$$\left.\begin{aligned}Y_1 &= f_{11}X_1 + f_{12}X_2 + \cdots + f_{11}X_n + f_{10}\\ Y_2 &= f_{21}X_1 + f_{22}X_2 + \cdots + f_{2n}X_n + f_{20}\\ &\vdots\\ Y_r &= f_{r1}X_1 + f_{r2}X_2 + \cdots + f_{rn}X_n + f_{r0}\end{aligned}\right\} \tag{2.4.11}$$

若记

$$\boldsymbol{Y} = \begin{bmatrix}Y_1\\Y_2\\\vdots\\Y_r\end{bmatrix}, \boldsymbol{F} = \begin{bmatrix}f_{11} & f_{12} & \cdots & f_{1n}\\ f_{21} & f_{22} & \cdots & f_{2n}\\ \vdots & \vdots & & \vdots\\ f_{r1} & f_{r2} & \cdots & f_{rn}\end{bmatrix}, \boldsymbol{F}_0 = \begin{bmatrix}f_{10}\\f_{20}\\\vdots\\f_{r0}\end{bmatrix}$$

则式(2.4.11)可写为

$$\boldsymbol{Y}=\boldsymbol{FX}+\boldsymbol{F}_0 \tag{2.4.12}$$

$\boldsymbol{Y}$ 的数学期望为

$$E(\boldsymbol{Y})=\boldsymbol{F}\boldsymbol{\mu}_X+\boldsymbol{F}_0 \tag{2.4.13}$$

由式(2.4.10)可知,$\boldsymbol{Y}$ 的协方差阵为

$$\boldsymbol{D}_{YY} = \boldsymbol{F}\boldsymbol{D}_{XX}\boldsymbol{F}^{\mathrm{T}} \tag{2.4.14}$$

下面再来求 $\boldsymbol{Y}$ 关于 $\boldsymbol{Z}$ 的互协方差阵 $\boldsymbol{D}_{YZ}$。

根据互协方差阵的定义可知

$$\boldsymbol{D}_{YZ}=E\{[\boldsymbol{Y}-E(\boldsymbol{Y})][\boldsymbol{Z}-E(\boldsymbol{Z})]^{\mathrm{T}}\}$$

将式(2.4.12)、式(2.4.13)及式(2.4.8)、式(2.4.9)代入上式,可得

$$\begin{aligned}\boldsymbol{D}_{YZ} &= E[(\boldsymbol{FX}-\boldsymbol{F}\boldsymbol{\mu}_X)(\boldsymbol{KX}-\boldsymbol{K}\boldsymbol{\mu}_X)^{\mathrm{T}}]\\ &= \boldsymbol{F}E[(\boldsymbol{X}-\boldsymbol{\mu}_X)(\boldsymbol{X}-\boldsymbol{\mu}_X)^{\mathrm{T}}]\boldsymbol{K}^{\mathrm{T}}\end{aligned}$$

所以

$$\boldsymbol{D}_{YZ} = \boldsymbol{F}\boldsymbol{D}_{XX}\boldsymbol{K}^{\mathrm{T}} \tag{2.4.15}$$

式(2.4.15)即是由 $\boldsymbol{X}$ 的协方差阵求它的两组函数 $\boldsymbol{Y}$ 和 $\boldsymbol{Z}$ 的互协方差阵的公式。

因为

$$\boldsymbol{D}_{YZ} = \boldsymbol{D}_{ZY}^{\mathrm{T}}$$

所以

$$\boldsymbol{D}_{ZY} = (\boldsymbol{F}\boldsymbol{D}_{XX}\boldsymbol{K}^{\mathrm{T}})^{\mathrm{T}} = \boldsymbol{K}\boldsymbol{D}_{XX}\boldsymbol{F}^{\mathrm{T}}$$

如果 $\boldsymbol{Y}=\boldsymbol{Z}$,则式(2.4.15)就变为式(2.4.10),因此式(2.4.10)也可以看作式(2.4.15)的一种特殊情况。

通常将描述观测值 $\boldsymbol{X}$ 的协方差阵 $\boldsymbol{D}_{XX}$ 与观测值函数 $\boldsymbol{Z}$ 的协方差阵 $\boldsymbol{D}_{ZZ}$,及两组函数 $\boldsymbol{Y}$ 和 $\boldsymbol{Z}$ 的互协方差阵 $\boldsymbol{D}_{YZ}$ 之间关系的式(2.4.4)、式(2.4.10)和式(2.4.15)都称为协方差传播律。

【例 2.4.4】 设在一个三角形中,同精度独立观测得到 3 个内角 L_1、L_2、L_3,其中误差为 $\pm\sigma$,试求将三角形闭合差平均分配后的各角 $\hat{L}_1$、$\hat{L}_2$、$\hat{L}_3$ 的协方差阵。

解:三角形闭合差计算式为

$$W = L_1 + L_2 + L_3 - 180^\circ$$

而 $\hat{L}_1$、$\hat{L}_2$、$\hat{L}_3$ 分别有

$$\hat{L}_1 = L_1 - \frac{1}{3}W = \frac{2}{3}L_1 - \frac{1}{3}L_2 - \frac{1}{3}L_3 + 60^\circ$$

$$\hat{L}_2 = L_2 - \frac{1}{3}W = -\frac{1}{3}L_1 + \frac{2}{3}L_2 - \frac{1}{3}L_3 + 60^\circ$$

$$\hat{L}_3 = L_3 - \frac{1}{3}W = -\frac{1}{3}L_1 - \frac{1}{3}L_2 + \frac{2}{3}L_3 + 60^\circ$$

用矩阵形式表示,即为

$$\hat{\boldsymbol{L}} = \begin{bmatrix} \hat{L}_1 \\ \hat{L}_2 \\ \hat{L}_3 \end{bmatrix} = \begin{bmatrix} 2/3 & -1/3 & -1/3 \\ -1/3 & 2/3 & -1/3 \\ -1/3 & -1/3 & 2/3 \end{bmatrix} \begin{bmatrix} L_1 \\ L_2 \\ L_3 \end{bmatrix} + \begin{bmatrix} 60 \\ 60 \\ 60 \end{bmatrix}$$

根据题意,观测值独立等精度,因此

$$\boldsymbol{D}_{LL} = \begin{bmatrix} \sigma^2 & 0 & 0 \\ 0 & \sigma^2 & 0 \\ 0 & 0 & \sigma^2 \end{bmatrix}$$

应用式(2.4.10)得 $\hat{\boldsymbol{L}}$ 协方差阵为

$$\boldsymbol{D}_{\hat{L}\hat{L}} = \begin{bmatrix} 2/3 & -1/3 & -1/3 \\ -1/3 & 2/3 & -1/3 \\ -1/3 & -1/3 & 2/3 \end{bmatrix} \begin{bmatrix} \sigma^2 & 0 & 0 \\ 0 & \sigma^2 & 0 \\ 0 & 0 & \sigma^2 \end{bmatrix} \begin{bmatrix} 2/3 & -1/3 & -1/3 \\ -1/3 & 2/3 & -1/3 \\ -1/3 & -1/3 & 2/3 \end{bmatrix}$$

$$= \begin{bmatrix} 2/3\sigma^2 & -1/3\sigma^2 & -1/3\sigma^2 \\ -1/3\sigma^2 & 2/3\sigma^2 & -1/3\sigma^2 \\ -1/3\sigma^2 & -1/3\sigma^2 & 2/3\sigma^2 \end{bmatrix} = \begin{bmatrix} 2/3 & -1/3 & -1/3 \\ -1/3 & 2/3 & -1/3 \\ -1/3 & -1/3 & 2/3 \end{bmatrix}\sigma^2$$

从上式可见，分配闭合差后的各角 $\hat{L}_i$ 的中误差均为 $\sqrt{\frac{2}{3}}\sigma$，它们之间协方差均为 $-\frac{1}{3}\sigma^2$。协方差为负，表示它们是负相关。因为 $\sqrt{\frac{2}{3}}\sigma<\sigma$，所以分配闭合差后的 $\hat{L}_i$ 其精度高于观测值 L_i。

在实际计算中，并不要求计算出所有 $\hat{L}_i$ 的中误差及它们之间的协方差，只需要计算出其中的个别元素。例如，只需要计算出 $\hat{L}_2$ 的中误差和 $\hat{L}_3$ 关于 $\hat{L}_2$ 的协方差，则由式(2.4.10)和式(2.4.15)可写出

$$\boldsymbol{D}_{\hat{L}_2\hat{L}_2} = \boldsymbol{k}_2\boldsymbol{D}_{LL}\boldsymbol{k}_2^{\mathrm{T}}$$
$$\boldsymbol{D}_{\hat{L}_3\hat{L}_2} = \boldsymbol{k}_3\boldsymbol{D}_{LL}\boldsymbol{k}_2^{\mathrm{T}}$$

由上例可知

$$\boldsymbol{k}_2 = \begin{bmatrix}-\frac{1}{3} & \frac{2}{3} & -\frac{1}{3}\end{bmatrix}$$
$$\boldsymbol{k}_3 = \begin{bmatrix}-\frac{1}{3} & -\frac{1}{3} & \frac{2}{3}\end{bmatrix}$$

因此

$$\sigma_{\hat{L}_2}^2 = \boldsymbol{D}_{\hat{L}_2\hat{L}_2} = \begin{bmatrix}-\frac{1}{3} & \frac{2}{3} & -\frac{1}{3}\end{bmatrix}\begin{bmatrix}\sigma^2 & 0 & 0\\ 0 & \sigma^2 & 0\\ 0 & 0 & \sigma^2\end{bmatrix}\begin{bmatrix}-1/3\\ 2/3\\ -1/3\end{bmatrix} = \frac{2}{3}\sigma^2$$

可得

$$\sigma_{\hat{L}_2} = \pm\sqrt{\frac{2}{3}}\sigma$$

进一步可得

$$\boldsymbol{D}_{\hat{L}_3\hat{L}_2} = \begin{bmatrix}-\frac{1}{3} & -\frac{1}{3} & \frac{2}{3}\end{bmatrix}\begin{bmatrix}\sigma^2 & 0 & 0\\ 0 & \sigma^2 & 0\\ 0 & 0 & \sigma^2\end{bmatrix}\begin{bmatrix}-1/3\\ 2/3\\ -1/3\end{bmatrix} = -\frac{1}{3}\sigma^2$$

【例 2.4.5】 设有函数

$$\boldsymbol{Z}=\boldsymbol{F}_1\boldsymbol{X}+\boldsymbol{F}_2\boldsymbol{Y} \tag{2.4.16}$$

已知 $\boldsymbol{X}$ 和 $\boldsymbol{Y}$ 的协方差阵 $\boldsymbol{D}_{XX}$ 和 $\boldsymbol{D}_{YY}$，$\boldsymbol{X}$ 关于 $\boldsymbol{Y}$ 的互协方差阵为 $\boldsymbol{D}_{XY}$，试求 $\boldsymbol{Z}$ 的方差阵 $\boldsymbol{D}_{ZZ}$ 和 $\boldsymbol{Z}$ 关于 $\boldsymbol{X}$ 及 $\boldsymbol{Y}$ 的互协方差阵 $\boldsymbol{D}_{ZX}$ 与 $\boldsymbol{D}_{ZY}$。

解：将式(2.4.16)写成

$$\boldsymbol{Z} = \begin{bmatrix}\boldsymbol{F}_1 & \boldsymbol{F}_2\end{bmatrix}\begin{bmatrix}\boldsymbol{X}\\ \boldsymbol{Y}\end{bmatrix}$$

则由协方差传播律式(2.4.10)得

$$\boldsymbol{D}_{ZZ} = \begin{bmatrix}\boldsymbol{F}_1 & \boldsymbol{F}_2\end{bmatrix}\begin{bmatrix}\boldsymbol{D}_{XX} & \boldsymbol{D}_{XY}\\ \boldsymbol{D}_{YX} & \boldsymbol{D}_{YY}\end{bmatrix}\begin{bmatrix}\boldsymbol{F}_1^{\mathrm{T}}\\ \boldsymbol{F}_2^{\mathrm{T}}\end{bmatrix}$$

展开可得

$$\boldsymbol{D}_{ZZ} = \boldsymbol{F}_1\boldsymbol{D}_{XX}\boldsymbol{F}_1^{\mathrm{T}} + \boldsymbol{F}_1\boldsymbol{D}_{XY}\boldsymbol{F}_2^{\mathrm{T}} + \boldsymbol{F}_2 D_{YX}\boldsymbol{F}_1^{\mathrm{T}} + \boldsymbol{F}_2\boldsymbol{D}_{YY}\boldsymbol{F}_2^{\mathrm{T}} \tag{2.4.17}$$

而 $\boldsymbol{X}$、$\boldsymbol{Y}$ 可改写为

$$\boldsymbol{X}=\begin{bmatrix}\boldsymbol{I} & \boldsymbol{0}\end{bmatrix}\begin{bmatrix}\boldsymbol{X}\\ \boldsymbol{Y}\end{bmatrix},\boldsymbol{Y}=\begin{bmatrix}\boldsymbol{0} & \boldsymbol{I}\end{bmatrix}\begin{bmatrix}\boldsymbol{X}\\ \boldsymbol{Y}\end{bmatrix} \tag{2.4.18}$$

根据协方差传播律式(2.4.15)得

$$\boldsymbol{D}_{ZX}=\begin{bmatrix}\boldsymbol{F}_1 & \boldsymbol{F}_2\end{bmatrix}\begin{bmatrix}\boldsymbol{D}_{XX} & \boldsymbol{D}_{XY}\\ \boldsymbol{D}_{YX} & \boldsymbol{D}_{YY}\end{bmatrix}\begin{bmatrix}\boldsymbol{I}\\ \boldsymbol{0}\end{bmatrix}$$

$$\boldsymbol{D}_{ZY}=\begin{bmatrix}\boldsymbol{F}_1 & \boldsymbol{F}_2\end{bmatrix}\begin{bmatrix}\boldsymbol{D}_{XX} & \boldsymbol{D}_{XY}\\ \boldsymbol{D}_{YX} & \boldsymbol{D}_{YY}\end{bmatrix}\begin{bmatrix}\boldsymbol{0}\\ \boldsymbol{I}\end{bmatrix}$$

因此

$$\left.\begin{aligned}\boldsymbol{D}_{ZX}&=\boldsymbol{F}_1\boldsymbol{D}_{XX}+\boldsymbol{F}_2\boldsymbol{D}_{YX}\\ \boldsymbol{D}_{ZY}&=\boldsymbol{F}_1\boldsymbol{D}_{XY}+\boldsymbol{F}_2\boldsymbol{D}_{YY}\end{aligned}\right\} \tag{2.4.19}$$

当 $\boldsymbol{D}_{XY}=\boldsymbol{D}_{YX}^{\mathrm{T}}=0$ 时,则式(2.4.17)和式(2.4.19)变为

$$\left.\begin{aligned}\boldsymbol{D}_{ZZ}&=\boldsymbol{F}_1\boldsymbol{D}_{XX}\boldsymbol{F}_1^{\mathrm{T}}+\boldsymbol{F}_2\boldsymbol{D}_{YY}\boldsymbol{F}_2^{\mathrm{T}}\\ \boldsymbol{D}_{ZX}&=\boldsymbol{F}_1\boldsymbol{D}_{XX}\\ \boldsymbol{D}_{ZY}&=\boldsymbol{F}_2\boldsymbol{D}_{YY}\end{aligned}\right\} \tag{2.4.20}$$

由式(2.4.16)得出式(2.4.17),由式(2.4.16)和式(2.4.18)得出式(2.4.19),上述推导具有明显的计算规律。

2.观测值非线性函数的方差-协方差阵

在实际测量工作中,并非所有观测值的函数均是线性的,也存在非线性情况。设有观测值 $\boldsymbol{X}$ 的非线性函数为

$$\boldsymbol{Z}=f(\boldsymbol{X}) \tag{2.4.21}$$

或写为

$$\boldsymbol{Z}=f(X_1,X_2,\cdots,X_n) \tag{2.4.22}$$

已知 $\boldsymbol{X}$ 的协方差阵 $\boldsymbol{D}_{XX}$,欲求 $\boldsymbol{Z}$ 的方差 $\boldsymbol{D}_{ZZ}$。

假定观测值 $\boldsymbol{X}$ 有近似值 $\boldsymbol{X}^0$:

$$\boldsymbol{X}^0=\begin{bmatrix}X_1^0 & X_2^0 & \cdots & X_n^0\end{bmatrix}^{\mathrm{T}}$$

则可将函数式(2.4.22),按泰勒级数在点 $X_1^0,X_2^0,\cdots,X_n^0$ 处展开为

$$\begin{aligned}\boldsymbol{Z}=&f(X_1^0\quad X_2^0\quad\cdots\quad X_n^0)+\left(\frac{\partial f}{\partial X_1}\right)_0(X_1-X_1^0)+\\ &\left(\frac{\partial f}{\partial X_2}\right)_0(X_2-X_2^0)+\cdots+\left(\frac{\partial f}{\partial X_n}\right)_0(X_n-X_n^0)+(\text{二次以上项})\end{aligned} \tag{2.4.23}$$

式中:$\left(\frac{\partial f}{\partial X_i}\right)_0$ 是函数对变量 X_i 所取的偏导数,并以近似值 $\boldsymbol{X}^0$ 代入所计算的数值,是常数。

当 $\boldsymbol{X}^0$ 与 $\boldsymbol{X}$ 非常接近时,式(2.4.23)中二次以上各项很微小,可略去。因此,可将式(2.4.23)写为

$$\boldsymbol{Z}=\left(\frac{\partial f}{\partial X_1}\right)_0X_1+\left(\frac{\partial f}{\partial X_2}\right)_0X_2+\cdots+\left(\frac{\partial f}{\partial X_n}\right)_0X_n+f(X_1^0\quad X_2^0\quad\cdots\quad X_n^0)-\sum_{i=1}^{n}\left(\frac{\partial f}{\partial X_i}\right)_0X_i^0 \tag{2.4.24}$$

令

$$\boldsymbol{K} = [k_1 \quad k_2 \quad \cdots \quad k_n] = \left[\left(\frac{\partial f}{\partial X_1}\right)_0 \quad \left(\frac{\partial f}{\partial X_2}\right)_0 \quad \cdots \quad \left(\frac{\partial f}{\partial X_n}\right)_0 \right]$$

$$k_0 = f(X_1^0 \quad X_2^0 \quad \cdots \quad X_n^0) - \sum_{i=1}^{n} \left(\frac{\partial f}{\partial X_i}\right)_0 X_i^0 \tag{2.4.25}$$

则(2.4.23)式可表示为

$$\boldsymbol{Z} = k_1 X_1 + k_2 X_2 + \cdots + k_n X_n + k_0 = \boldsymbol{KX} + k_0 \tag{2.4.26}$$

至此,将非线性函数式(2.4.22)转化成了线性函数式(2.4.26),它与线性函数式(2.4.2)完全相同,故可按式(2.4.4)求得 $\boldsymbol{Z}$ 的方差为

$$\boldsymbol{D}_{ZZ} = \boldsymbol{K}\boldsymbol{D}_{XX}\boldsymbol{K}^{\mathrm{T}} \tag{2.4.27}$$

如果令

$$\left.\begin{aligned} \mathrm{d}X_i &= X_i - X_i^0 (i = 1, 2, \cdots, n) \\ \mathrm{d}\boldsymbol{X} &= [\mathrm{d}X_1 \quad \mathrm{d}X_2 \quad \cdots \quad \mathrm{d}X_n]^{\mathrm{T}} \\ \mathrm{d}\boldsymbol{Z} &= \boldsymbol{Z} - \boldsymbol{Z}^0 = \boldsymbol{Z} - f(X_1^0, X_2^0, \cdots, X_n^0) \end{aligned}\right\} \tag{2.4.28}$$

则式(2.4.24)可写为

$$\mathrm{d}\boldsymbol{Z} = \left(\frac{\partial f}{\partial X_1}\right)_0 \mathrm{d}X_1 + \left(\frac{\partial f}{\partial X_2}\right)_0 \mathrm{d}X_2 + \cdots + \left(\frac{\partial f}{\partial X_n}\right)_0 \mathrm{d}X_n = \boldsymbol{K}\mathrm{d}\boldsymbol{X} \tag{2.4.29}$$

式(2.4.29)是非线性函数式(2.4.22)的全微分。因为根据式(2.4.26)应用协方差传播律式(2.4.4)求 $\boldsymbol{D}_{ZZ}$ 时,只需要知道上式中系数阵 $\boldsymbol{K}$。因此,对于非线性函数,一般对函数先求全微分,将非线性函数转化成线性函数形式,再按协方差传播律即可求得该函数的方差。

同理,如果有 t 个非线性函数

$$\left.\begin{aligned} Z_1 &= f_1(X_1, X_2, \cdots, X_n) \\ Z_2 &= f_2(X_1, X_2, \cdots, X_n) \\ &\vdots \\ Z_t &= f_t(X_1, X_2, \cdots, X_n) \end{aligned}\right\} \tag{2.4.30}$$

将 t 个函数求全微分得

$$\left.\begin{aligned} \mathrm{d}Z_1 &= \left(\frac{\partial f_1}{\partial X_1}\right)_0 \mathrm{d}X_1 + \left(\frac{\partial f_1}{\partial X_2}\right)_0 \mathrm{d}X_2 + \cdots + \left(\frac{\partial f_1}{\partial X_n}\right)_0 \mathrm{d}X_n \\ \mathrm{d}Z_2 &= \left(\frac{\partial f_2}{\partial X_1}\right)_0 \mathrm{d}X_1 + \left(\frac{\partial f_2}{\partial X_2}\right)_0 \mathrm{d}X_2 + \cdots + \left(\frac{\partial f_2}{\partial X_n}\right)_0 \mathrm{d}X_n \\ \mathrm{d}Z_t &= \left(\frac{\partial f_t}{\partial X_1}\right)_0 \mathrm{d}X_1 + \left(\frac{\partial f_t}{\partial X_2}\right)_0 \mathrm{d}X_2 + \cdots + \left(\frac{\partial f_t}{\partial X_n}\right)_0 \mathrm{d}X_n \end{aligned}\right\} \tag{2.4.31}$$

若记

$$\boldsymbol{Z} = \begin{bmatrix} Z_1 \\ Z_2 \\ \vdots \\ Z_t \end{bmatrix}, \mathrm{d}\boldsymbol{Z} = \begin{bmatrix} \mathrm{d}Z_1 \\ \mathrm{d}Z_2 \\ \vdots \\ \mathrm{d}Z_t \end{bmatrix}$$

$$K=\begin{bmatrix}\left(\frac{\partial f_1}{\partial X_1}\right)_0 & \left(\frac{\partial f_1}{\partial X_2}\right)_0 & \cdots & \left(\frac{\partial f_1}{\partial X_n}\right)_0\\ \left(\frac{\partial f_2}{\partial X_1}\right)_0 & \left(\frac{\partial f_2}{\partial X_2}\right)_0 & \cdots & \left(\frac{\partial f_2}{\partial X_n}\right)_0\\ \vdots & \vdots & & \vdots\\ \left(\frac{\partial f_t}{\partial X_1}\right)_0 & \left(\frac{\partial f_t}{\partial X_2}\right)_0 & \cdots & \left(\frac{\partial f_t}{\partial X_n}\right)_0\end{bmatrix} \tag{2.4.32}$$

则有

$$\mathrm{d}\boldsymbol{Z}=\boldsymbol{K}\mathrm{d}\boldsymbol{X} \tag{2.4.33}$$

于是依据式(2.4.10)即可求得 $\boldsymbol{Z}$ 的协方差阵

$$\boldsymbol{D}_{ZZ}=\boldsymbol{K}\boldsymbol{D}_{XX}\boldsymbol{K}^{\mathrm{T}} \tag{2.4.34}$$

同样,若还有函数

$$\left.\begin{aligned}Y_1&=F_1(X_1,X_2,\cdots,X_n)\\ Y_2&=F_2(X_1,X_2,\cdots,X_n)\\ &\vdots\\ Y_r&=F_r(X_1,X_2,\cdots,X_n)\end{aligned}\right\} \tag{2.4.35}$$

记

$$\boldsymbol{Y}=\begin{bmatrix}Y_1\\Y_2\\ \vdots\\Y_r\end{bmatrix},\mathrm{d}\boldsymbol{Y}=\begin{bmatrix}\mathrm{d}Y_1\\ \mathrm{d}Y_2\\ \vdots\\ \mathrm{d}Y_r\end{bmatrix},\boldsymbol{F}=\begin{bmatrix}\left(\frac{\partial F_1}{\partial X_1}\right)_0 & \left(\frac{\partial F_1}{\partial X_2}\right)_0 & \cdots & \left(\frac{\partial F_1}{\partial X_n}\right)_0\\ \left(\frac{\partial F_2}{\partial X_1}\right)_0 & \left(\frac{\partial F_2}{\partial X_2}\right)_0 & \cdots & \left(\frac{\partial F_2}{\partial X_n}\right)_0\\ \vdots & \vdots & & \vdots\\ \left(\frac{\partial F_r}{\partial X_1}\right)_0 & \left(\frac{\partial F_r}{\partial X_2}\right)_0 & \cdots & \left(\frac{\partial F_r}{\partial X_n}\right)_0\end{bmatrix} \tag{2.4.36}$$

则有

$$\mathrm{d}\boldsymbol{Y}=\boldsymbol{F}\mathrm{d}\boldsymbol{X} \tag{2.4.37}$$

按式(2.4.10)和式(2.4.15)可得到

$$\left.\begin{aligned}\boldsymbol{D}_{YY}&=\boldsymbol{F}\boldsymbol{D}_{XX}\boldsymbol{F}^{\mathrm{T}}\\ \boldsymbol{D}_{YZ}&=\boldsymbol{F}\boldsymbol{D}_{XX}\boldsymbol{K}^{\mathrm{T}}\end{aligned}\right\} \tag{2.4.38}$$

【例 2.4.6】 图 2.4.3 为一梯形耕地,测量得 3 个独立观测值:上底边长为 a=51.652m、下底边长为 b=85.768m、高为 h=68.520m,其中误差分别为 σ_a=±0.030m、σ_b=±0.040m、σ_h=±0.036m,试求该梯形面积 S 及其中误差 σ_S。

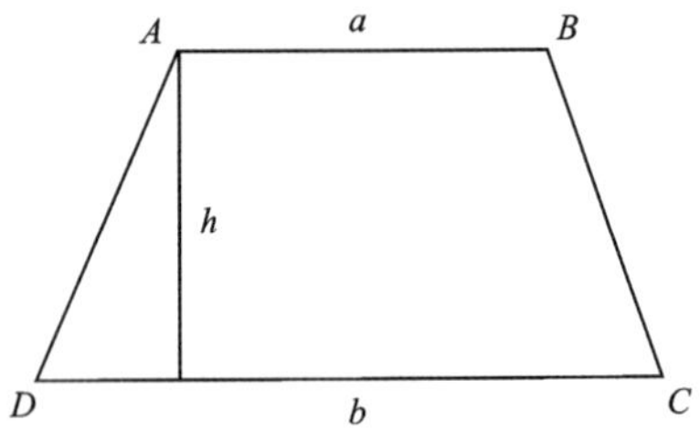

图 2.4.3 耕地面积示意图

解:

$$S=\frac{1}{2}h(a+b)=4708.009\mathrm{m}^2$$

对 S 全微分得

$$\mathrm{d}S = \frac{1}{2}(a+b)\mathrm{d}h + \frac{1}{2}h\mathrm{d}a + \frac{1}{2}h\mathrm{d}b$$

写成矩阵形式为

$$\mathrm{d}\boldsymbol{S} = \frac{1}{2}[a+b \quad h \quad h]\begin{bmatrix}\mathrm{d}h\\ \mathrm{d}a\\ \mathrm{d}b\end{bmatrix} = [68.710 \quad 34.260 \quad 34.260]\begin{bmatrix}\mathrm{d}h\\ \mathrm{d}a\\ \mathrm{d}b\end{bmatrix}$$

又 $\boldsymbol{D}_{\mathrm{d}S\mathrm{d}S}=\boldsymbol{D}_{SS}$，按协方差传播律式(2.4.10)得 S 的方差

$$\begin{aligned}\boldsymbol{D}_{SS} = \sigma_S^2 &= [68.710 \quad 34.260 \quad 34.260]\begin{bmatrix}\sigma_h^2 & & \\ & \sigma_a^2 & \\ & & \sigma_b^2\end{bmatrix}\begin{bmatrix}68.710\\ 34.260\\ 34.260\end{bmatrix}\\ &= (68.710)^2\sigma_h^2 + (34.260)^2\sigma_a^2 + (34.260)^2\sigma_b^2\\ &= 9.0529\mathrm{m}^4\end{aligned}$$

则梯形面积 $S=4708.009\mathrm{m}^2$，其中误差 $\sigma_S=\pm\sqrt{9.0529}=\pm 3.01\mathrm{m}^2$。

【例 2.4.7】 设在三角形 ABC(图 2.4.4)中，观测 3 个内角 L_1、L_2、L_3，将闭合差平均分配后得到各角的值为

$$\hat{L}_1 = 64°22'10''$$

$$\hat{L}_2 = 50°25'20''$$

$$\hat{L}_3 = 65°12'30''$$

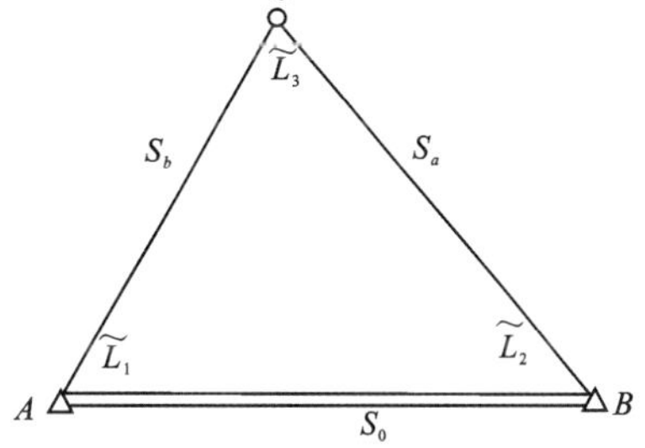

图 2.4.4 三角形

它们的协方差阵

$$\boldsymbol{D}_{\hat{L}\hat{L}} = \begin{bmatrix}6 & -3 & -3\\ -3 & 6 & -3\\ -3 & -3 & 6\end{bmatrix}('')^2$$

已知，边长 $S_0=1000.000\mathrm{m}$(无误差)，试求 S_a、S_b 的长度和它们的协方差阵 $\boldsymbol{D}_{SS}$。

解：由图 2.4.4 可知，边长

$$S_a = S_0\frac{\sin\hat{L}_1}{\sin\hat{L}_3} = 1000.00\times\frac{0.9016020}{0.9078385} = 993.130\mathrm{m}$$

$$S_b = S_0\frac{\sin\hat{L}_2}{\sin\hat{L}_3} = 1000.00\times\frac{0.7707604}{0.9078385} = 849.006\mathrm{m}$$

为了求它们的协方差阵，要对上述函数式进行全微分，也可以先将函数式取对数，再求全微分，本题采用对数形式进行解算。

现对函数式取自然对数，得

$$\ln S_a = \ln S_0 + \ln\sin\hat{L}_1 - \ln\sin\hat{L}_3$$

$$\ln S_b = \ln S_0 + \ln\sin\hat{L}_2 - \ln\sin\hat{L}_3$$

对上式取全微分得

$$\frac{\mathrm{d}S_a}{S_a} = \frac{\cos\hat{L}_1}{\sin\hat{L}_1}\mathrm{d}\hat{L}_1 - \frac{\cos\hat{L}_3}{\sin\hat{L}_3}\mathrm{d}\hat{L}_3$$

$$\frac{\mathrm{d}S_b}{S_b}=\frac{\cos\hat{L}_2}{\sin\hat{L}_2}\mathrm{d}\hat{L}_2-\frac{\cos\hat{L}_3}{\sin\hat{L}_3}\mathrm{d}\hat{L}_3$$

或为

$$\mathrm{d}S_a=S_a\cot\hat{L}_1\mathrm{d}\hat{L}_1-S_a\cot\hat{L}_3\mathrm{d}\hat{L}_3$$

$$\mathrm{d}S_b=S_b\cot\hat{L}_2\mathrm{d}\hat{L}_2-S_b\cot\hat{L}_3\mathrm{d}\hat{L}_3$$

写成矩阵形式为

$$\boldsymbol{S}=\begin{bmatrix}\mathrm{d}S_a\\ \mathrm{d}S_b\end{bmatrix}=\begin{bmatrix}S_a\cot\hat{L}_1 & 0 & -S_a\cot\hat{L}_3\\ 0 & S_b\cot\hat{L}_2 & -S_a\cot\hat{L}_3\end{bmatrix}\begin{bmatrix}\mathrm{d}\hat{L}_1\\ \mathrm{d}\hat{L}_2\\ \mathrm{d}\hat{L}_3\end{bmatrix}$$

按式(2.4.16)就可得到$\boldsymbol{D}_{SS}$，但在代入数值时必须注意，上式中的$\mathrm{d}\hat{L}_i$以弧度为单位。当所给的角度中误差(或方差、协方差)是度分秒单位系统时，则应除以ρ(或ρ''，$\rho=180°/\pi$)，将其单位化为弧度系统。本例中的$\boldsymbol{D}_{\hat{L}\hat{L}}$以$('')^2$为单位，故有

$$\boldsymbol{D}_{SS}=\frac{1}{(206\times10^3)^2}\begin{bmatrix}476 & 0 & -459\\ 0 & 702 & -392\end{bmatrix}\begin{bmatrix}6 & -3 & -3\\ -3 & 6 & -3\\ -3 & -3 & 6\end{bmatrix}\begin{bmatrix}476 & 0\\ 0 & 702\\ -459 & -392\end{bmatrix}\mathrm{m}^2$$

$$=\frac{1}{(206\times10^3)^2}\begin{bmatrix}4233 & -51 & -4182\\ -930 & 5388 & -4458\end{bmatrix}\begin{bmatrix}476 & 0\\ 0 & 702\\ -459 & -392\end{bmatrix}\mathrm{m}^2$$

$$=\begin{bmatrix}0.93 & 0.38\\ 0.38 & 1.30\end{bmatrix}\mathrm{cm}^2$$

所以，S_a和S_b的中误差和协方差分别为

$$\sigma_{S_a}=\pm0.96\mathrm{cm}$$

$$\sigma_{S_b}=\pm1.14\mathrm{cm}$$

$$\sigma_{S_aS_b}=0.38\mathrm{cm}^2$$

通过本例可以看出：①有些函数可以先取对数再求全微分较为方便；②偏导数$\left(\frac{\partial f}{\partial X_i}\right)_0$的数值是用$\boldsymbol{X}$的近似值代入后算出的，其中$\boldsymbol{X}$的近似值应接近其真值；③用数值代入计算时，应注意各项的单位要统一。

根据以上非线性函数协方差的计算过程，可以总结出应用协方差传播律的计算规则。

(1)按要求写出函数式，如$Z_i=f_i(X_1,X_2,\cdots,X_n)\ (i=1,2,\cdots,t)$。

(2)对函数式求全微分，得

$$\mathrm{d}Z_i=\left(\frac{\partial f_i}{\partial X_1}\right)_0\mathrm{d}X_1+\left(\frac{\partial f_i}{\partial X_2}\right)_0\mathrm{d}X_2+\cdots+\left(\frac{\partial f_i}{\partial X_n}\right)_0\mathrm{d}X_n\quad(i=1,2,\cdots,t)$$

(3)将微分关系写成矩阵形式

$$\mathrm{d}\boldsymbol{Z}=\boldsymbol{K}\mathrm{d}\boldsymbol{X}$$

其中

$$
\mathrm{d}\boldsymbol{Z}=\begin{bmatrix}\mathrm{d}Z_1\\ \mathrm{d}Z_2\\ \vdots\\ \mathrm{d}Z_t\end{bmatrix},\boldsymbol{K}=\begin{bmatrix}\left(\dfrac{\partial f_1}{\partial X_1}\right)_0 & \left(\dfrac{\partial f_1}{\partial X_2}\right)_0 & \cdots & \left(\dfrac{\partial f_1}{\partial X_n}\right)_0\\ \left(\dfrac{\partial f_2}{\partial X_1}\right)_0 & \left(\dfrac{\partial f_2}{\partial X_2}\right)_0 & \cdots & \left(\dfrac{\partial f_2}{\partial X_n}\right)_0\\ \vdots & \vdots & & \vdots\\ \left(\dfrac{\partial f_t}{\partial X_1}\right)_0 & \left(\dfrac{\partial f_t}{\partial X_2}\right)_0 & \cdots & \left(\dfrac{\partial f_t}{\partial X_n}\right)_0\end{bmatrix}
$$

(4)应用协方差传播律式(2.4.4)、式(2.4.10)或式(2.4.15)求方差或协方差阵。

按最小二乘法进行平差,评定精度是主要内容之一,即评定观测值及观测值函数的精度。协方差传播律可以用来求解观测值函数的中误差和协方差。在后续有关平差计算的内容中,均是以协方差传播律为基础,分别推导适用于不同平差方法精度的计算公式。

2.4.2 协因数传播律

在实际数据处理过程中,先验方差信息往往是未知的,但可事先通过一定的观测条件来确定出相对精度指标(权或协因数)。因此,本节进一步介绍协因数传播律内容及其应用。结合协因数和协因数阵定义,根据协方差传播律,可以方便地得到由观测向量的协因数阵求其函数协因数阵的计算公式,得到函数的权。

设有观测值 $\boldsymbol{X}$,已知其协因数阵为 $\boldsymbol{Q}_{XX}$,又设有 $\boldsymbol{X}$ 的函数 $\boldsymbol{Y}$ 和 $\boldsymbol{Z}$:

$$
\begin{aligned}\boldsymbol{Y}&=\boldsymbol{F}\boldsymbol{X}+\boldsymbol{F}^0\\ \boldsymbol{Z}&=\boldsymbol{K}\boldsymbol{X}+\boldsymbol{K}^0\end{aligned}\tag{2.4.39}
$$

下面根据协方差传播律式(2.4.10)和式(2.4.15),导出由 $\boldsymbol{Q}_{XX}$ 求 $\boldsymbol{Q}_{YY}$、$\boldsymbol{Q}_{ZZ}$ 和 $\boldsymbol{Q}_{ZX}$ 公式。

假定 $\boldsymbol{X}$ 的方差阵为 $\boldsymbol{D}_{XX}$,单位权方差为 σ_0^2,根据协方差传播律式(2.4.10)知,$\boldsymbol{Y}$ 和 $\boldsymbol{Z}$ 的协方差阵

$$
\begin{aligned}\boldsymbol{D}_{YY}&=\boldsymbol{F}\boldsymbol{D}_{XX}\boldsymbol{F}^{\mathrm{T}}\\ \boldsymbol{D}_{ZZ}&=\boldsymbol{K}\boldsymbol{D}_{XX}\boldsymbol{K}^{\mathrm{T}}\end{aligned}\tag{2.4.40}
$$

由式(2.4.15)知 $\boldsymbol{Y}$ 关于 $\boldsymbol{Z}$ 的互协方差阵

$$
\boldsymbol{D}_{YZ}=\boldsymbol{F}\boldsymbol{D}_{XX}\boldsymbol{K}^{\mathrm{T}}\tag{2.4.41}
$$

而由式(2.3.14)知

$$
\begin{aligned}\boldsymbol{D}_{XX}&=\sigma_0^2\boldsymbol{Q}_{XX},\quad \boldsymbol{D}_{YY}=\sigma_0^2\boldsymbol{Q}_{YY}\\ \boldsymbol{D}_{ZZ}&=\sigma_0^2\boldsymbol{Q}_{ZZ},\quad \boldsymbol{D}_{YZ}=\sigma_0^2\boldsymbol{Q}_{YZ}\end{aligned}\tag{2.4.42}
$$

将式(2.4.42)代入式(2.4.40)及式(2.4.41),得

$$
\begin{aligned}\sigma_0^2\boldsymbol{Q}_{YY}&=\boldsymbol{F}(\sigma_0^2\boldsymbol{Q}_{XX})\boldsymbol{F}^{\mathrm{T}}\\ \sigma_0^2\boldsymbol{Q}_{ZZ}&=\boldsymbol{K}(\sigma_0^2\boldsymbol{Q}_{XX})\boldsymbol{K}^{\mathrm{T}}\end{aligned}\tag{2.4.43}
$$

$$
\sigma_0^2\boldsymbol{Q}_{YZ}=\boldsymbol{F}(\sigma_0^2\boldsymbol{Q}_{XX})\boldsymbol{K}^{\mathrm{T}}\tag{2.4.44}
$$

再将式(2.4.43)和式(2.4.44)两式都除以 σ_0^2,即得

$$
\begin{aligned}\boldsymbol{Q}_{YY}&=\boldsymbol{F}\boldsymbol{Q}_{XX}\boldsymbol{F}^{\mathrm{T}}\\ \boldsymbol{Q}_{ZZ}&=\boldsymbol{K}\boldsymbol{Q}_{XX}\boldsymbol{K}^{\mathrm{T}}\\ \boldsymbol{Q}_{YZ}&=\boldsymbol{F}\boldsymbol{Q}_{XX}\boldsymbol{K}^{\mathrm{T}}\end{aligned}\tag{2.4.45}
$$

式(2.4.45)是观测值协因数阵与其线性函数协因数阵的关系式，通常称之为协因数传播律，或称为权逆阵传播律。式(2.4.45)在形式上与协方差传播律相同，所以将协方差传播律与协因数传播律合称为广义传播律。

如果 $\boldsymbol{Y}$ 和 $\boldsymbol{Z}$ 的各个分量都是 $\boldsymbol{X}$ 的非线性函数，即

$$
\begin{aligned}
\boldsymbol{Y} &= \begin{bmatrix} Y_1 \\ Y_2 \\ \vdots \\ Y_r \end{bmatrix} = \begin{bmatrix} F_1(X_1, X_2, \cdots, X_n) \\ F_2(X_1, X_2, \cdots, X_n) \\ \vdots \\ F_r(X_1, X_2, \cdots, X_n) \end{bmatrix} \\
\boldsymbol{Z} &= \begin{bmatrix} Z_1 \\ Z_2 \\ \vdots \\ Z_t \end{bmatrix} = \begin{bmatrix} f_1(X_1, X_2, \cdots, X_n) \\ f_2(X_1, X_2, \cdots, X_n) \\ \vdots \\ f_t(X_1, X_2, \cdots, X_n) \end{bmatrix}
\end{aligned}
\tag{2.4.46}
$$

也可求 $\boldsymbol{Y}$ 和 $\boldsymbol{Z}$ 的全微分，即

$$
\begin{aligned}
\mathrm{d}\boldsymbol{Y} &= \boldsymbol{F}\mathrm{d}\boldsymbol{X} \\
\mathrm{d}\boldsymbol{Z} &= \boldsymbol{K}\mathrm{d}\boldsymbol{X}
\end{aligned}
\tag{2.4.47}
$$

式中：

$$
\boldsymbol{F} = \begin{bmatrix} \frac{\partial F_1}{\partial X_1} & \frac{\partial F_1}{\partial X_2} & \cdots & \frac{\partial F_1}{\partial X_n} \\ \frac{\partial F_2}{\partial X_1} & \frac{\partial F_2}{\partial X_2} & \cdots & \frac{\partial F_2}{\partial X_n} \\ \vdots & \vdots & & \vdots \\ \frac{\partial F_r}{\partial X_1} & \frac{\partial F_r}{\partial X_2} & \cdots & \frac{\partial F_r}{\partial X_n} \end{bmatrix}, \boldsymbol{K} = \begin{bmatrix} \frac{\partial f_1}{\partial X_1} & \frac{\partial f_1}{\partial X_2} & \cdots & \frac{\partial f_1}{\partial X_n} \\ \frac{\partial f_2}{\partial X_1} & \frac{\partial f_2}{\partial X_2} & \cdots & \frac{\partial f_2}{\partial X_n} \\ \vdots & \vdots & & \vdots \\ \frac{\partial f_t}{\partial X_1} & \frac{\partial f_t}{\partial X_2} & \cdots & \frac{\partial f_t}{\partial X_n} \end{bmatrix}
$$

则 $\boldsymbol{Y}$、$\boldsymbol{Z}$ 的协因数阵 $\boldsymbol{Q}_{YY}$、$\boldsymbol{Q}_{ZZ}$ 和 $\boldsymbol{Q}_{YZ}$ 也可按式(2.4.45)求得。

对于独立观测值 $\boldsymbol{L}$，假定各 L_i 的权为 p_i，则 $\boldsymbol{L}$ 的权阵为对角阵，即

$$
\boldsymbol{P}_L = \begin{bmatrix} p_1 & 0 & \cdots & 0 \\ 0 & p_2 & \cdots & 0 \\ \vdots & \vdots & & \vdots \\ 0 & 0 & \cdots & p_n \end{bmatrix}
$$

它的协因数阵(权逆阵)也是对角阵，即

$$
\boldsymbol{Q}_{LL} = \begin{bmatrix} \boldsymbol{Q}_{11} & 0 & \cdots & 0 \\ 0 & \boldsymbol{Q}_{22} & \cdots & 0 \\ \vdots & \vdots & & \vdots \\ 0 & 0 & \cdots & \boldsymbol{Q}_{nn} \end{bmatrix} = \begin{bmatrix} \frac{1}{p_1} & 0 & \cdots & 0 \\ 0 & \frac{1}{p_2} & \cdots & 0 \\ \vdots & \vdots & & \vdots \\ 0 & 0 & \cdots & \frac{1}{p_n} \end{bmatrix}
$$

如果有函数

$$
\boldsymbol{Z} = f(L_1, L_2, \cdots, L_n) \tag{2.4.48}
$$

则全微分为

$$\mathrm{d}\boldsymbol{Z}=\frac{\partial f}{\partial L_1}\mathrm{d}L_1+\frac{\partial f}{\partial L_2}\mathrm{d}L_2+\cdots+\frac{\partial f}{\partial L_n}\mathrm{d}L_n=\boldsymbol{K}\mathrm{d}\boldsymbol{L} \tag{2.4.49}$$

由协因数传播律式(2.4.45)可得

$$\boldsymbol{Q}_{ZZ}=\boldsymbol{K}\boldsymbol{Q}_{LL}\boldsymbol{K}^{\mathrm{T}}=\begin{bmatrix}\frac{\partial f}{\partial L_1} & \frac{\partial f}{\partial L_2} & \cdots & \frac{\partial f}{\partial L_n}\end{bmatrix}\begin{bmatrix}\frac{1}{p_1} & 0 & \cdots & 0\\ 0 & \frac{1}{p_2} & \cdots & 0\\ \vdots & \vdots & & \vdots\\ 0 & 0 & \cdots & \frac{1}{p_n}\end{bmatrix}\begin{bmatrix}\frac{\partial f}{\partial L_1}\\ \frac{\partial f}{\partial L_2}\\ \vdots\\ \frac{\partial f}{\partial L_n}\end{bmatrix}$$

展开后得纯量形式为

$$\frac{1}{p_Z}=\left(\frac{\partial f}{\partial L_1}\right)^2\frac{1}{p_1}+\left(\frac{\partial f}{\partial L_2}\right)^2\frac{1}{p_2}+\cdots+\left(\frac{\partial f}{\partial L_n}\right)^2\frac{1}{p_n} \tag{2.4.50}$$

式(2.4.50)是独立观测值权倒数与其函数权倒数之间的关系式，通常称之为权倒数传播律。它与式(2.4.6)的形式相同，显然也是协因数传播律的一种特殊情况。

由于协因数传播律与协方差传播律在形式上完全相同。因此，应用协因数传播律的实际步骤也与应用协方差传播律的步骤相同，这里不再累述。

【例 2.4.8】 已知独立观测值 $L_i(i=1,2,\cdots,n)$ 的权均为 p，试求算术平均值 $X=\frac{1}{n}\sum_{i=1}^{n}L_i$ 的权 p_X。

解：

$$X=\frac{1}{n}L_1+\frac{1}{n}L_2+\cdots+\frac{1}{n}L_n$$

顾及观测值相互独立，由权倒数传播律得

$$\frac{1}{p_X}=\frac{1}{n^2}\left(\frac{1}{p}+\frac{1}{p}+\cdots+\frac{1}{p}\right)=\frac{1}{n^2}\frac{n}{p}=\frac{1}{np}$$

所以

$$p_X=np \tag{2.4.51}$$

即算术平均值的权等于观测值的权的 n 倍。进一步，当各个观测值为单位权观测值，即 $p=1$ 时，则 $p_X=n$。

【例 2.4.9】 已知独立观测值L_i的权为 $p_i(i=1,2,\cdots,n)$，试求 $X=\frac{\sum_{i=1}^{n}p_iL_i}{\sum_{i=1}^{n}p_i}$ 的权 p_X。

解：

$$X=\frac{1}{\sum_{i=1}^{n}p_i}(p_1L_1+p_2L_2+\cdots+p_nL_n) \tag{2.4.52}$$

应用权倒数传播律得

$$\frac{1}{p_X}=\left(\frac{1}{\sum_{i=1}^{n}p_i}\right)^2\left(p_1^2\frac{1}{p_1}+p_2^2\frac{1}{p_2}+\cdots+p_n^2\frac{1}{p_n}\right)=\frac{1}{\sum_{i=1}^{n}p_i}$$

所以

$$p_X=\sum_{i=1}^{n}p_i \tag{2.4.53}$$

一般称式(2.4.52)的 X 为带权平均值,因此带权平均值的权等于各观测值权之和。若 $p_1=p_2=\cdots=p_n=p$ 时,则由式(2.4.53)得 $p_X=np$,这就是式(2.4.51)中的结果。

【例 2.4.10】 已知观测向量$\boldsymbol{Y}_1$和$\boldsymbol{Y}_2$的协因数阵 $\boldsymbol{Q}_{Y_1Y_1}$、$\boldsymbol{Q}_{Y_2Y_2}$ 和互协因数阵 $\boldsymbol{Q}_{Y_1Y_2}$($\boldsymbol{Q}_{Y_1Y_2}=\boldsymbol{Q}_{Y_2Y_1}$),记为

$$\boldsymbol{Y}=\begin{bmatrix}\boldsymbol{Y}_1\\\boldsymbol{Y}_2\end{bmatrix},\boldsymbol{Q}_Y=\begin{bmatrix}\boldsymbol{Q}_{Y_1Y_1} & \boldsymbol{Q}_{Y_1Y_2}\\\boldsymbol{Q}_{Y_2Y_1} & \boldsymbol{Q}_{Y_2Y_2}\end{bmatrix}$$

设有函数

$$\left.\begin{aligned}\boldsymbol{T}&=\boldsymbol{F}\boldsymbol{Y}_1\\\boldsymbol{Z}&=\boldsymbol{K}\boldsymbol{Y}_2\end{aligned}\right\} \tag{2.4.54}$$

试求 $\boldsymbol{T}$ 关于 $\boldsymbol{Z}$ 的协因数阵$\boldsymbol{Q}_{YZ}$。

解:式(2.4.54)可改写为

$$\left.\begin{aligned}\boldsymbol{T}&=\begin{bmatrix}\boldsymbol{F} & \boldsymbol{0}\end{bmatrix}\begin{bmatrix}\boldsymbol{Y}_1\\\boldsymbol{Y}_2\end{bmatrix}\\\boldsymbol{Z}&=\begin{bmatrix}\boldsymbol{0} & \boldsymbol{K}\end{bmatrix}\begin{bmatrix}\boldsymbol{Y}_1\\\boldsymbol{Y}_2\end{bmatrix}\end{aligned}\right\}$$

应用协因数传播律得

$$\boldsymbol{Q}_{TZ}=\begin{bmatrix}\boldsymbol{F} & \boldsymbol{0}\end{bmatrix}\begin{bmatrix}\boldsymbol{Q}_{Y_1Y_1} & \boldsymbol{Q}_{Y_1Y_2}\\\boldsymbol{Q}_{Y_2Y_1} & \boldsymbol{Q}_{Y_2Y_2}\end{bmatrix}\begin{bmatrix}\boldsymbol{0}\\\boldsymbol{K}^{\mathrm{T}}\end{bmatrix}$$

$$=\begin{bmatrix}\boldsymbol{F}\boldsymbol{Q}_{Y_1Y_1} & \boldsymbol{F}\boldsymbol{Q}_{Y_2Y_1}\end{bmatrix}\begin{bmatrix}\boldsymbol{0}\\\boldsymbol{K}^{\mathrm{T}}\end{bmatrix}$$

即有

$$\boldsymbol{Q}_{TZ}=\boldsymbol{F}\boldsymbol{Q}_{Y_1Y_2}\boldsymbol{K}^{\mathrm{T}} \tag{2.4.55}$$

式(2.4.55)也可以作为协因数传播律的一个应用。不难理解,若已知 $\boldsymbol{Y}_1$ 关于 $\boldsymbol{Y}_2$ 的协方差 $\boldsymbol{D}_{Y_1Y_2}$,也可得到 $\boldsymbol{T}$ 关于 $\boldsymbol{Z}$ 的协方差阵为

$$\boldsymbol{D}_{TZ}=\boldsymbol{F}\boldsymbol{D}_{Y_1Y_2}\boldsymbol{K}^{\mathrm{T}} \tag{2.4.56}$$

【例 2.4.11】 已知 $\boldsymbol{X}=\begin{bmatrix}1 & -1\\1 & 1\end{bmatrix}\boldsymbol{L},\boldsymbol{Y}=\begin{bmatrix}2 & -1\\-1 & 2\end{bmatrix}\boldsymbol{X},\boldsymbol{Q}_L=\begin{bmatrix}2 & 1\\1 & 2\end{bmatrix}$,试求$\boldsymbol{Q}_{XX}$、$\boldsymbol{Q}_{YY}$、$\boldsymbol{Q}_{XY}$。

解:应用协因数传播律得

$$\boldsymbol{Q}_{XX}=\begin{bmatrix}1 & -1\\1 & 1\end{bmatrix}\boldsymbol{Q}_L\begin{bmatrix}1 & -1\\1 & 1\end{bmatrix}^{\mathrm{T}}=\begin{bmatrix}1 & -1\\1 & 1\end{bmatrix}\begin{bmatrix}2 & 1\\1 & 2\end{bmatrix}\begin{bmatrix}1 & -1\\1 & 1\end{bmatrix}^{\mathrm{T}}=\begin{bmatrix}2 & 0\\0 & 6\end{bmatrix}$$

$$Q_{YY}=\begin{bmatrix}1&-3\\1&3\end{bmatrix}Q_L\begin{bmatrix}1&-3\\1&3\end{bmatrix}^{\mathrm T}=\begin{bmatrix}1&-3\\1&3\end{bmatrix}\begin{bmatrix}2&1\\1&2\end{bmatrix}\begin{bmatrix}1&-3\\1&3\end{bmatrix}^{\mathrm T}=\begin{bmatrix}14&-16\\-16&26\end{bmatrix}$$

$$Q_{XY}=\begin{bmatrix}1&-1\\1&1\end{bmatrix}Q_L\begin{bmatrix}1&-3\\1&3\end{bmatrix}^{\mathrm T}=\begin{bmatrix}1&-1\\1&1\end{bmatrix}\begin{bmatrix}2&1\\1&2\end{bmatrix}\begin{bmatrix}1&-3\\1&3\end{bmatrix}^{\mathrm T}=\begin{bmatrix}4&-2\\-6&12\end{bmatrix}$$

【例 2.4.12】 已知观测值向量 $\boldsymbol{L}$,其协因数阵为单位阵,即 $\boldsymbol{Q}_{LL}=\boldsymbol{I}$。有方程

$$\begin{aligned}&\boldsymbol{V}=\boldsymbol{B}\hat{\boldsymbol{X}}-\boldsymbol{L}\\&\boldsymbol{B}^{\mathrm T}\boldsymbol{B}\hat{\boldsymbol{X}}-\boldsymbol{B}^{\mathrm T}\boldsymbol{L}=0\\&\hat{\boldsymbol{X}}=(\boldsymbol{B}^{\mathrm T}\boldsymbol{B})^{-1}\boldsymbol{B}^{\mathrm T}\boldsymbol{L}\\&\hat{\boldsymbol{L}}=\boldsymbol{L}+\boldsymbol{V}\end{aligned}\tag{2.4.57}$$

式中:$\boldsymbol{B}$ 为已知的系数阵,$\boldsymbol{B}^{\mathrm T}\boldsymbol{B}$ 为可逆矩阵。

(1)试求协因数阵 $\boldsymbol{Q}_{\hat{X}\hat{X}}$、$\boldsymbol{Q}_{\hat{L}\hat{L}}$。

(2)证明 $\boldsymbol{V}$ 与 $\hat{\boldsymbol{X}}$ 和 $\hat{\boldsymbol{L}}$ 均互不相关。

解:(1)应用协因数传播律,由式(2.4.57)的第三式可得 $\boldsymbol{X}$ 的协因数阵为

$$\begin{aligned}\boldsymbol{Q}_{\hat{X}\hat{X}}&=(\boldsymbol{B}^{\mathrm T}\boldsymbol{B})^{-1}\boldsymbol{B}^{\mathrm T}\boldsymbol{Q}_{LL}[(\boldsymbol{B}^{\mathrm T}\boldsymbol{B})^{-1}\boldsymbol{B}^{\mathrm T}]^{\mathrm T}\\&=(\boldsymbol{B}^{\mathrm T}\boldsymbol{B})^{-1}\boldsymbol{B}^{\mathrm T}\boldsymbol{B}[(\boldsymbol{B}^{\mathrm T}\boldsymbol{B})^{-1}]^{\mathrm T}\\&=(\boldsymbol{B}^{\mathrm T}\boldsymbol{B})^{-1}\end{aligned}\tag{2.4.58}$$

又由式(2.4.57)的第一式、第三式得

$$\begin{aligned}\boldsymbol{V}&=\boldsymbol{B}\hat{\boldsymbol{X}}-\boldsymbol{L}\\&=\boldsymbol{B}(\boldsymbol{B}^{\mathrm T}\boldsymbol{B})^{-1}\boldsymbol{B}^{\mathrm T}\boldsymbol{L}-\boldsymbol{L}\\&=[\boldsymbol{B}(\boldsymbol{B}^{\mathrm T}\boldsymbol{B})^{-1}\boldsymbol{B}^{\mathrm T}-\boldsymbol{I}]\boldsymbol{L}\end{aligned}\tag{2.4.59}$$

则

$$\hat{\boldsymbol{L}}=\boldsymbol{L}+\boldsymbol{V}=\boldsymbol{B}(\boldsymbol{B}^{\mathrm T}\boldsymbol{B})^{-1}\boldsymbol{B}^{\mathrm T}\boldsymbol{L}\tag{2.4.60}$$

所以,由式(2.4.60),可得 $\hat{\boldsymbol{L}}$ 的协因数阵

$$\boldsymbol{Q}_{\hat{L}\hat{L}}=\boldsymbol{B}(\boldsymbol{B}^{\mathrm T}\boldsymbol{B})^{-1}\boldsymbol{B}^{\mathrm T}\boldsymbol{Q}_{LL}[\boldsymbol{B}(\boldsymbol{B}^{\mathrm T}\boldsymbol{B})^{-1}\boldsymbol{B}^{\mathrm T}]^{\mathrm T}=\boldsymbol{B}(\boldsymbol{B}^{\mathrm T}\boldsymbol{B})^{-1}\boldsymbol{B}^{\mathrm T}$$

(2)由题设和前述可知

$$\begin{aligned}&\hat{\boldsymbol{X}}=(\boldsymbol{B}^{\mathrm T}\boldsymbol{B})^{-1}\boldsymbol{B}^{\mathrm T}\boldsymbol{L}\\&\boldsymbol{V}=[\boldsymbol{B}(\boldsymbol{B}^{\mathrm T}\boldsymbol{B})^{-1}\boldsymbol{B}^{\mathrm T}-\boldsymbol{I}]\boldsymbol{L}\\&\hat{\boldsymbol{L}}=\boldsymbol{B}(\boldsymbol{B}^{\mathrm T}\boldsymbol{B})^{-1}\boldsymbol{B}^{\mathrm T}\boldsymbol{L}\end{aligned}$$

由协因数传播律得

$$\begin{aligned}\boldsymbol{Q}_{V\hat{X}}&=[\boldsymbol{B}(\boldsymbol{B}^{\mathrm T}\boldsymbol{B})^{-1}\boldsymbol{B}^{\mathrm T}-\boldsymbol{I}]\boldsymbol{Q}_{LL}[(\boldsymbol{B}^{\mathrm T}\boldsymbol{B})^{-1}\boldsymbol{B}^{\mathrm T}]^{\mathrm T}\\&=\boldsymbol{B}(\boldsymbol{B}^{\mathrm T}\boldsymbol{B})^{-1}\boldsymbol{B}^{\mathrm T}\boldsymbol{B}(\boldsymbol{B}^{\mathrm T}\boldsymbol{B})^{-1}-\boldsymbol{B}(\boldsymbol{B}^{\mathrm T}\boldsymbol{B})^{-1}\\&=0\end{aligned}\tag{2.4.61}$$

$$\begin{aligned}\boldsymbol{Q}_{V\hat{L}}&=[\boldsymbol{B}(\boldsymbol{B}^{\mathrm T}\boldsymbol{B})^{-1}\boldsymbol{B}^{\mathrm T}-\boldsymbol{I}]\boldsymbol{Q}_{LL}[\boldsymbol{B}(\boldsymbol{B}^{\mathrm T}\boldsymbol{B})^{-1}\boldsymbol{B}^{\mathrm T}]^{\mathrm T}\\&=\boldsymbol{B}(\boldsymbol{B}^{\mathrm T}\boldsymbol{B})^{-1}\boldsymbol{B}^{\mathrm T}\boldsymbol{B}(\boldsymbol{B}^{\mathrm T}\boldsymbol{B})^{-1}\boldsymbol{B}^{\mathrm T}-\boldsymbol{B}(\boldsymbol{B}^{\mathrm T}\boldsymbol{B})^{-1}\boldsymbol{B}^{\mathrm T}\\&=0\end{aligned}\tag{2.4.62}$$

即证得 $\boldsymbol{V}$ 与 $\hat{\boldsymbol{X}}$ 和 $\hat{\boldsymbol{L}}$ 均互不相关。

2.5 误差传播律在典型测量中的应用

2.5.1 不同精度真误差计算单位权中误差

设有一组同精度独立观测值 $L_1, L_2, \cdots, L_n$，数学期望分别为 $\mu_1, \mu_2, \cdots, \mu_n$，真误差分别为 $\Delta_1, \Delta_2, \cdots, \Delta_n$，则根据真误差定义可知

$$\Delta_i = \mu_i - L_i \quad (i=1,2,\cdots,n) \tag{2.5.1}$$

根据中误差定义，观测值 L_i 的中误差为

$$\sigma_i = \pm\sqrt{E(\Delta^2)} = \pm\lim_{n\to\infty}\sqrt{\frac{\sum_{i=1}^{n}\Delta_i^2}{n}} \tag{2.5.2}$$

真误差 Δ_i 的数学期望为 $E(\Delta_i)=0$，中误差也等于 σ_i。由于 L_i 和 Δ_i 均服从正态分布，因此可得

$$\left.\begin{aligned} L_i &\sim N(\mu_i, \sigma_i^2) \\ \Delta_i &\sim N(0, \sigma_i^2) \end{aligned}\right\} \tag{2.5.3}$$

当 n 为有限值时，式(2.5.2)可变成为

$$\hat{\sigma}_i = \pm\sqrt{\frac{\sum_{i=1}^{n}\Delta_i^2}{n}} \tag{2.5.4}$$

上式即为根据一组同精度独立的真误差计算中误差的基本公式。

现设 $L_1, L_2, \cdots, L_n$ 是一组不同精度的独立观测值，所对应的数学期望分别为 $\mu_1, \mu_2, \cdots, \mu_n$，中误差分别为 $\sigma_1, \sigma_2, \cdots, \sigma_n$，权分别为 $p_1, p_2, \cdots, p_n$。对应的真误差 Δ_i 仍按式(2.5.1)计算得到，则有

$$\left.\begin{aligned} L_i &\sim N(\mu_i, \sigma_i^2) \\ \Delta_i &\sim N(0, \sigma_i^2) \end{aligned}\right\} \tag{2.5.5}$$

根据权的定义式(2.3.12)可知

$$\sigma_i^2 = \frac{\sigma_0^2}{p_i} \tag{2.5.6}$$

式中：σ_0 是单位权中误差。

可见，如果单位权中误差 σ_0 已知，观测值的权 p_i 已知，则不难根据式(2.5.6)求得各观测值的中误差 σ_i。现在的问题是：如何利用一组不同精度的真误差求得单位权中误差 σ_0？

由式(2.5.6)可以看到，为了求得单位权中误差 σ_0，需要一组精度相同且其权为 1 的独立真误差。不妨假定 Δ_i' 是一组同精度且权 $p_i'=1$ 的独立的真误差，并设 Δ_i 与 Δ_i' 满足

$$\Delta_i' = \sqrt{p_i}\Delta_i \tag{2.5.7}$$

则根据权倒数传播律式(2.4.50)可知

$$\frac{1}{p_i'} = (\sqrt{p_i})^2\,\frac{1}{p_i} = 1$$

即

$$p_i'=1$$

因此，只要将 $\Delta_i(i=1,2,\cdots,n)$ 乘以相应权 p_i 的平方根，得到一组 Δ_i'，即可转换成一组权为 1 的等精度观测值。由于 Δ_i 是独立的真误差，因此，Δ_i' 也是一组独立的真误差，即有

$$\Delta_i' \sim N(0,\sigma_0^2)$$

根据式(2.5.2)，可得到

$$\sigma_0=\pm\sqrt{E(\Delta'^2)}=\pm\lim_{n\to\infty}\sqrt{\frac{\sum_{i=1}^{n}\Delta_i'\Delta_i'}{n}} \tag{2.5.8}$$

将式(2.5.7)代入式(2.5.8)，可得出

$$\sigma_0=\pm\lim_{n\to\infty}\sqrt{\frac{\sum_{i=1}^{n}p_i\Delta_i^2}{n}} \tag{2.5.9}$$

式(2.5.9)即为根据一组不同精度的真误差定义的单位权中误差的理论值。在数据处理中，由于观测次数 n 总是有限的，因此只能求得单位权中误差 σ_0 的估值 $\hat{\sigma}_0$，即

$$\hat{\sigma}_0=\pm\sqrt{\frac{\sum_{i=1}^{n}p_i\Delta_i^2}{n}} \tag{2.5.10}$$

式(2.5.10)即为根据一组不同精度真误差计算单位权中误差的基本公式。

当所有观测值的权相等且均等于 1 时，即 $p_i=1$，式(2.5.10)变成 $\hat{\sigma}_0=\pm\sqrt{\frac{\sum_{i=1}^{n}\Delta_i^2}{n}}$，即为式(2.5.10)的一种特殊情况。

2.5.2 水准测量精度评定

设在 A、B 两点间用水准仪观测了 N 次，每站测得的高差为 h_i，则 A、B 两点间的高差为

$$h_{AB}=h_1+h_2+\cdots+h_N \tag{2.5.11}$$

设 N 次观测为等精度的独立观测，每次观测精度均为 $\sigma_{站}$。由误差传播定律可知 A、B 间的高差中误差为

$$\sigma_{h_{AB}}^2=\sigma_{站}^2+\sigma_{站}^2+\cdots+\sigma_{站}^2=N\cdot\sigma_{站}^2 \tag{2.5.12}$$

即

$$\sigma_{h_{AB}}=\sigma_{站}\sqrt{N} \tag{2.5.13}$$

若水准路线铺设在平坦地区，前、后两测站间的距离 s 大致相等，设 A、B 间的距离为 S，则测站数 $N=S/s$，代入上式得

$$\sigma_{h_{AB}}=\sqrt{\frac{S}{s}}\sigma_{站} \tag{2.5.14}$$

如果 $S=1\text{km}$，s 以 km 为单位，则 1km 的测站数为

$$N_{\text{km}}=\frac{1}{s}$$

而 1km 观测高差的中误差即为

$$\sigma_{km} = \sqrt{\frac{1}{s}}\sigma_{站} \tag{2.5.15}$$

所以,距离为 S 的 A、B 两点的观测高差中误差为

$$\sigma_{h_{AB}} = \sqrt{S}\sigma_{km} \tag{2.5.16}$$

水准测量时,如已知 1km 的观测高差中误差均相等,设为 σ_{km},又已知各路线的距离为 S_1, S_2,…,S_n,则由式(2.5.16)知各路线观测高差的中误差为

$$\sigma_i = \sqrt{S_i}\sigma_{km} \tag{2.5.17}$$

若令

$$\sigma_0 = \sqrt{C}\sigma_{km} \tag{2.5.18}$$

则根据权的定义式(2.3.12)可得

$$p_i = \frac{C}{S_i} \quad (i = 1,2,\cdots,n) \tag{2.5.19}$$

由式(2.5.19)可知,若 $S_1=1$,则 $p_i=C$;而当 $p_i=1$ 时,$S_i=C$。可见,这里的 C 的意义是:①C 是 1km 观测高差的权;②C 是单位权观测高差的线路长度(单位为 km)。

【例 2.5.1】 在 A、B 两点间分 5 段进行水准测量,每段均进行往返测,所得结果如表 2.5.1所示,求 1km 及全长单程观测高差中误差。

表 2.5.1 水准路线已知观测值

段号	距离 S/km	观测高差(往测)/m	观测高差(返测)/m
1	2.5	0.184	0.180
2	3.0	1.636	1.640
3	1.5	1.434	1.424
4	5.0	0.584	0.593
5	3.5	0.053	0.063

解:令 1km 观测高差为单位权观测值,则 $p_i=\frac{1}{S_i}$。其数字计算列于表 2.5.2 中。

表 2.5.2 水准路线相关计算值

段号	高差/m		$d_i(=L_i'-L_i'')$/mm	d_id_i	距离 S/km	$p_id_id_i=\frac{d_id_i}{S_i}$
	L_i'	L_i''				
1	0.184	0.180	4	16	2.5	6.4
2	1.636	1.640	−4	16	3.0	5.33
3	1.434	1.424	10	100	1.5	66.67
4	0.584	0.593	−9	81	5.0	16.2
5	0.053	0.063	10	100	3.5	28.57
总计					15.5	123.17

其中

$$[pdd]=\sum_{i=1}^{n} p_i d_i^2 \approx 123.17$$

$$S_{全长}=\sum_{1}^{5} S_i=15.5\ \text{km}$$

(1)1km 观测高差的中误差为

$$\hat{\sigma}_{km}=\hat{\sigma}_0=\pm\sqrt{\frac{\sum_{i=1}^{n} p_i d_i^2}{2n}}=\pm\sqrt{\frac{123.17}{10}}\approx\pm 3.51\text{mm}$$

(2)全长单程观测高差的中误差为

$$\hat{\sigma}_{全}=\pm\hat{\sigma}_{km}\sqrt{\sum_{i=1}^{5} S_i}=\pm 3.51\sqrt{15.5}\approx\pm 13.82\text{mm}$$

2.5.3 三角形闭合差计算测角精度

设独立观测 N 个三角形的 3 个内角,每个三角形的内角观测值之和为 L_i,3 个内角观测值分别为 $\alpha_i,\beta_i,\gamma_i(i=1,2,3,\cdots,N)$,其中 N 为三角形个数,则

$$L_i=\alpha_i+\beta_i+\gamma_i \tag{2.5.20}$$

三角形内角和的闭合差为 $W_i=\alpha_i+\beta_i+\gamma_i-180°$,$W_i$ 是真误差,因此依据式(2.3.3)其内角和闭合差的中误差为

$$\sigma_W=\pm\sqrt{\frac{[WW]}{N}} \tag{2.5.21}$$

根据误差传播定律可得

$$\sigma_W^2=\sigma_\alpha^2+\sigma_\beta^2+\sigma_\gamma^2=3\times\sigma_{角}^2$$

即

$$\sigma_{角}=\pm\sqrt{\frac{[WW]}{3N}} \tag{2.5.22}$$

式(2.5.22)称为菲列罗公式,该式是利用闭合差 W_i 计算测角中误差,可以初步评定测角的精度。

【例 2.5.2】 用同一个经纬仪测得的三角形内角和闭合差分别为 8″、6″、5″、−4″、−5″、7″,试求其测角中误差。

解:$\sigma_{角}=\pm\sqrt{\frac{[WW]}{3N}}=\pm\sqrt{\frac{8\times8+6\times6+5\times5+(-4)\times(-4)+(-5)\times(-5)+7\times7}{3\times6}}$

$\approx\pm3.46''$。

2.5.4 等精度测量平均值精度评定

对某距离进行 n 次互相独立的等精度观测,观测值分别为 $l_1,l_2,l_3,\cdots,l_n$,算术平均值与观测值的差值为 $v_i(i=1,2,3,\cdots,n)$,则按误差传播定律可知其观测值中误差为

$$\sigma_{观} = \pm\sqrt{\frac{[vv]}{n-1}} \tag{2.5.23}$$

算数平均值的中误差为

$$\sigma_{算} = \pm\sqrt{\frac{[vv]}{n(n-1)}} \tag{2.5.24}$$

因此,观测值中误差与算数平均值的中误差关系为

$$\sigma_{算} = \frac{\sigma_{观}}{\sqrt{n}} \tag{2.5.25}$$

【例 2.5.3】 对某段距离独立等精度观测 6 次,结果见表 2.5.3,求其观测值中误差和算数平均值中误差。

表 2.5.3 独立等精度观测值

编号	观测值 l_i/m	v_i/mm	vv
1	15.020	−5	25
2	15.010	+5	25
3	15.012	+3	9
4	15.016	−1	1
5	15.019	−4	16
6	15.014	+1	1

解:该距离的观测值中误差为

$$\sigma_{观} = \pm\sqrt{\frac{[vv]}{n-1}} \approx \pm 3.92\text{mm}$$

算数平均值中误差为

$$\sigma_{算} = \pm\sqrt{\frac{[vv]}{n(n-1)}} \approx \pm 1.60\text{mm}$$

2.5.5 用真误差表示的单位权方差及应用

在实际测量工作中,常常对一系列观测量分别进行成对的观测。例如,在水准测量中对每段路线进行往返观测,在导线测量中每条边测量两次,在 GNSS 观测中存在的两次重复基线等。这种成对的观测被称为双观测,对同一个量所进行的两次观测称为一个观测对。

设对某一观测量 $X_1, X_2, \cdots, X_n$ 各测两次,得独立观测值为$L_1', L_2', \cdots, L_n'$和$L_1'', L_2'', \cdots, L_n''$。其中,观测对 L_i'和L_i''是对观测量 X_i 两次观测的结果。又假定不同的观测对精度不同,同一观测对的两个观测值的精度相同,设已知各观测对的权分别为 $p_1, p_2, \cdots, p_n$,即 L_i'和L_i''的权均为 p_i。

对于任何一个观测量而言,无论其真值 X_i 大小如何,L_i'和L_i''的真值相同,即每一个双观测值的真值的差值为零。

对每个量 X_i 进行两次观测，由于观测值总含有误差，因此，每个量的两个观测值的差数一般不等于零，设

$$d_i = L'_i - L''_i \quad (i = 1,2,\cdots,n) \tag{2.5.26}$$

式(2.5.26)中的 d_i 是第 i 个观测量 X_i 的两次观测值的差数，其真值应为零。因此，d_i 即是双观测差的真误差(反号)。

$$\Delta_{d_i} = 0-(L'_i - L''_i) = 0 - d_i = -d_i \tag{2.5.27}$$

根据权倒数传播律可得 d_i 的权倒数为

$$\frac{1}{p_{d_i}} = \frac{1}{p_i} + \frac{1}{p_i} = \frac{2}{p_i}$$

即

$$p_{d_i} = \frac{p_i}{2} \tag{2.5.28}$$

至此，可得到 n 个差数的真误差 $-d_i$ 和相应权 P_{d_i}。

顾及式(2.5.27)和式(2.5.28)，由公式

$$\sigma_0 = \lim_{n\to\infty}\sqrt{\frac{\sum_{i=1}^{n} p_{d_i}\Delta_{d_i}^2}{n}}$$

可得由双观测值之差求单位权中误差的公式为

$$\sigma_0 = \lim_{n\to\infty}\sqrt{\frac{\sum_{i=1}^{n} p_i d_i^2}{2n}}$$

当 n 有限时，其估值为

$$\hat{\sigma}_0 = \sqrt{\frac{\sum_{i=1}^{n} p_i d_i^2}{2n}} \tag{2.5.29}$$

于是各观测值 L'_i 和 L''_i 的中误差为

$$\hat{\sigma}_{L'_i} = \hat{\sigma}_{L''_i} = \hat{\sigma}_0\sqrt{\frac{1}{p_i}} \tag{2.5.30}$$

而第 i 对观测值的平均值 $\overline{L}_i = \dfrac{L'_i + L''_i}{2}$ 的中误差为

$$\hat{\sigma}_{\overline{L}_i} = \frac{\hat{\sigma}_{L'_i}}{\sqrt{2}} = \hat{\sigma}_0\sqrt{\frac{1}{2p_i}} \tag{2.5.31}$$

如所有的观测值 $L'_1, L'_2, \cdots, L'_n$ 和 $L''_1, L''_2, \cdots, L''_n$ 均是同等精度，且相应的权 p_i 都等于 1，则由式(2.5.29)得各观测值的中误差为

$$\hat{\sigma}_{L'_i} = \hat{\sigma}_{L''_i} = \sqrt{\frac{\sum_{i=1}^{n} d_i^2}{2n}} \tag{2.5.32}$$

而每对观测值的平均值 $\overline{L}_i$ 的中误差可表示为

$$\hat{\sigma}_{\bar{L}_i}=\hat{\sigma}_{L_i'}\sqrt{\frac{1}{2}}=\frac{1}{2}\sqrt{\frac{\sum_{i=1}^{n}d_i^2}{n}} \tag{2.5.33}$$

【例 2.5.4】 水准测量进行往返测，得 1～4 段高差 h_i'和 h_i''分别为 10.005m、5.000m、8.006m、6.200m 和 10.000m、5.002m、8.005m、6.204m，距离 S_i 分别为 2km、4km、2km、4km。

试求：①每千米单位权中误差 μ；②h_2'的中误差$m_{h_2'}$；③$\bar{h}_1=\frac{1}{2}(h_1'+h_1'')$的中误差$m_{\bar{h}_1}$；④全长单程高差中误差$m_{全长单}$；⑤$d_2=h_2'-h_2''$的限差。

解：令 $C=1$，即令 1km 观测高差为单位权观测值。其数字计算列于表 2.5.4 中。

表 2.5.4 水准路线两次观测高差值

段号	高差/m		$d_i(=h_i'-h_i'')$/mm	d_id_i	距离 S/km	$p_id_id_i=\frac{d_id_i}{S_i}$
	h_i'	h_i''				
1	10.005	10.000	+5	25	2.0	12.5
2	5.000	5.002	−2	4	4.0	1.0
3	8.006	8.005	+1	1	2.0	0.5
4	6.200	6.204	−4	16	4.0	4.0
$\sum$					12.0	18.0

(1)每千米单位权中误差为

$$\mu=\hat{\sigma}_0=\hat{\sigma}_{km}=\pm\sqrt{\frac{\sum_{i=1}^{n}p_id_i^2}{2n}}=\pm\sqrt{\frac{18}{8}}=\pm 1.5\text{mm}$$

(2)第二段观测高差的中误差为

$$m_{h_2'}=\hat{\sigma}_{km}\sqrt{\frac{1}{p_2}}=\pm 1.5\sqrt{4}=\pm 3.0\text{mm}$$

(3)第一段高差平均值的中误差为

$$m_{\bar{h}_1}=\frac{\hat{\sigma}_1}{\sqrt{2}}=\frac{\hat{\sigma}_{km}\sqrt{\frac{1}{p_1}}}{\sqrt{2}}=\pm\frac{1.5\sqrt{2}}{\sqrt{2}}=\pm 1.5\text{mm}$$

(4)全长单程高差的中误差为

$$m_{全长单}=\hat{\sigma}_{km}\sqrt{\sum_{i=1}^{5}\left[\frac{1}{p_i}\right]}=\hat{\sigma}_{km}\sqrt{\sum_{i=1}^{5}S_i}=\pm 1.5\sqrt{12}\approx\pm 5.20\text{mm}$$

(5)第二段的限差为

$$d_2=h_2'-h_2''$$

$$m_{d_2}^2=2m_{h_2'}^2=2\times\left(\hat{\sigma}_{km}\sqrt{\frac{1}{p_2}}\right)^2=2\times(\pm 3)^2=18\text{mm}^2$$

$$d_{限}=2m_{d_2}=2\times(\pm 3\sqrt{2})=\pm 6\sqrt{2}\text{mm}$$

3　平差数学模型与最小二乘原理

在实际的测量工程中，为了求得某一个几何模型中各个量值的大小需要对其进行观测，而观测则必含有误差。因此，为了提高测量成果的精度，需要进行多余观测。多余观测可以揭示出由误差导致的观测量之间或观测量与待求量之间的矛盾，而消除这些矛盾、获得最佳结果的过程就是平差。

本章主要介绍测量平差的基本概念和方法，简要给出基本平差方法的数学模型及平差计算所遵循的基本原则——最小二乘原理，为后续系统学习各种平差理论奠定基础。

3.1　测量平差概述

测量工程中常见的工作是要确定某些几何量的大小。例如，建立水准网以确定待定点的高程，水准网中包含观测点间的高差、点的高程等元素；建立平面控制网（如导线网）或三维控制网（如 GNSS 网）确定待定点的二维或三维坐标，控制网中包含角度、边长、边的方位角以及测点的二维或三维坐标等元素。为了确定一个几何模型的形状和大小，需要对该模型中相关几何元素进行测量。

3.1.1　必要观测和多余观测

把能够唯一确定一个几何模型所必须的观测量，称为必要观测量。如图 3.1.1 所示单三角形，为了确定$\triangle ABC$ 的形状，需要观测该三角形内任意 2 个内角即可，因此必要观测个数为 2。若要同时确定$\triangle ABC$ 的形状以及大小，则需要观测该三角形内任意两角一边、两边一角或三边的大小，此时必要观测个数为 3。必要观测个数通常用字母 t 表示。通过上述简单实例可以看出，t 仅与几何模型有关，而与实际观测量无关。

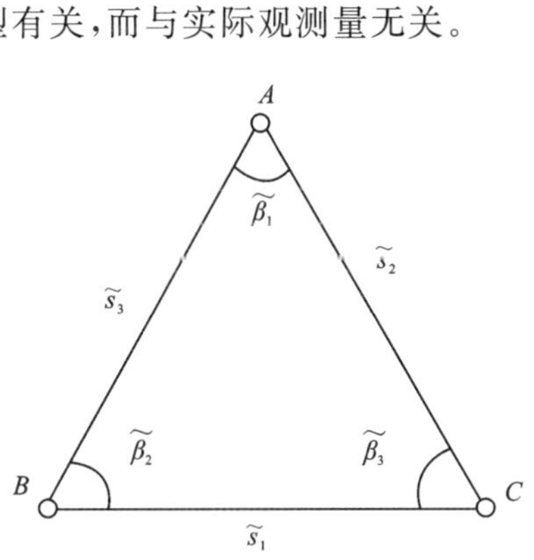

图 3.1.1　单三角形

显然,必要观测量间彼此独立,任意多于必要观测量的观测,都能被表达成这些必要观测量的函数。例如,为了确定图 3.1.1 中$\triangle ABC$的形状,必要观测数 $t=2$。如果同时观测了全部 3 个内角,则 3 个观测量的真值 $\tilde{\beta}_1$、$\tilde{\beta}_2$、$\tilde{\beta}_3$ 间必然会产生以下函数关系:

$$\tilde{\beta}_1+\tilde{\beta}_2+\tilde{\beta}_3=180° \tag{3.1.1}$$

式(3.1.1)表明,由于增加了一个观测,则观测量的真值之间会形成一个几何条件方程式。通常称多于必要观测的量为多余观测量。设观测值总数为 n,必要观测数为 t,则多余观测个数为 $r=n-t$。多余观测数在测量中也被称为"自由度"。可以看出,每增加一个多余观测量,都会使得观测量真值之间产生一个函数关系,该函数关系在测量平差中被称为条件方程。

在测量工程中,设总共观测了几何模型中 n 个量的大小。若观测个数少于必要观测数,即 $n<t$,显然无法确定出该模型,即出现了数据不足的情况;若 $n=t$,即仅观测了必要观测数的观测量,则可唯一确定出该模型,但此时由于各观测量间相互独立,因此不会产生条件方程。在这种情况下,如果观测结果中含有粗差或错误,都将无法被发现。因此,在实际测量工作中,为了能够及时地发现粗差或错误,并提高测量成果的精度,就必须保证有多余观测,即实际观测数大于必要观测数,也即 $r=n-t>0$。

3.1.2 测量平差的主要任务

对一个几何模型进行观测,如果有 r 个多余观测,就会产生 r 个条件方程。但由于观测值不可避免地含有观测误差,因此由观测值组成的条件方程必不能满足。以图 3.1.1 所示的三角形为例,若要确定三角形的形状和大小,就需要知道其中任意的两角一边、两边一角或三边的大小,即必要观测数 $t=3$。现观测了角度 β_1、β_2、β_3 和边长 s_1、s_2,则 $r=n-t=5-3=2$,可建立两个条件方程为

$$\tilde{\beta}_1+\tilde{\beta}_2+\tilde{\beta}_3=180° \tag{3.1.2}$$

$$\tilde{s}_2=\tilde{s}_1\frac{\sin\tilde{\beta}_2}{\sin\tilde{\beta}_1} \tag{3.1.3}$$

若用观测值组成上述两个条件方程,则等式不能成立,即

$$\beta_1+\beta_2+\beta_3-180°=W_\beta\neq 0$$

$$\frac{s_1}{s_2}\frac{\sin\beta_2}{\sin\beta_1}-1=W_s\neq 0$$

造成条件方程不闭合,或者说产生闭合差 W_β 和 W_s,是由于有了多余观测,而观测值本身又不可避免地含有误差,因此,多余观测使得观测结果产生了矛盾,这个矛盾证明了测量误差的存在。为了消除矛盾,必须对观测结果进行平差,即在多余观测的基础上,依据一定的数学模型和估计准则,对含有误差的观测数据进行合理的调整,从而求得一组没有矛盾的最可靠结果,并评定精度。

考虑观测误差 Δ,将 $\tilde{\beta}_1=\beta_1+\Delta_1$、$\tilde{\beta}_2=\beta_2+\Delta_2$、$\tilde{\beta}_3=\beta_3+\Delta_3$、$\tilde{s}_1=s_1+\Delta_{s_1}$、$\tilde{s}_2=s_2+\Delta_{s_2}$ 代入式(3.1.2)、式(3.1.3),则有

$$(\beta_1+\Delta_1)+(\beta_2+\Delta_2)+(\beta_3+\Delta_3)=180^\circ \tag{3.1.4}$$

$$(s_2+\Delta_{s_2})=(s_1+\Delta_{s_1})\frac{\sin(\beta_2+\Delta_2)}{\sin(\beta_1+\Delta_1)} \tag{3.1.5}$$

当 $n>t$ 时，观测值间理论上应该满足 $r=n-t$ 个几何条件方程，但观测值中不可避免地含有观测误差，导致这些几何条件无法成立。因此，必须对观测值进行合理的调整，消除闭合差，这是测量平差的主要任务之一。

3.2 测量平差的数学模型

当测量系统中含有多余观测时，观测值的真值间会产生某种函数关系，当用观测值代替真值时，这种函数关系能反映出观测误差的存在。这种函数关系称为函数模型。由于带有误差的观测量是一种随机变量，因此平差模型不能仅考虑函数关系，还需要分析观测结果的随机性质。通常称描述随机量(如观测值)及其相互间统计相关性的模型为随机模型。测量平差中，函数模型和随机模型统称为数学模型。

3.2.1 测量平差的函数模型

函数模型描述的是观测值及待定参数之间的函数关系，通常包括观测值数学期望之间的函数关系，观测值与待定参数的数学期望之间的函数关系，以及待定参数数学期望之间的函数关系。常见的测量平差函数模型有 4 种，即条件平差模型、附有参数的条件平差模型、间接平差模型和附有限制条件的间接平差模型。

1. 条件平差

观测值的数学期望之间的函数关系，称为条件方程。以条件方程为平差函数模型的平差方法称为条件平差。

设某平差问题中，若观测量个数为 n，必要观测个数为 t，则多余观测数 $r=n-t$。由于每增加一个多余观测，就会增加一个观测值期望间的约束条件，即条件方程。故在条件平差中，条件方程的个数 c 等于多余观测数 r，即 $c=r$。若 n 维观测向量用 $\underset{n\times 1}{\boldsymbol{L}}$ 表示，其真值向量为 $\underset{n\times 1}{\tilde{\boldsymbol{L}}}$，则 r 个条件方程可表示为

$$\underset{r\times 1}{\boldsymbol{F}}(\tilde{\boldsymbol{L}})=\boldsymbol{0} \tag{3.2.1}$$

如果条件方程式是线性形式，则可表示为

$$\underset{r\times n}{\boldsymbol{A}}\underset{n\times 1}{\tilde{\boldsymbol{L}}}+\underset{r\times 1}{\boldsymbol{A}_0}=\underset{r\times 1}{\boldsymbol{0}} \tag{3.2.2}$$

上式中，$\boldsymbol{A}$ 为条件方程式的系数矩阵，当条件方程式之间彼此函数独立时，其秩 $R(\boldsymbol{A})=r$，行满秩；$\boldsymbol{A}_0$ 为条件方程式常数项向量。将 $\tilde{\boldsymbol{L}}=\boldsymbol{L}+\boldsymbol{\Delta}$ 代入式(3.2.2)，并令

$$\underset{r\times 1}{\boldsymbol{W}}=\underset{r\times n}{\boldsymbol{A}}\underset{n\times 1}{\boldsymbol{L}}+\underset{r\times 1}{\boldsymbol{A}_0} \tag{3.2.3}$$

则式(3.2.2)可改写为

$$\underset{r\times n}{\boldsymbol{A}}\underset{n\times 1}{\boldsymbol{\Delta}}+\underset{r\times 1}{\boldsymbol{W}}=\underset{r\times 1}{\boldsymbol{0}} \tag{3.2.4}$$

式(3.2.2)或式(3.2.4)即为条件平差的函数模型。

需要注意的是，条件平差中所罗列的 r 个条件式必须线性无关，否则条件方程个数不足，不能消除所有的矛盾，无法满足平差的要求。

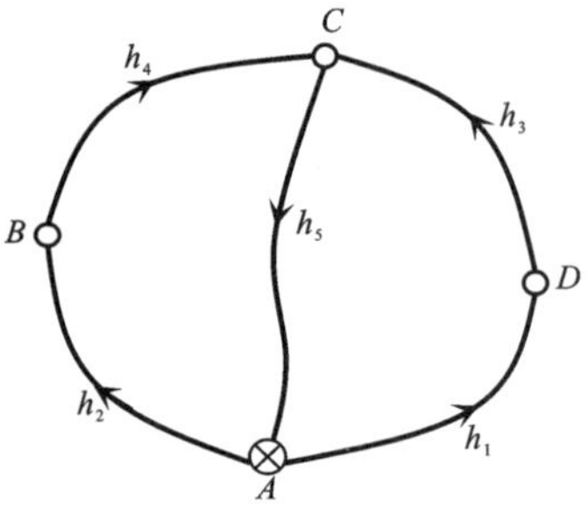

图 3.2.1　水准网

以图 3.2.1 所示水准网为例。图中 A 为已知高程的水准点，B、C、D 均为未知点。观测了 h_1、h_2、h_3、h_4、h_5 这 5 段高差，对应的观测量真值向量为

$$\tilde{\boldsymbol{L}} = \begin{bmatrix} \tilde{h}_1 & \tilde{h}_2 & \tilde{h}_3 & \tilde{h}_4 & \tilde{h}_5 \end{bmatrix}^{\mathrm{T}}$$

为了确定 B、C、D 这 3 个待定点的高程，则必要观测数 $t=3$，多余观测数 $r=n-t=5-3=2$，可列出 $r=2$ 个线性无关的条件方程。两个线性无关条件方程可以是

$$\begin{cases} F_1(\tilde{\boldsymbol{L}}) = \tilde{h}_1 + \tilde{h}_3 + \tilde{h}_5 = 0 \\ F_2(\tilde{\boldsymbol{L}}) = \tilde{h}_2 + \tilde{h}_4 + \tilde{h}_5 = 0 \end{cases} \tag{3.2.5}$$

令

$$\underset{2\times5}{\boldsymbol{A}} = \begin{bmatrix} 1 & 0 & 1 & 0 & 1 \\ 0 & 1 & 0 & 1 & 1 \end{bmatrix}$$

则式(3.2.5)可写为

$$\underset{2\times5}{\boldsymbol{A}}\ \underset{5\times1}{\tilde{\boldsymbol{L}}} = \boldsymbol{0} \tag{3.2.6}$$

在实际应用中观测方程除了上述线性的方程外，还有非线性的方程。如果是非线性方程则可以先将其化为线性观测方程再进行相关处理。关于非线性方程线性化的方法将在后续章节进行详细介绍。

2. 附有参数的条件平差

在平差计算时，为了方便建立条件方程，还可以选取某些量作为未知参数一起参与平差。显然，每多选一个未知参数，就会使观测量与未知参数之间多产生一个条件方程式。如图 3.1.1 所示，当需要确定三角形形状时，有 $n=3$、$t=2$，则 $r=n-t=1$。若按条件平差处理，则产生一个内角和等于180°的条件方程式[式(3.1.1)]。若再选择$\angle A$ 为未知参数 X，则将增加一个未知参数与观测值之间的函数关系，即观测值β_1与未知参数 X 的真值之间应存在条件式

$$\tilde{\beta}_1 - \tilde{X} = 0$$

再例如，如图 3.2.1 所示的水准网，由于 $r=2$，若采用条件平差法，应列出 $r=2$ 个条件方程[式(3.2.5)]。此时，如再选择 B 点高程 $\tilde{H}_B$ 为参数 $\tilde{X}$，由于增加了一个参数，此时应再增加一个条件方程，于是对应的条件方程为

$$\begin{cases} \tilde{h}_1 + \tilde{h}_3 + \tilde{h}_5 = 0 \\ \tilde{h}_2 + \tilde{h}_4 + \tilde{h}_5 = 0 \\ \tilde{h}_2 - \tilde{X} + H_A = 0 \end{cases} \tag{3.2.7}$$

令

$$\underset{3\times5}{\boldsymbol{A}}=\begin{pmatrix}1&0&1&0&1\\0&1&0&1&1\\0&1&0&0&0\end{pmatrix},\underset{3\times1}{\boldsymbol{B}}=\begin{pmatrix}0\\0\\-1\end{pmatrix}$$

则上式可以写成

$$\underset{3\times5}{\boldsymbol{A}}\underset{5\times1}{\tilde{\boldsymbol{L}}}+\underset{3\times1}{\boldsymbol{B}}\underset{1\times1}{\tilde{\boldsymbol{X}}}=\boldsymbol{0}\tag{3.2.8}$$

如上例所示，对于某平差问题，观测值总数为 n，必要观测数为 t，存在 $r=n-t$ 个多余观测。若再增选 u 个独立参数 $\tilde{\boldsymbol{X}}(0<u<t)$，则可共列出 $c=r+u$ 个条件方程，条件方程式可表示为

$$\underset{c\times1}{\boldsymbol{F}}(\tilde{\boldsymbol{L}},\tilde{\boldsymbol{X}})=\boldsymbol{0}\tag{3.2.9}$$

如果条件方程式是线性的，则可写为

$$\underset{c\times n}{\boldsymbol{A}}\underset{n\times1}{\tilde{\boldsymbol{L}}}+\underset{c\times u}{\boldsymbol{B}}\underset{u\times1}{\tilde{\boldsymbol{X}}}+\underset{c\times1}{\boldsymbol{A}_0}=\boldsymbol{0}\tag{3.2.10}$$

式中：$\boldsymbol{A}$、$\boldsymbol{B}$ 为已知系数矩阵；$\boldsymbol{A}_0$ 为条件方程式常数项向量。将 $\tilde{\boldsymbol{L}}=\boldsymbol{L}+\boldsymbol{\Delta}$ 代入式(3.2.10)，并令 $\boldsymbol{W}=\boldsymbol{A}\boldsymbol{L}+\boldsymbol{A}_0$，则该式可写成

$$\underset{c\times n}{\boldsymbol{A}}\underset{n\times1}{\boldsymbol{\Delta}}+\underset{c\times u}{\boldsymbol{B}}\underset{u\times1}{\tilde{\boldsymbol{X}}}+\underset{c\times1}{\boldsymbol{W}}=\boldsymbol{0}\tag{3.2.11}$$

由于条件式(3.2.9)～式(3.2.11)中含有未知参数 $\tilde{\boldsymbol{X}}$，故式(3.2.9)、式(3.2.10)或式(3.2.11)表示的函数模型被称为附有未知参数的条件平差模型。

3.间接平差

在一个测量问题中，独立量的个数最多能选出 t 个。当选择这 t 个独立量作为未知参数，则可以通过这 t 个未知参数唯一地确定出该几何模型，并可以确定出测量问题中的任意一个待定量。设未知数个数为 u，如果选择了 $u=t$ 个独立未知参数 X，则平差模型中的所有量都可以表示成所选 t 个独立参数的函数。若观测量个数为 n，每个观测值均可由这 t 个独立未知参数表达，这些函数表达式被称为观测方程。以观测方程为平差的函数模型称为间接平差，又称为参数平差。若用 c 表示观测方程的总数，则 $c=r+u=r+t=n$，即观测方程的个数等于观测值的个数。

仍以图 3.2.1 所示水准网为例，由于 $t=3$，分别选定 B、C、D 这 3 个待定点的高程 $\tilde{H}_B$、$\tilde{H}_C$、$\tilde{H}_D$ 为平差参数，并分别用 $\tilde{X}_1$、$\tilde{X}_2$、$\tilde{X}_3$ 表示，即

$$\underset{3\times1}{\tilde{\boldsymbol{X}}}=\begin{bmatrix}\tilde{X}_1&\tilde{X}_2&\tilde{X}_3\end{bmatrix}^{\mathrm{T}}=\begin{bmatrix}\tilde{H}_B&\tilde{H}_C&\tilde{H}_D\end{bmatrix}^{\mathrm{T}}$$

由 $t=3$ 个独立参数可以唯一确定该水准网，每一个观测量均可以表示为这 3 个参数的函数。根据图 3.2.1 可列出如下观测方程：

$$\begin{cases} \tilde{h}_1 = \tilde{X}_3 - H_A \\ \tilde{h}_2 = \tilde{X}_1 - H_A \\ \tilde{h}_3 = \tilde{X}_2 - \tilde{X}_3 \\ \tilde{h}_4 = \tilde{X}_2 - \tilde{X}_1 \\ \tilde{h}_5 = -\tilde{X}_2 + H_A \end{cases} \tag{3.2.12}$$

式中:观测方程的个数 c 等于观测值的个数 n。

如上例所示,若平差问题有 n 个观测值,必要观测个数为 t,选择 t 个独立量作为平差参数 $\tilde{\boldsymbol{X}}$,则每个观测量可以表达成这 t 个参数的函数,即

$$\underset{n\times 1}{\tilde{\boldsymbol{L}}} = F(\underset{t\times 1}{\tilde{\boldsymbol{X}}}) \tag{3.2.13}$$

如果函数关系式是线性的,则可写为

$$\underset{n\times 1}{\tilde{\boldsymbol{L}}} = \underset{n\times t}{\boldsymbol{B}}\,\underset{t\times 1}{\tilde{\boldsymbol{X}}} + \underset{n\times 1}{\boldsymbol{d}} \tag{3.2.14}$$

式中:$\boldsymbol{B}$ 为系数矩阵;$\boldsymbol{d}$为常数项向量。

将$\tilde{\boldsymbol{L}}=\boldsymbol{L}+\boldsymbol{\Delta}$ 代入上式,并令 $\boldsymbol{l}=\boldsymbol{L}-\boldsymbol{d}$,则该式可写为

$$\underset{n\times 1}{\boldsymbol{\Delta}} = \underset{n\times t}{\boldsymbol{B}}\,\underset{t\times 1}{\tilde{\boldsymbol{X}}} - \underset{n\times 1}{\boldsymbol{l}} \tag{3.2.15}$$

式(3.2.13)、式(3.2.14)或式(3.2.15)即为间接平差的函数模型。

4.附有限制条件的间接平差

在间接平差中,若所选未知参数 X 的个数 u 超过必要观测个数 $t(u>t)$ 且包含 t 个独立未知参数,由于平差问题中最多只有 t 个独立未知参数,因此 u 个未知参数间就不可能完全独立,未知参数之间必产生 $u-t$ 个限制条件。此时,平差的函数模型除了有类似间接平差的 n 个观测方程式

$$\underset{n\times 1}{\tilde{\boldsymbol{L}}} = F(\underset{u\times 1}{\tilde{\boldsymbol{X}}}) \tag{3.2.16}$$

此外,还应列出 $s=u-t$ 个未知参数之间的条件方程式,这些方程称为限制条件式,即

$$\underset{s\times 1}{\boldsymbol{\Phi}}(\tilde{\boldsymbol{X}}) = \boldsymbol{0} \tag{3.2.17}$$

式(3.2.16)和式(3.2.17)称为附有限制条件的间接平差函数模型。若函数关系式是线性的,则该函数模型可写为

$$\begin{cases} \underset{n\times 1}{\tilde{\boldsymbol{L}}} = \underset{n\times u}{\boldsymbol{B}}\,\underset{u\times 1}{\tilde{\boldsymbol{X}}} + \underset{n\times 1}{\boldsymbol{d}} \text{ 或 } \underset{n\times 1}{\boldsymbol{\Delta}} = \underset{n\times t}{\boldsymbol{B}}\,\underset{t\times 1}{\tilde{\boldsymbol{X}}} - \underset{n\times 1}{\boldsymbol{l}} \\ \underset{s\times u}{\boldsymbol{C}}\,\underset{u\times 1}{\tilde{\boldsymbol{X}}} + \underset{s\times 1}{\boldsymbol{C}_0} = \boldsymbol{0} \end{cases} \tag{3.2.18}$$

式中:$\boldsymbol{C}$ 为限制条件方程的系数矩阵;$\boldsymbol{C}_0$ 为限制条件方程的常数项向量。

显然,附有限制条件的间接平差的函数模型,函数方程总数为 $c=r+u=r+t+s=n+s$。

仍以图 3.2.1 所示水准网为例,若除了选择 $\tilde{H}_B$、$\tilde{H}_C$、$\tilde{H}_D$ 为平差参数 $\tilde{X}_1$、$\tilde{X}_2$、$\tilde{X}_3$ 外,再选择第一段高差 $\tilde{h}_1$ 为参数 $\tilde{X}_4$,则参数个数 $u=4$。此时,参数中仍包含 $t=3$ 个相互独立的参

数，因此每一个观测量均可以表示为所选参数的函数，即

$$\begin{cases}\tilde{h}_1 = \tilde{X}_4 \\ \tilde{h}_2 = \tilde{X}_1 - H_A \\ \tilde{h}_3 = \tilde{X}_2 - \tilde{X}_3 \\ \tilde{h}_4 = \tilde{X}_2 - \tilde{X}_1 \\ \tilde{h}_5 = -\tilde{X}_2 + H_A\end{cases} \tag{3.2.19}$$

除此之外，由于 $u=4>t$，参数间不能相互独立，参数之间会产生 $s=u-t=1$ 个限制条件，即

$$\tilde{X}_3 - \tilde{X}_4 - H_A = 0 \tag{3.2.20}$$

令

$$\underset{5\times4}{\boldsymbol{B}} = \begin{bmatrix} 0 & 0 & 0 & 1 \\ 1 & 0 & 0 & 0 \\ 0 & 1 & -1 & 0 \\ -1 & 1 & 0 & 0 \\ 0 & -1 & 0 & 0 \end{bmatrix}, \underset{5\times1}{\boldsymbol{d}} = \begin{bmatrix} 0 \\ -H_A \\ 0 \\ 0 \\ H_A \end{bmatrix},$$

$$\underset{1\times4}{\boldsymbol{C}} = [0 \quad 0 \quad 1 \quad -1], \underset{1\times1}{\boldsymbol{C}_0} = H_A$$

式(3.2.19)、式(3.2.20)即可写为式(3.2.18)的形式。

5. 函数模型的线性化

在各类平差模型中所列出的条件方程或观测方程，有线性形式，也有非线性形式。测量平差通常是基于线性模型开展具体计算。因此，若条件方程或观测方程为非线性形式时，首先需将其按泰勒公式展开，取其一次项转换成线性方程。

4 种基本平差方法函数模型的一般形式可以写成

$$\underset{c\times1}{\boldsymbol{F}}(\tilde{\boldsymbol{L}}, \tilde{\boldsymbol{X}}) = 0 \tag{3.2.21}$$

式(3.2.21)如果是非线性形式，需将其线性化。为了线性化，取 $\tilde{\boldsymbol{L}}$ 和 $\tilde{\boldsymbol{X}}$ 的充分近似值 $\boldsymbol{L}$ 和 $\boldsymbol{X}^0$，使

$$\tilde{\boldsymbol{X}} = \boldsymbol{X}^0 + \tilde{\boldsymbol{x}} \tag{3.2.22}$$

同时考虑

$$\tilde{\boldsymbol{L}} = \boldsymbol{L} + \boldsymbol{\Delta} \tag{3.2.23}$$

式(3.2.22)、式(3.2.23)中，由于 $\tilde{\boldsymbol{x}}$ 和 $\boldsymbol{\Delta}$ 均为微小量，故在泰勒公式展开时可以略去二次和二次以上的项，只取至一次项，于是有

$$\boldsymbol{F} = \boldsymbol{F}(\boldsymbol{L}+\boldsymbol{\Delta}, \boldsymbol{X}^0+\tilde{\boldsymbol{x}}) = \boldsymbol{F}(\boldsymbol{L}, \boldsymbol{X}^0) + \frac{\partial \boldsymbol{F}}{\partial \tilde{\boldsymbol{L}}}\bigg|_{L,X^0}\boldsymbol{\Delta} + \frac{\partial \boldsymbol{F}}{\partial \tilde{\boldsymbol{X}}}\bigg|_{L,X^0}\tilde{\boldsymbol{x}} \tag{3.2.24}$$

若令

$$\underset{c\times n}{\boldsymbol{A}}=\frac{\partial \boldsymbol{F}}{\partial \tilde{\boldsymbol{L}}}\Big|_{L,X^0}=\begin{pmatrix}\frac{\partial F_1}{\partial \tilde{L}_1} & \frac{\partial F_1}{\partial \tilde{L}_2} & \cdots & \frac{\partial F_1}{\partial \tilde{L}_n}\\ \frac{\partial F_2}{\partial \tilde{L}_1} & \frac{\partial F_2}{\partial \tilde{L}_2} & \cdots & \frac{\partial F_2}{\partial \tilde{L}_n}\\ \vdots & \vdots & & \vdots\\ \frac{\partial F_c}{\partial \tilde{L}_1} & \frac{\partial F_c}{\partial \tilde{L}_2} & \cdots & \frac{\partial F_c}{\partial \tilde{L}_n}\end{pmatrix}_{L,X^0} \tag{3.2.25}$$

$$\underset{c\times u}{\boldsymbol{B}}=\frac{\partial \boldsymbol{F}}{\partial \tilde{\boldsymbol{X}}}\Big|_{L,X^0}=\begin{pmatrix}\frac{\partial F_1}{\partial \tilde{X}_1} & \frac{\partial F_1}{\partial \tilde{X}_2} & \cdots & \frac{\partial F_1}{\partial \tilde{X}_u}\\ \frac{\partial F_2}{\partial \tilde{X}_1} & \frac{\partial F_2}{\partial \tilde{X}_2} & \cdots & \frac{\partial F_2}{\partial \tilde{X}_u}\\ \vdots & \vdots & & \vdots\\ \frac{\partial F_c}{\partial \tilde{X}_1} & \frac{\partial F_c}{\partial \tilde{X}_2} & \cdots & \frac{\partial F_c}{\partial \tilde{X}_u}\end{pmatrix}_{L,X^0} \tag{3.2.26}$$

则函数的线性形式可写为

$$\boldsymbol{F}=\boldsymbol{F}(\boldsymbol{L},\boldsymbol{X}^0)+\boldsymbol{A\Delta}+\boldsymbol{B}\tilde{\boldsymbol{x}} \tag{3.2.27}$$

根据函数线性化过程，则可将上述 4 种基本平差方法的非线性方程转换成线性方程。

1)条件平差

$$\underset{r\times 1}{\boldsymbol{F}}(\tilde{\boldsymbol{L}})=\underset{r\times 1}{\boldsymbol{F}}(\boldsymbol{L})+\underset{r\times n}{\boldsymbol{A}}\underset{n\times 1}{\boldsymbol{\Delta}}=\underset{r\times 1}{\boldsymbol{0}} \tag{3.2.28}$$

式中：$\boldsymbol{A}=\frac{\partial \boldsymbol{F}}{\partial \tilde{\boldsymbol{L}}}\big|_{L}$。令 $\boldsymbol{W}=\boldsymbol{F}(\boldsymbol{L})$，上式可写为

$$\boldsymbol{A\Delta}+\boldsymbol{W}=\boldsymbol{0}$$

此式即式(3.2.4)。

2)附有参数的条件平差

$$\underset{c\times 1}{\boldsymbol{F}}(\tilde{\boldsymbol{L}},\tilde{\boldsymbol{X}})=\underset{c\times 1}{\boldsymbol{F}}(\boldsymbol{L},\boldsymbol{X}^0)+\underset{c\times n}{\boldsymbol{A}}\underset{n\times 1}{\boldsymbol{\Delta}}+\underset{c\times u}{\boldsymbol{B}}\underset{u\times 1}{\tilde{\boldsymbol{x}}}=\underset{c\times 1}{\boldsymbol{0}} \tag{3.2.29}$$

式中：$\boldsymbol{A}$、$\boldsymbol{B}$ 同式(3.2.25)、式(3.2.26)；$0<u<t$。令

$$\underset{c\times 1}{\boldsymbol{W}}=\boldsymbol{F}(\boldsymbol{L},\boldsymbol{X}^0)$$

可得附有参数的条件平差的函数模型为

$$\boldsymbol{A\Delta}+\boldsymbol{B}\tilde{x}-\boldsymbol{W}=\boldsymbol{0} \tag{3.2.30}$$

3)间接平差

$$\underset{n\times 1}{\tilde{\boldsymbol{L}}}=\boldsymbol{L}+\boldsymbol{\Delta}=F(\tilde{\boldsymbol{X}})=\underset{n\times 1}{F}(\boldsymbol{X}^0)+\underset{n\times t}{\boldsymbol{B}}\underset{t\times 1}{\tilde{\boldsymbol{x}}} \tag{3.2.31}$$

式中：$\boldsymbol{B}=\frac{\partial \boldsymbol{F}}{\partial \tilde{\boldsymbol{X}}}\Big|_{X^0}$。令

$$\boldsymbol{l}=\boldsymbol{L}-F(\boldsymbol{X}^0)$$

可得间接平差的函数模型为

$$\boldsymbol{\Delta}=\boldsymbol{B}\tilde{\boldsymbol{x}}-\boldsymbol{l} \tag{3.2.32}$$

4)附有限制条件的间接平差

附有限制条件的间接平差模型一般公式为

$$\begin{cases}\underset{n\times1}{\tilde{\boldsymbol{L}}}=F(\underset{u\times1}{\tilde{\boldsymbol{X}}})\\ \underset{s\times1}{\boldsymbol{\Phi}}(\tilde{\boldsymbol{X}})=\boldsymbol{0}\end{cases} \tag{3.2.33}$$

式中：$s=u-t>0$。因为

$$\underset{s\times1}{\boldsymbol{\Phi}}(\tilde{\boldsymbol{X}})=\Phi(\boldsymbol{X}^0)+\left.\frac{\partial\boldsymbol{\Phi}}{\partial\tilde{\boldsymbol{X}}}\right|_{X^0}\underset{u\times1}{\tilde{\boldsymbol{x}}}=\Phi(\boldsymbol{X}^0)+\underset{s\times u}{\boldsymbol{C}}\underset{u\times1}{\tilde{\boldsymbol{x}}}=\boldsymbol{0} \tag{3.2.34}$$

上式中

$$\underset{s\times u}{\boldsymbol{C}}=\frac{\partial\boldsymbol{\Phi}}{\partial\tilde{\boldsymbol{X}}}\Big|_{X^0}=\begin{pmatrix}\frac{\partial\Phi_1}{\partial\tilde{X}_1} & \frac{\partial\Phi_1}{\partial\tilde{X}_2} & \cdots & \frac{\partial\Phi_1}{\partial\tilde{X}_u}\\ \frac{\partial\Phi_2}{\partial\tilde{X}_1} & \frac{\partial\Phi_2}{\partial\tilde{X}_2} & \cdots & \frac{\partial\Phi_2}{\partial\tilde{X}_u}\\ \vdots & \vdots & & \vdots\\ \frac{\partial\Phi_s}{\partial\tilde{X}_1} & \frac{\partial\Phi_s}{\partial\tilde{X}_2} & \cdots & \frac{\partial\Phi_s}{\partial\tilde{X}_u}\end{pmatrix}_{X^0}$$

令

$$\boldsymbol{W}_\tau=\Phi(\boldsymbol{X}^0)$$

顾及式(3.2.32)、式(3.2.33)的线性形式可写为

$$\begin{cases}\boldsymbol{\Delta}=\boldsymbol{B}\tilde{\boldsymbol{x}}-\boldsymbol{l}\\ \boldsymbol{C}\tilde{\boldsymbol{x}}+\boldsymbol{W}_x=\boldsymbol{0}\end{cases} \tag{3.2.35}$$

3.2.2　测量平差的随机模型

上节介绍的4种基本平差方法中，最基本的数据都是观测向量 $\underset{n\times1}{\boldsymbol{L}}$。而观测量是一种随机变量，为了能够更合理地消除观测误差带来的矛盾，在平差计算时，除了需要建立函数模型外，还需要考虑它们的随机性。因此，还要建立观测向量的随机模型。

随机模型是描述平差问题中随机量(如观测值)及其相互间统计相关性的模型。根据概率统计理论，观测量是一个随机变量，而描述随机变量的精度指标是方差(中误差)，描述两个随机变量之间相关性的是协方差。因此，方差、协方差是随机变量的主要统计性质。

对于观测向量 $\boldsymbol{L}=(L_1,L_2,\cdots,L_n)^{\mathrm{T}}$，随机模型是指向量 $\boldsymbol{L}$ 的方差-协方差阵。观测向量 $\boldsymbol{L}$ 的方差-协方差阵为

$$\underset{n\times n}{\boldsymbol{D}}=\sigma_0^2\underset{n\times n}{\boldsymbol{Q}}=\sigma_0^2\underset{n\times n}{\boldsymbol{P}}^{-1} \tag{3.2.36}$$

式中：$\boldsymbol{Q}$ 为 $\boldsymbol{L}$ 的协因数阵；$\boldsymbol{P}$ 为 $\boldsymbol{L}$ 的权阵，$\boldsymbol{Q}$ 与 $\boldsymbol{P}$ 互为逆阵；σ_0^2 为单位权方差。

由 $\boldsymbol{L}=\widetilde{\boldsymbol{L}}-\boldsymbol{\Delta}$ 可知，$\boldsymbol{L}$ 的方差与 $\boldsymbol{\Delta}$ 的方差相等，即 $\boldsymbol{D}_L=\boldsymbol{D}_\Delta=\boldsymbol{D}$。式(3.2.36)称为平差的随机模型。

以上讨论的是平差问题中最普遍的情形，即函数模型中只有 $\boldsymbol{L}$、$\boldsymbol{\Delta}$ 为随机量，而未知参数 $\boldsymbol{X}$ 是非随机的情况。若平差问题中所选的参数也是随机量，则该平差问题的随机模型除了式(3.2.36)外，还需考虑未知参数 $\boldsymbol{X}$ 的先验方差以及参数 $\boldsymbol{X}$ 与观测向量 $\boldsymbol{L}$ 间的协方差等。

3.2.3 4 种基本平差方法的数学模型

测量平差的数学模型由函数模型和随机模型组成，3.2.1 小节中介绍的各种平差方法的函数模型连同式(3.2.36)表示的随机模型，组成了各个平差方法的数学模型。在进行平差计算前，需要同时建立起函数模型和随机模型。下面列出 4 种基本平差方法的数学模型。

首先，各函数模型中，$\boldsymbol{\Delta}$ 为观测量的真误差，$\widetilde{\boldsymbol{L}}$ 观测量真值，$\widetilde{\boldsymbol{x}}$ 为未知参数 $\widetilde{\boldsymbol{X}}$ 与其近似值 $\boldsymbol{X}^0$ 之差，有

$$\widetilde{\boldsymbol{L}}=\boldsymbol{L}+\boldsymbol{\Delta} \tag{3.2.37}$$

$$\widetilde{\boldsymbol{X}}=\boldsymbol{X}^0+\widetilde{\boldsymbol{x}} \tag{3.2.38}$$

由于真值未知，通过平差即按最小二乘原理，得到的是 $\boldsymbol{\Delta}$、$\widetilde{\boldsymbol{x}}$ 的最优估计值，称为平差值。记 $\boldsymbol{\Delta}$ 的平差值为 $\boldsymbol{V}$，$\widetilde{\boldsymbol{x}}$ 的平差值为 $\hat{\boldsymbol{x}}$，则可得到 $\widetilde{\boldsymbol{L}}$ 和 $\widetilde{\boldsymbol{X}}$ 的平差值

$$\hat{\boldsymbol{L}}=\boldsymbol{L}+\boldsymbol{V} \tag{3.2.39}$$

$$\hat{\boldsymbol{X}}=\boldsymbol{X}^0+\hat{\boldsymbol{x}} \tag{3.2.40}$$

式中：$\boldsymbol{V}$ 也称为 $\boldsymbol{L}$ 的改正数，在讨论 $\boldsymbol{V}$ 的统计性质时，又称 $\boldsymbol{V}$ 为残差；$\hat{\boldsymbol{x}}$ 为 $\widetilde{\boldsymbol{x}}$ 的平差值，也可称为 $\boldsymbol{X}^0$ 的改正数。

1. 条件平差的数学模型

式(3.2.4)及式(3.2.36)组成条件平差的数学模型，即

$$\begin{cases}\underset{r\times n}{\boldsymbol{A}}\ \underset{n\times 1}{\boldsymbol{\Delta}}+\underset{r\times 1}{\boldsymbol{W}}=\underset{r\times 1}{\boldsymbol{0}}\\ \underset{n\times n}{\boldsymbol{D}}=\sigma_0^2\underset{n\times n}{\boldsymbol{Q}}=\sigma_0^2\underset{n\times n}{\boldsymbol{P}^{-1}}\end{cases} \tag{3.2.41}$$

式中：$\boldsymbol{W}=\boldsymbol{AL}+\boldsymbol{A}_0$。

若直接用平差值代替真值，式(3.2.41)可写为

$$\begin{cases}\underset{r\times n}{\boldsymbol{A}}\ \underset{n\times 1}{\boldsymbol{V}}+\underset{r\times 1}{\boldsymbol{W}}=\underset{r\times 1}{\boldsymbol{0}}\\ \underset{n\times n}{\boldsymbol{D}}=\sigma_0^2\underset{n\times n}{\boldsymbol{Q}}=\sigma_0^2\underset{n\times n}{\boldsymbol{P}^{-1}}\end{cases} \tag{3.2.42}$$

2. 附有参数的条件平差的数学模型

由式(3.2.10)及式(3.2.36)组成附有参数的条件平差数学模型，即

$$\begin{cases}\underset{c\times n}{\boldsymbol{A}}\ \underset{n\times 1}{\boldsymbol{\Delta}}+\underset{c\times u}{\boldsymbol{B}}\ \underset{u\times 1}{\widetilde{\boldsymbol{x}}}+\underset{c\times 1}{\boldsymbol{W}}=\underset{c\times 1}{\boldsymbol{0}}\\ \underset{n\times n}{\boldsymbol{D}}=\sigma_0^2\underset{n\times n}{\boldsymbol{Q}}=\sigma_0^2\underset{n\times n}{\boldsymbol{P}^{-1}}\end{cases} \tag{3.2.43}$$

式中：$\boldsymbol{W}=\boldsymbol{AL}+\boldsymbol{BX}^0+\boldsymbol{A}_0$。

若用平差值代替真值，式(3.2.43)可写为

$$\begin{cases} \underset{c\times n}{\boldsymbol{A}}\ \underset{n\times 1}{\boldsymbol{V}} + \underset{c\times u}{\boldsymbol{B}}\ \underset{u\times 1}{\hat{\boldsymbol{x}}} + \underset{c\times 1}{\boldsymbol{W}} = \underset{c\times 1}{\boldsymbol{0}} \\ \underset{n\times n}{\boldsymbol{D}} = \sigma_0^2 \underset{n\times n}{\boldsymbol{Q}} = \sigma_0^2 \underset{n\times n}{\boldsymbol{P}^{-1}} \end{cases} \tag{3.2.44}$$

3.间接平差的数学模型

由式(3.2.14)及式(3.2.36)组成间接平差的数学模型,即

$$\begin{cases} \underset{n\times 1}{\boldsymbol{\Delta}} = \underset{n\times t}{\boldsymbol{B}}\ \underset{t\times 1}{\tilde{\boldsymbol{x}}} - \underset{n\times 1}{\boldsymbol{l}} \\ \underset{n\times n}{\boldsymbol{D}} = \sigma_0^2 \underset{n\times n}{\boldsymbol{Q}} = \sigma_0^2 \underset{n\times n}{\boldsymbol{P}^{-1}} \end{cases} \tag{3.2.45}$$

式中:$\boldsymbol{l}=\boldsymbol{L}-\boldsymbol{B}\boldsymbol{X}^0-\boldsymbol{d}$。

若直接用平差值代替真值,式(3.2.45)可写为

$$\begin{cases} \underset{n\times 1}{\boldsymbol{V}} = \underset{n\times t}{\boldsymbol{B}}\ \underset{t\times 1}{\hat{\boldsymbol{x}}} - \underset{n\times 1}{\boldsymbol{l}} \\ \underset{n\times n}{\boldsymbol{D}} = \sigma_0^2 \underset{n\times n}{\boldsymbol{Q}} = \sigma_0^2 \underset{n\times n}{\boldsymbol{P}^{-1}} \end{cases} \tag{3.2.46}$$

4.附有限制条件的间接平差

由式(3.2.18)及式(3.2.36)组成附有限制条件的间接平差数学模型,即

$$\begin{cases} \underset{n\times 1}{\boldsymbol{\Delta}} = \underset{n\times u}{\boldsymbol{B}}\ \underset{u\times 1}{\tilde{\boldsymbol{x}}} - \underset{n\times 1}{\boldsymbol{l}};\ \underset{s\times u}{\boldsymbol{C}}\ \underset{u\times 1}{\tilde{\boldsymbol{x}}} + \underset{s\times 1}{\boldsymbol{W}_x} = \underset{s\times 1}{\boldsymbol{0}} \\ \underset{n\times n}{\boldsymbol{D}} = \sigma_0^2 \underset{n\times n}{\boldsymbol{Q}} = \sigma_0^2 \underset{n\times n}{\boldsymbol{P}^{-1}} \end{cases} \tag{3.2.47}$$

式中:$\boldsymbol{l}=\boldsymbol{L}-\boldsymbol{B}\boldsymbol{X}^0-\boldsymbol{d}=\boldsymbol{L}-\boldsymbol{L}^0$;$\boldsymbol{W}_x=\boldsymbol{C}\boldsymbol{X}^0+\boldsymbol{C}_0$。

若用平差值代替真值,式(3.2.47)可写为

$$\begin{cases} \underset{n\times 1}{\boldsymbol{V}} = \underset{n\times u}{\boldsymbol{B}}\ \underset{u\times 1}{\hat{\boldsymbol{x}}} - \underset{n\times 1}{\boldsymbol{l}};\ \underset{s\times u}{\boldsymbol{C}}\ \underset{u\times 1}{\hat{\boldsymbol{x}}} + \underset{s\times 1}{\boldsymbol{W}_x} = \underset{s\times 1}{\boldsymbol{0}} \\ \underset{n\times n}{\boldsymbol{D}} = \sigma_0^2 \underset{n\times n}{\boldsymbol{Q}} = \sigma_0^2 \underset{n\times n}{\boldsymbol{P}^{-1}} \end{cases} \tag{3.2.48}$$

3.3 参数估计与最小二乘准则

针对带有误差的观测数据,建立观测值与未知参数间的数学模型,并依据一定的最优化准则,对未知参数作出最优估计,是测量平差的主要任务之一。在数理统计学中,评定估计量是否最优的标准有3个,即无偏性、有效性和一致性。测量数据处理中最基本的估计准则是最小二乘准则,依据最小二乘准则估计得到的平差结果满足参数估计的最优性质。

3.3.1 参数估计及其最优性质

根据平差的函数模型求取未知量估值 $\hat{\boldsymbol{L}}$(或 $\boldsymbol{V}$)和 $\hat{\boldsymbol{X}}$ 时,会发现 $\boldsymbol{V}$ 和未知参数 $\hat{\boldsymbol{X}}$ 的个数 $(n+u)$ 多于条件式(包括限制条件式)的个数 $(c+s)$,因此结果并不唯一(有无穷解)。例如,式(3.2.42)所示条件平差的函数模型中,条件方程个数为 r,而待求未知数则有 n 个,即 n 个 $\boldsymbol{V}$,由于 $n>r$,$\boldsymbol{V}$ 不能唯一确定。再例如式(3.2.46)所示间接平差的函数模型中,误差方程个数为 n,而未知数包含待求的 t 个参数 $\tilde{\boldsymbol{X}}$ 和 n 个 $\boldsymbol{V}$,未知数共有 $t+n$ 个,$t+n>n$,同样,$\tilde{\boldsymbol{X}}$ 和 $\boldsymbol{V}$ 不能唯一确定。另外两个基本函数模型(附有参数的条件平差和附有限制条件的间接平差)均存在同样的问题。

因此，由多余观测而产生的平差数学模型，均不能直接获得唯一解。测量平差中的参数估计，就是以正确的函数模型为基础，在满足模型的众多解中，找出最合理的解，以此作为平差参数的最终估计，即最优解。考虑到观测数据具有随机性特点，依据数理统计观点，参数估计应具有最优的统计性质。数理统计中所述的估计量最优性质，主要是估计量应具有无偏性、一致性和有效性的要求，简单说明如下：

(1)无偏性。设 $\hat{\boldsymbol{X}}$ 为参数 $\tilde{\boldsymbol{X}}$ 的估计量，如果估计量的数学期望 $E(\hat{\boldsymbol{X}})$ 等于参数 $\tilde{\boldsymbol{X}}$，即

$$E(\hat{\boldsymbol{X}})=\tilde{\boldsymbol{X}} \tag{3.3.1}$$

则称 $\hat{\boldsymbol{X}}$ 为 $\tilde{\boldsymbol{X}}$ 的无偏估计量，也即估计量 $\hat{\boldsymbol{X}}$ 具有无偏性。

(2)一致性。一般而言，由观测值得到的参数估值 $\hat{\boldsymbol{X}}$ 无法等同于真值 $\tilde{\boldsymbol{X}}$，但随着观测次数 n 的增加，估计量 $\hat{\boldsymbol{X}}$ 会逐渐逼近于真值。或者说，当 n 无限增大时，估计量 $\hat{\boldsymbol{X}}$ 依概率收敛于真值。即对于任意小的 $\varepsilon>0$，满足概率表达式

$$\lim_{n\to\infty}P(\tilde{\boldsymbol{X}}-\varepsilon<\hat{\boldsymbol{X}}<\tilde{\boldsymbol{X}}+\varepsilon)=1 \tag{3.3.2}$$

则称估计量 $\hat{\boldsymbol{X}}$ 为 $\tilde{\boldsymbol{X}}$ 的一致估计量，估计量 $\hat{\boldsymbol{X}}$ 具有一致性。若估计量同时满足

$$\begin{cases}E(\hat{\boldsymbol{X}})=0\\ \lim\limits_{n\to\infty}E[(\hat{\boldsymbol{X}}-\tilde{\boldsymbol{X}})^2]=0\end{cases} \tag{3.3.3}$$

则称 $\hat{\boldsymbol{X}}$ 为 $\tilde{\boldsymbol{X}}$ 的严格一致性估计量。严格一致性估计量一定是一致性估计量。

(3)有效性。若 $\hat{\boldsymbol{X}}$ 是 $\tilde{\boldsymbol{X}}$ 的无偏估计量，具有无偏性的估计量并不唯一。如果两个无偏估计量 $\hat{\boldsymbol{X}}_1$ 和 $\hat{\boldsymbol{X}}_2$，具有

$$D(\hat{\boldsymbol{X}}_1)<D(\hat{\boldsymbol{X}}_2) \tag{3.3.4}$$

则称 $\hat{\boldsymbol{X}}_1$ 比 $\hat{\boldsymbol{X}}_2$ 有效，其中具有方差最小性的估计量 $\hat{\boldsymbol{X}}$，即 $D(\hat{\boldsymbol{X}})=\min$，为 $\tilde{\boldsymbol{X}}$ 的最有效估计量，称为最优估计量。

由一致性定义可看出，估计量 $\hat{\boldsymbol{X}}$ 若满足无偏性和方差最小性，则其必然满足一致性。若平差模型是线性模型，则具有无偏性和有效性的参数估值被称为线性最优无偏估计量。

测量平差是对平差数学模型附加某种约束，实现满足最优性质的参数唯一解。这种约束是基于准则实现的，其中最为广泛的准则是最小二乘准则(最小二乘原理)。

3.3.2 最小二乘原理

1. 最小二乘法

在科学研究和生产实践中，经常会遇到利用一组观测数据来估计某些未知参数的问题。而由多余观测产生的平差函数模型都无法直接解得未知参数的唯一解。如要在众多组解中选出一组最优解作为平差的最终结果，必须增加约束条件。测量平差中广泛采用最小二乘准则作为约束条件，而依据最小二乘准则估计得到的平差结果满足参数估计的最优性质。

设 $\boldsymbol{L}$ 为带有误差 $\boldsymbol{\Delta}$ 的观测量，是随机观测向量；$\tilde{\boldsymbol{X}}$ 为待求的未知参数向量，为非随机向量。顾及式(3.2.46)，最小二乘估计就是希望观测量 $\boldsymbol{L}$ 与其估值 $\hat{L}$ 满足

$$\boldsymbol{V}^{\mathrm{T}}\boldsymbol{P}\boldsymbol{V}=\min \tag{3.3.5}$$

式中：$\boldsymbol{V}$ 为观测误差 $\boldsymbol{\Delta}$ 的估计值向量，也称为观测值的改正数或残差；$\boldsymbol{P}$ 为观测向量的先验权矩阵。

当 $\boldsymbol{P}$ 为满秩非对角阵，式(3.3.5)可写为

$$\boldsymbol{V}^{\mathrm{T}}\boldsymbol{P}\boldsymbol{V}=\begin{bmatrix}v_1 & v_2 & \cdots & v_n\end{bmatrix}\begin{bmatrix}p_{11} & p_{12} & \cdots & p_{1n}\\ p_{21} & p_{22} & \cdots & p_{2n}\\ \vdots & \vdots & & \vdots\\ p_{n1} & p_{n2} & \cdots & p_{nn}\end{bmatrix}\begin{bmatrix}v_1\\ v_2\\ \vdots\\ v_n\end{bmatrix}=\min \tag{3.3.6}$$

当观测值为独立观测，则权阵 $\boldsymbol{P}$ 为对角矩阵，即 $\boldsymbol{P}=\mathrm{diag}(p_1,p_2,\cdots,p_n)$，此时式(3.3.5)可写为

$$\boldsymbol{V}^{\mathrm{T}}\boldsymbol{P}\boldsymbol{V}=\sum_{i=1}^{n}p_iv_i^2=p_1v_1^2+p_2v_2^2+\cdots+p_nv_n^2=\min \tag{3.3.7}$$

当观测值为等精度独立观测值时，记 $\boldsymbol{P}=\boldsymbol{I}$，则式(3.3.5)可写为

$$\boldsymbol{V}^{\mathrm{T}}\boldsymbol{V}=\sum_{i=1}^{n}v_i^2=v_1^2+v_2^2+\cdots+v_n^2=\min \tag{3.3.8}$$

下面以直线方程的确定为例来说明最小二乘原则。如图 3.3.1 所示直线，通过观测不同 τ 位置上直线对应的 y 值来确定该直线的直线方程。该直线可以用如下线性函数来描述：

$$\hat{y}=\hat{\alpha}+\tau\hat{\beta} \tag{3.3.9}$$

式中：$\hat{\alpha}$ 是直线在 y 轴上的截距，$\hat{\beta}$ 是直线的斜率，它们是待估计的未知参数。

如果观测没有误差，则只需在两个不同位置 τ_1 和 τ_2 观测出直线相应的纵坐标值 $\hat{y}_1$ 和 $\hat{y}_2$，由式(3.3.9)分别建立两个方程，即可以解出 $\hat{\alpha}$ 和 $\hat{\beta}$ 的值。但考虑到观测值带有偶然误差，在实际观测时通常在两个以上的不同位置，例如 $\tau_1,\tau_2,\cdots,\tau_n$ 测定得出一组观测值 $y_1,y_2,\cdots,y_n$。由于受观测误差的影响，观测值 $y_1,y_2,\cdots,y_n$ 不能落在直线上，而是偏离直线在直线附近“摆动”分布(图 3.3.1)。由式(3.3.9)可写出 n 个观测方程，即

$$v_i=\hat{\alpha}+\tau_i\hat{\beta}-y_i\quad(i=1,2,\cdots,n) \tag{3.3.10}$$

若令

$$\underset{n\times1}{\boldsymbol{Y}}=\begin{pmatrix}y_1\\ y_2\\ \vdots\\ y_n\end{pmatrix},\underset{n\times2}{\boldsymbol{B}}=\begin{pmatrix}1 & \tau_1\\ 1 & \tau_2\\ \vdots & \vdots\\ 1 & \tau_n\end{pmatrix},\underset{2\times1}{\hat{\boldsymbol{X}}}=\begin{pmatrix}\hat{\alpha}\\ \hat{\beta}\end{pmatrix},\underset{n\times1}{\boldsymbol{V}}=\begin{pmatrix}v_1\\ v_2\\ \vdots\\ v_n\end{pmatrix}$$

式(3.3.10)可表示为

$$\boldsymbol{V}=\boldsymbol{B}\hat{\boldsymbol{X}}-\boldsymbol{Y} \tag{3.3.11}$$

式(3.3.10)或式(3.3.11)所示的方程组中，$\hat{\alpha}$ 和 $\hat{\beta}$ 为未知参数，加上 n 个改正数 v，待求量的个数共个 $n+2$ 个，多于方程个数 n 个，因此该方程组解不唯一，有多组解同时满足该方

程组。根据最小二乘原理的要求,应在满足

$$\sum_{i=1}^{n} v_i^2 = \sum_{i=1}^{n} (\hat{\alpha} + \tau_i \hat{\beta} - y_i)^2 = \min \tag{3.3.12}$$

条件下解出参数的估值 $\hat{\alpha}$ 和 $\hat{\beta}$,即应使各个观测点到该直线的偏差的平方和达到最小。

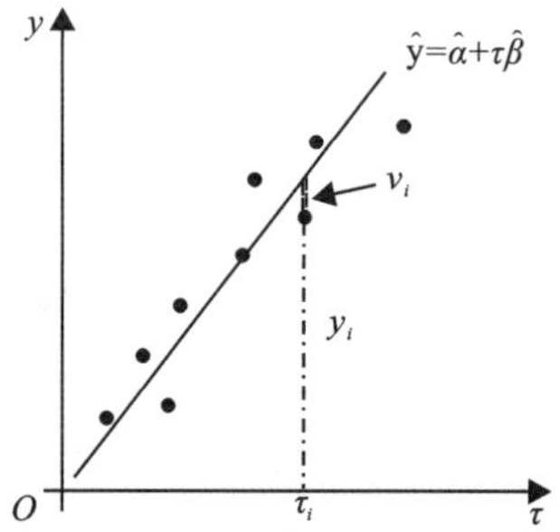

图 3.3.1　直线方程观测点

最小二乘原理获得的参数估计解唯一,是最优线性无偏估值。关于最小二乘解的统计性质将在 5.5 节中介绍。最小二乘估计准则不需要事先确定分布的类型,无论观测值属于何种统计分布,只需知道观测向量的先验权矩阵,均可以根据该准则进行参数估计。因此,最小二乘估计方法被广泛应用于测绘科学研究和生产实践中。

【例 3.3.1】　设对某物理量 $\tilde{\boldsymbol{X}}$ 进行了 n 次不等精度的独立观测,得到观测值 $\boldsymbol{L}_i(i=1,2,\cdots,n)$,观测值权为 $\boldsymbol{p}_i(i=1,2,\cdots,n)$,试按最小二乘原理求该量的估值。

解:设该量的估值为 $\hat{\boldsymbol{X}}$,则有

$$\boldsymbol{v}_i = \hat{\boldsymbol{X}} - \boldsymbol{L}_i \tag{3.3.13}$$

根据式(3.3.7)所表示的一组不等精度独立观测值的最小二乘原则,$\boldsymbol{V}^{\mathrm{T}} = [v_1, v_2, \cdots, v_n]$应满足

$$\boldsymbol{V}^{\mathrm{T}}\boldsymbol{P}\boldsymbol{V} = \min$$

式中:P 为由各观测值的权 p_i 为对角线元素组成的对角阵。将 $\boldsymbol{V}^{\mathrm{T}}\boldsymbol{P}\boldsymbol{V}$ 对 $\hat{\boldsymbol{X}}$ 求一阶导数,并令其等于零,则有

$$\frac{\mathrm{d}\boldsymbol{V}^{\mathrm{T}}\boldsymbol{P}\boldsymbol{V}}{\mathrm{d}\hat{\boldsymbol{X}}} = 2 \underset{1\times n}{\boldsymbol{V}^{\mathrm{T}}} \boldsymbol{P} \underset{n\times 1}{\begin{bmatrix} 1 \\ 1 \\ \vdots \\ 1 \end{bmatrix}} = 2 \sum_{i=1}^{n} \boldsymbol{v}_i \boldsymbol{p}_i = 0$$

将式(3.3.13)代入上式得

$$\sum_{i=1}^{n} \boldsymbol{v}_i \boldsymbol{p}_i = \sum_{i=1}^{n} (\hat{\boldsymbol{X}} - \boldsymbol{L}_i) \boldsymbol{p}_i = \hat{\boldsymbol{X}} \sum_{i=1}^{n} \boldsymbol{p}_i - \sum_{i=1}^{n} \boldsymbol{L}_i \boldsymbol{p}_i = 0$$

由上式可解得

$$\hat{\boldsymbol{X}} = \frac{\sum_{i=1}^{n} \boldsymbol{p}_i \boldsymbol{L}_i}{\sum_{i=1}^{n} \boldsymbol{p}_i} \tag{3.3.14}$$

式(3.3.14)为由最小二乘原理得到的一组重复观测的不等精度独立观测值的估值，即加权平均值。

上例中若观测值为一组等精度独立观测值，令 $\boldsymbol{P}=\boldsymbol{I}$，则式(3.3.14)可写为

$$\hat{\boldsymbol{X}}=\frac{\sum_{i=1}^{n}\boldsymbol{L}_i}{n} \tag{3.3.15}$$

式(3.3.15)为由最小二乘原理得到的一组等精度重复独立观测值的估值，即算数平均值。

2.最小二乘估计与极大似然估计

观测值是服从正态分布的随机变量，下面从数理统计中的极大似然估计方法出发，推导出最小二乘原理。

设有 n 维随机正态分布观测向量 $\underset{n\times 1}{\boldsymbol{L}}$，其数学期望和方差分别为

$$\boldsymbol{\mu}_L=E(\boldsymbol{L})=\begin{bmatrix}\mu_1\\ \mu_2\\ \vdots\\ \mu_n\end{bmatrix},\boldsymbol{D}=\boldsymbol{D}_{LL}=\begin{pmatrix}\sigma_1^2 & \sigma_{12} & \cdots & \sigma_{1n}\\ \sigma_{12} & \sigma_2^2 & \cdots & \sigma_{2n}\\ \vdots & \vdots & & \vdots\\ \sigma_{1n} & \sigma_{2n} & \cdots & \sigma_n^2\end{pmatrix}$$

因为 $\boldsymbol{L}$ 为随机正态分布，其似然函数即为 $\boldsymbol{L}$ 的正态密度函数，即

$$\boldsymbol{G}=\frac{1}{(2\pi)^{\frac{n}{2}}\ |\boldsymbol{D}|^{\frac{1}{2}}}\exp\left[-\frac{1}{2}(\boldsymbol{L}-\boldsymbol{\mu}_L)^{\mathrm{T}}\boldsymbol{D}^{-1}(\boldsymbol{L}-\boldsymbol{\mu}_L)\right] \tag{3.3.16}$$

对式(3.3.16)等号左右两边同时取自然对数，可得

$$\ln\boldsymbol{G}=-\ln\left[(2\pi)^{\frac{n}{2}}\ |\boldsymbol{D}|^{\frac{1}{2}}\right]-\frac{1}{2}(\boldsymbol{L}-\boldsymbol{\mu}_L)^{\mathrm{T}}\boldsymbol{D}^{-1}(\boldsymbol{L}-\boldsymbol{\mu}_L) \tag{3.3.17}$$

根据极大似然估计的要求，应选取能使 $\ln\boldsymbol{G}$ 取得极大值时的 $\hat{\boldsymbol{L}}$ 作为 $\boldsymbol{\mu}_L$ 的估计量。将$\boldsymbol{L}-\boldsymbol{\mu}_L=-\boldsymbol{\Delta}$ 代入式(3.3.17)，可得

$$\ln\boldsymbol{G}=-\ln\left[(2\pi)^{\frac{n}{2}}\ |\boldsymbol{D}|^{\frac{1}{2}}\right]-\frac{1}{2}\boldsymbol{\Delta}^{\mathrm{T}}\boldsymbol{D}^{-1}\boldsymbol{\Delta} \tag{3.3.18}$$

由 $\boldsymbol{L}-\hat{\boldsymbol{L}}=-\boldsymbol{V}$ 可知，若 $\hat{\boldsymbol{L}}$ 为 $\boldsymbol{\mu}_L$ 的估计量，则改正数 $\boldsymbol{V}$ 即为真误差 $\boldsymbol{\Delta}$ 的估计量，因此式(3.3.18)可进一步写为

$$\ln\boldsymbol{G}=-\ln\left[(2\pi)^{\frac{n}{2}}\ |\boldsymbol{D}|^{\frac{1}{2}}\right]-\frac{1}{2}\boldsymbol{V}^{\mathrm{T}}\boldsymbol{D}^{-1}\boldsymbol{V} \tag{3.3.19}$$

式(3.3.19)右边第一项为常量，第二项前是负号，所以只有当第二项取得极小值时，似然函数 $\ln\boldsymbol{G}$ 才能取得极大值。因此，由极大似然估计求得的 $\boldsymbol{V}$ 值必须满足条件

$$\boldsymbol{V}^{\mathrm{T}}\boldsymbol{D}^{-1}\boldsymbol{V}=\min \tag{3.3.20}$$

考虑到 $\boldsymbol{D}=\sigma_0^2\boldsymbol{Q}=\sigma_0^2\boldsymbol{P}^{-1}$，$\sigma_0^2$ 为常量，则式(3.3.20)等价于

$$\boldsymbol{V}^{\mathrm{T}}\boldsymbol{P}\boldsymbol{V}=\min \tag{3.3.21}$$

式(3.3.21)即最小二乘原理。

由此可见，当观测值为正态随机变量时，最小二乘估计可由最大似然估计导出。两种估计准则下得到的平差结果完全一致。

4 条件平差与附有参数的条件平差

4.1 条件平差原理

在平差计算中，如果将所有观测值的平差值作为未知数，由于存在多余观测，这些未知数间会形成一定的数学关系式，即条件方程。因此，条件方程式的个数与多余观测密切相关，每增加一个多余观测，即可列立出一个独立的条件方程式。如果有 r 个多余观测，就可产生 r 个独立条件方程。以 r 个独立条件方程作为函数模型的平差方法，就是条件平差。

在第 3 章中已给出了条件平差的函数模型，即

$$\underset{r\times n}{\boldsymbol{A}}\,\underset{n\times 1}{\hat{\boldsymbol{L}}}+\underset{r\times 1}{\boldsymbol{A}_0}=\underset{r\times 1}{\boldsymbol{0}} \tag{4.1.1}$$

或

$$\underset{r\times n}{\boldsymbol{A}}\,\underset{n\times 1}{\boldsymbol{V}}+\underset{r\times 1}{\boldsymbol{W}}=\underset{r\times 1}{\boldsymbol{0}} \tag{4.1.2}$$

随机模型为

$$\underset{n\times n}{\boldsymbol{D}}=\sigma_0^2\underset{n\times n}{\boldsymbol{Q}}=\sigma_0^2\underset{n\times n}{\boldsymbol{P}^{-1}} \tag{4.1.3}$$

平差的准则为

$$\boldsymbol{V}^{\mathrm{T}}\boldsymbol{PV}=\min \tag{4.1.4}$$

条件平差就是在满足 r 个条件方程[式(4.1.2)]条件下，求函数 $\boldsymbol{V}^{\mathrm{T}}\boldsymbol{PV}=\min$ 的 $\boldsymbol{V}$ 值，在数学中是求函数的条件极值问题。

4.1.1 条件方程

设有 r 个平差值线性条件方程

$$\left.\begin{aligned}a_1\hat{L}_1+a_2\hat{L}_2+\cdots+a_n\hat{L}_n+a_0&=0\\b_1\hat{L}_1+b_2\hat{L}_2+\cdots+b_n\hat{L}_n+b_0&=0\\&\vdots\\r_1\hat{L}_1+r_2\hat{L}_2+\cdots+r_n\hat{L}_n+r_0&=0\end{aligned}\right\} \tag{4.1.5}$$

若设

$$\boldsymbol{A}=\begin{bmatrix}a_1&a_2&\cdots&a_n\\b_1&b_2&\cdots&b_n\\\vdots&\vdots&&\vdots\\r_1&r_2&\cdots&r_n\end{bmatrix},\hat{\boldsymbol{L}}=\begin{bmatrix}\hat{L}_1\\\hat{L}_2\\\vdots\\\hat{L}_n\end{bmatrix},\boldsymbol{A}_0=\begin{bmatrix}a_0\\b_0\\\vdots\\r_0\end{bmatrix},\boldsymbol{L}=\begin{bmatrix}L_1\\L_2\\\vdots\\L_n\end{bmatrix},\boldsymbol{V}=\begin{bmatrix}V_1\\V_2\\\vdots\\V_n\end{bmatrix}$$

则式(4.1.5)可表示成矩阵形式为

$$A\hat{L}+A_0=0 \tag{4.1.6}$$

顾及

$$\hat{L}=L+V \tag{4.1.7}$$

式(4.1.6)可进一步表示为

$$AV+W=0$$

其中

$$W=AL+A_0 \tag{4.1.8}$$

为条件方程自由项。

若条件方程为非线性形式，则应将其化为线性形式。

设某一非线性形式的条件方程为

$$f(\hat{L}_1,\hat{L}_2,\cdots,\hat{L}_n)=0 \tag{4.1.9}$$

将 $\hat{L}_i=L_i+v_i$ 代入得

$$f(L_1+v_1,L_2+v_2,\cdots,L_n+v_n)=0 \tag{4.1.10}$$

按泰勒级数展开，取至一次项，则为

$$f(L_1,L_2,\cdots,L_n)+\left(\frac{\partial f}{\partial \hat{L}_1}\right)_{\hat{L}=L_1}v_1+\left(\frac{\partial f}{\partial \hat{L}_2}\right)_{\hat{L}=L_2}v_2+\cdots+\left(\frac{\partial f}{\partial \hat{L}_n}\right)_{\hat{L}=L_n}v_n=0 \tag{4.1.11}$$

取

$$\left(\frac{\partial f}{\partial \hat{L}_1}\right)_{\hat{L}=L_1}=a_1,\left(\frac{\partial f}{\partial \hat{L}_2}\right)_{\hat{L}=L_2}=a_2,\cdots,\left(\frac{\partial f}{\partial \hat{L}_n}\right)_{\hat{L}=L_n}=a_n$$

$$f(L_1,L_2,\cdots,L_n)=w_a$$

于是式(4.1.10)可写为

$$a_1v_1+a_2v_2+\cdots+a_nv_n+w_a=0 \tag{4.1.12}$$

因此，非线性的条件方程可化为与式(4.1.2)相同的线性方程的形式。

【例 4.1.1】 如图 4.1.1 所示测角网，其中 A、B、C 为已知点，D 为未知点，设角度观测值为 $L_i(i=1,2,\cdots,6)$，相应的平差值为 $\hat{L}_i$，改正数为 v_i，则有

$$\hat{L}_i=L_i+v_i\ (i=1,2,\cdots,6)$$

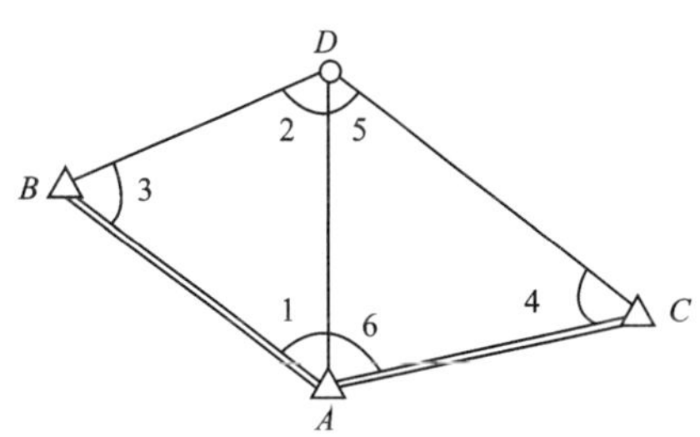

图 4.1.1　测角网

由图 4.1.1 知，确定未知点 D，至少需要 2 个必要观测值，故 $t=2$。现观测值总数为 6，因此多余观测个数，即条件方程式个数为 $r=n-t=6-2=4$。分析图形，依据各观测值之间的几何关系，可列立如下条件方程式：

(1)图形条件 2 个。图形条件指平面三角形三内角的平差值之和应为 180°，因此图 4.1.1 所示的三角网中可列观测值条件方程式

$$\hat{L}_1+\hat{L}_2+\hat{L}_3-180°=0$$

$$\hat{L}_4+\hat{L}_5+\hat{L}_6-180^\circ=0$$

对应的改正数条件方程为

$$v_1+v_2+v_3+w_1=0$$
$$v_4+v_5+v_6+w_2=0$$

其中

$$w_1=L_1+L_2+L_3-180^\circ$$
$$w_2=L_4+L_5+L_6-180^\circ$$

(2)方位角条件1个。AB边及AC边的方位角已知,则由AB边的方位角加上经$\hat{L}_1$和$\hat{L}_6$推算AC边的方位角,应等于AC边的已知方位角,即

$$\alpha_{AB}+\hat{L}_1+\hat{L}_6-\alpha_{AC}=0$$

上式表示为改正数形式,则有

$$v_1+v_6+w_3=0$$

其中

$$w_3=\alpha_{AB}+L_1+L_6-\alpha_{AC}$$

这个条件也称为固定角条件。

(3)固定边条件1个。即由AB边的已知边长经由对应观测角的平差值推算AC的边长,该推算边长应等于AC边的已知边长。

由正弦定理可知

$$\overline{AD}=\overline{AB}\frac{\sin\hat{L}_3}{\sin\hat{L}_2}$$

$$\overline{AC}=\overline{AD}\frac{\sin\hat{L}_5}{\sin\hat{L}_4}=\overline{AB}\frac{\sin\hat{L}_3\sin\hat{L}_5}{\sin\hat{L}_2\sin\hat{L}_4}$$

即

$$\frac{\overline{AB}\sin\hat{L}_3\sin\hat{L}_5}{\overline{AC}\sin\hat{L}_2\sin\hat{L}_4}-1=0 \tag{4.1.13}$$

式(4.1.13)即为固定边条件的形式。需要注意的是,固定边条件方程为非线性方程,解算时应先将其线性化,再与图形条件、方位角条件一起参与平差。

令

$$f(\hat{L}_2,\hat{L}_3,\hat{L}_4,\hat{L}_5)=\frac{\overline{AB}\sin\hat{L}_3\sin\hat{L}_5}{\overline{AC}\sin\hat{L}_2\sin\hat{L}_4}-1=0 \tag{4.1.14}$$

将式(4.1.14)按泰勒级数展开,取至一次项有

$$\frac{\overline{AB}\sin L_3\sin L_5}{\overline{AC}\sin L_2\sin L_4}-1+\frac{\overline{AB}\sin L_3\sin L_5}{\overline{AC}\sin L_2\sin L_4}\cot L_3\frac{v_3}{\rho''}+\frac{\overline{AB}\sin L_3\sin L_5}{\overline{AC}\sin L_2\sin L_4}\cot L_5\frac{v_5}{\rho''}-$$
$$\frac{\overline{AB}\sin L_3\sin L_5}{\overline{AC}\sin L_2\sin L_4}\cot L_2\frac{v_2}{\rho''}+\frac{\overline{AB}\sin L_3\sin L_5}{\overline{AC}\sin L_2\sin L_4}\cot L_4\frac{v_4}{\rho''}=0$$

对上式等号左右两边同时乘以$\frac{\overline{AC}\sin L_2\sin L_4}{\overline{AB}\sin L_3\sin L_5}\rho''$,进行化简并整理,可得

$$\cot L_3 v_3 + \cot L_5 v_5 - \cot L_2 v_2 - \cot L_4 v_4 + w_a = 0 \tag{4.1.15}$$

式中：

$$w_a = \left(\frac{\overline{AB}\sin L_3 \sin L_5}{\overline{AC}\sin L_2 \sin L_4} - 1\right)\rho'' \tag{4.1.16}$$

一般情况下，固定边条件系数公式的通式为

$$a_i = \pm \cot L_i \tag{4.1.17}$$

当 L_i 的正弦函数位于条件方程系数的分子位置时，式(4.1.17)取正号；当 L_i 的正弦函数位于条件方程的分母位置时，式(4.1.17)取负号。

4.1.2　建立法方程

从数学意义上来讲，条件平差条件方程的解算实际是求条件极值的问题。即在满足

$$\boldsymbol{AV}+\boldsymbol{W}=\boldsymbol{0} \tag{4.1.18}$$

条件下，求出使 $\boldsymbol{V}^{\mathrm{T}}\boldsymbol{PV}=\min$ 的改正数 $\boldsymbol{V}$。

按拉格朗日乘数法组成函数

$$\boldsymbol{\Phi}=\boldsymbol{V}^{\mathrm{T}}\boldsymbol{PV}-2\boldsymbol{K}^{\mathrm{T}}(\boldsymbol{AV}+\boldsymbol{W}) \tag{4.1.19}$$

式中：$\boldsymbol{K}^{\mathrm{T}}=[k_1,k_2,\cdots,k_r]$为联系数向量。

式(4.1.19)对 $\boldsymbol{V}$ 求一阶导数，并令其为零，则有

$$\frac{\mathrm{d}\boldsymbol{\Phi}}{\mathrm{d}\boldsymbol{V}} = 2\boldsymbol{V}^{\mathrm{T}}\boldsymbol{P} - 2\boldsymbol{K}^{\mathrm{T}}\boldsymbol{A} = \boldsymbol{0}$$

即

$$\boldsymbol{V}^{\mathrm{T}}\boldsymbol{P}=\boldsymbol{K}^{\mathrm{T}}\boldsymbol{A}$$

由此可得

$$\boldsymbol{V}=\boldsymbol{P}^{-1}\boldsymbol{A}^{\mathrm{T}}\boldsymbol{K} \tag{4.1.20}$$

将式(4.1.20)代入式(4.1.18)，得

$$\boldsymbol{AP}^{-1}\boldsymbol{A}^{\mathrm{T}}\boldsymbol{K}+\boldsymbol{W}=\boldsymbol{0} \tag{4.1.21}$$

设

$$\boldsymbol{N}_{aa}=\boldsymbol{AP}^{-1}\boldsymbol{A}^{\mathrm{T}} \tag{4.1.22}$$

式(4.1.21)又可写为

$$\boldsymbol{N}_{aa}\boldsymbol{K}+\boldsymbol{W}=\boldsymbol{0} \tag{4.1.23}$$

式(4.1.21)或式(4.1.23)称为联系数法方程，简称为法方程。不难看出，系数阵 $\boldsymbol{N}_{aa}$ 为对称阵。

在经典平差中，法方程系数阵 $\boldsymbol{N}$ 满秩，由式(4.1.23)即可解算出联系数向量 $\boldsymbol{K}$，即

$$\boldsymbol{K}=-\boldsymbol{N}_{aa}^{-1}\boldsymbol{W} \tag{4.1.24}$$

将式(4.1.24)代入式(4.1.20)可解出改正数向量 $\boldsymbol{V}$，最后按式(4.1.7)即可解算出观测量的最或然值向量 $\hat{\boldsymbol{L}}$。

若观测值都相互独立，则其权逆阵为

$$P^{-1} = \begin{bmatrix} \frac{1}{p_1} & & & \\ & \frac{1}{p_2} & & \\ & & \ddots & \\ & & & \frac{1}{p_n} \end{bmatrix}$$

由式(4.1.20)及式(4.1.21)可得纯量形式的改正数方程和联系数法方程,即

$$v_i = \frac{1}{p_i}(a_i k_1 + b_i k_2 + \cdots + r_i k_r) \quad (i = 1,2,\cdots,n) \tag{4.1.25}$$

$$\left.\begin{aligned} \left[\frac{aa}{p}\right]k_1 + \left[\frac{ab}{p}\right]k_2 + \cdots + \left[\frac{ar}{p}\right]k_r + w_1 = 0 \\ \left[\frac{ab}{p}\right]k_1 + \left[\frac{bb}{p}\right]k_2 + \cdots + \left[\frac{br}{p}\right]k_r + w_2 = 0 \\ \vdots \qquad\qquad \\ \left[\frac{ar}{p}\right]k_1 + \left[\frac{br}{p}\right]k_2 + \cdots + \left[\frac{rr}{p}\right]k_r + w_r = 0 \end{aligned}\right\} \tag{4.1.26}$$

若各观测值独立且等精度,则可令观测值权阵 $\boldsymbol{P}$ 为单位阵 $\boldsymbol{I}$,于是(4.1.26)可写为

$$\left.\begin{aligned} [aa]k_1 + [ab]k_2 + \cdots + [ar]k_r + w_1 = 0 \\ [ab]k_1 + [bb]k_2 + \cdots + [br]k_r + w_2 = 0 \\ \vdots \qquad\qquad \\ [ar]k_1 + [br]k_2 + \cdots + [rr]k_r + w_r = 0 \end{aligned}\right\} \tag{4.1.27}$$

此外,需要说明的是,为了区别平差时观测值独立与否的不同情况,通常将观测值相关的条件平差称为相关条件平差。

4.1.3 条件平差的观测值平差值计算步骤

综上所述,条件方程的解算步骤可概括如下:

(1)根据实际问题的性质及观测量情况,列出条件方程式(4.1.1)、式(4.1.2)。条件方程式的个数等于多余观测个数 r。

(2)由条件方程式组成联系数法方程式(4.1.21),解算法方程,求出联系数 $\boldsymbol{K}$。

(3)将 $\boldsymbol{K}$ 代入改正数方程式(4.1.20),求出 $\boldsymbol{V}$ 值,并进一步求观测值的最或然值 $\hat{\boldsymbol{L}} = \boldsymbol{L} + \boldsymbol{V}$。

(4)为检验平差计算的正确性,将各最或然值 $\hat{\boldsymbol{L}}_i$ 代入平差值条件方程 $\boldsymbol{A}\hat{\boldsymbol{L}} + \boldsymbol{A}_0 = \boldsymbol{0}$ 进行检核,检查是否满足方程。

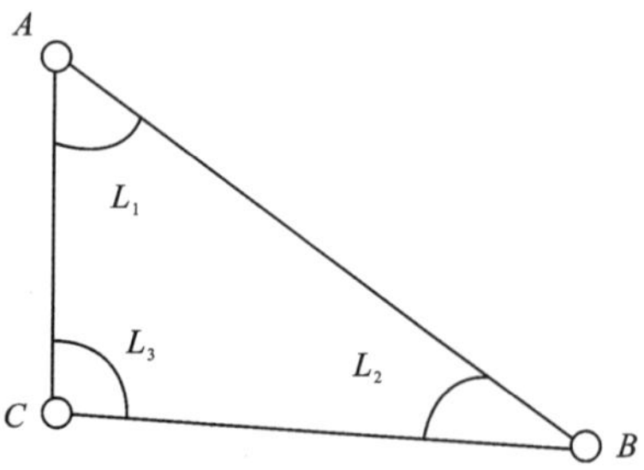

图 4.1.2 平面三角形

【例 4.1.2】 对如图 4.1.2 所示的平面三角形三内角进行等精度观测,观测值为

$$\boldsymbol{L} = \begin{bmatrix} 62°\,12'50'' \\ 53°\,59'12'' \\ 63°47'49'' \end{bmatrix}$$

试按条件平差法求出各观测角的最或然值。

解：本题中 $r=n-t=1$，故只有一个条件方程式

$$\hat{L}_1+\hat{L}_2+\hat{L}_3-180^\circ=0$$

相应的改正数条件方程式为

$$v_1+v_2+v_3+w=0$$

其中

$$w=L_1+L_2+L_3-180^\circ=-9''$$

改正数条件方程用矩阵可表示为

$$\begin{bmatrix}1 & 1 & 1\end{bmatrix}\begin{bmatrix}v_1\\v_2\\v_3\end{bmatrix}-9=0$$

因为观测值等精度，因此可令观测值的权阵 $\boldsymbol{P}$ 为单位阵 $\boldsymbol{I}$，即 $\boldsymbol{P}=\boldsymbol{I}$，则有

$$\boldsymbol{N}_{aa}=\boldsymbol{A}\boldsymbol{P}^{-1}\boldsymbol{A}^{\mathrm{T}}=3$$

法方程为

$$3\boldsymbol{K}-9=0$$

可解得

$$\boldsymbol{K}=3$$

代入改正数方程，可得

$$\boldsymbol{V}=\boldsymbol{P}^{-1}\boldsymbol{A}^{\mathrm{T}}K=\begin{bmatrix}3''\\3''\\3''\end{bmatrix}$$

由此可得各角最或然值为

$$\begin{bmatrix}\hat{L}_1\\\hat{L}_2\\\hat{L}_1\end{bmatrix}=\begin{bmatrix}L_1\\L_2\\L_3\end{bmatrix}+\begin{bmatrix}v_1\\v_2\\v_3\end{bmatrix}=\begin{bmatrix}62^\circ\ 12'\ 53''\\53^\circ\ 59'15''\\63^\circ\ 47'\ 52''\end{bmatrix}$$

经检核，$\hat{L}_1+\hat{L}_2+\hat{L}_3-180^\circ=0$，表明计算正确，闭合差消除。

【例 4.1.3】　如图 4.1.3 所示的水准网中，A 为已知高程水准点，B、C、D 为待定高程点。观测了 5 段高差，设每单位路线长度测得的高差精度相同。各观测高差及路线长度见表 4.1.1，试用条件平差法求出各高差的平差值。

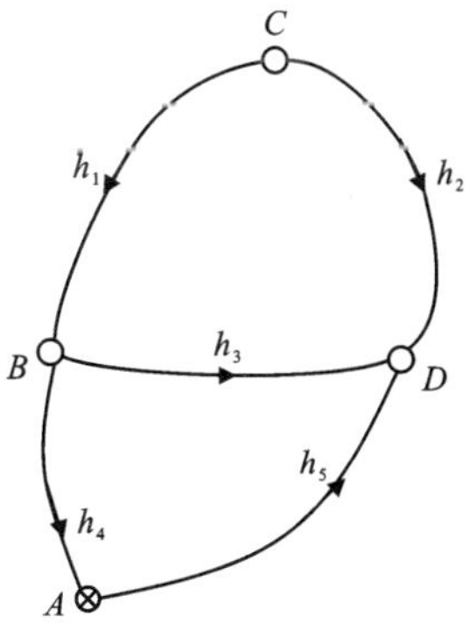

图 4.1.3　水准网

表 4.1.1　观测高差及路线长度

路线	路线长/km	观测高差/m
h_1	10	12.62
h_2	5	28.79
h_3	5	16.11
h_4	5	10.10
h_5	5	6.08

解:此例中有 3 个未知高程点,因此必要观测个数为 3,由此产生了 2 个多余观测,即存在 2 个条件方程式。可建立改正数条件方程

$$\begin{bmatrix}1 & -1 & 1 & 0 & 0\\0 & 0 & -1 & 1 & 1\end{bmatrix}\begin{bmatrix}v_1\\v_2\\v_3\\v_4\\v_5\end{bmatrix}+\begin{bmatrix}-6\\7\end{bmatrix}=\begin{bmatrix}0\\0\end{bmatrix}$$

取 5km 高差的权为单位权,即 $p_i=\dfrac{5}{S_i}$,则

$$p_1=\frac{1}{2}\ ,\ p_2=1\ ,\ p_3=1\ ,\ p_4=1\ ,\ p_5=1$$

建立法方程 $\boldsymbol{N}_{aa}\boldsymbol{K}+\boldsymbol{W}=\boldsymbol{0}$,计算法方程得系数矩阵

$$\boldsymbol{N}_{aa}=\boldsymbol{A}\boldsymbol{P}^{-1}\boldsymbol{A}^{\mathrm{T}}=\begin{bmatrix}1 & -1 & 1 & 0 & 0\\0 & 0 & -1 & 1 & 1\end{bmatrix}\begin{bmatrix}2 & & & & \\ & 1 & & & \\ & & 1 & & \\ & & & 1 & \\ & & & & 1\end{bmatrix}\begin{bmatrix}1 & 0\\-1 & 0\\1 & -1\\0 & 1\\0 & 1\end{bmatrix}=\begin{bmatrix}4 & -1\\-1 & 3\end{bmatrix}$$

解算法方程得联系数 $\boldsymbol{K}$ 的值为

$$\boldsymbol{N}_{aa}^{-1}=\frac{1}{11}\begin{bmatrix}3 & 1\\1 & 4\end{bmatrix}$$

$$\boldsymbol{K}=-\boldsymbol{N}_{aa}^{-1}\boldsymbol{W}=-\frac{1}{11}\begin{bmatrix}3 & 1\\1 & 4\end{bmatrix}\begin{bmatrix}-6\\7\end{bmatrix}=\begin{bmatrix}1\\-2\end{bmatrix}$$

由此可求解获得改正数 $\boldsymbol{V}$ 和高差最或然值为

$$\boldsymbol{V}=\boldsymbol{P}^{-1}\boldsymbol{A}^{\mathrm{T}}\boldsymbol{K}=\begin{bmatrix}2\\-1\\3\\-2\\-2\end{bmatrix}\mathrm{cm},\ \hat{\boldsymbol{h}}=\begin{bmatrix}12.64\\28.78\\16.14\\10.08\\6.06\end{bmatrix}\mathrm{m}$$

4.2 条件平差精度评定

测量平差的目的之一是要评定测量成果的精度,测量成果精度包括两个方面:一是平差值的实际精度;二是由观测值平差值组成的平差值函数的精度。

设观测值向量的方差为

$$\boldsymbol{D}_L=\sigma_0^2\boldsymbol{Q}=\sigma_0^2\boldsymbol{P}^{-1}\tag{4.2.1}$$

平差前已知的是先验方差,由此定权参与平差。但是,评定精度需要的是观测的实际精度。式(4.2.1)中,$\boldsymbol{Q}$ 已知,故只要对单位权方差 σ_0^2 作出估计,由估值 $\hat{\sigma}_0^2$ 代入式(4.2.1)即可

得到方差估值 $\hat{\boldsymbol{D}}$。通过与 $\boldsymbol{D}$ 的比较，可用统计检验方法检验后验方差 $\hat{\boldsymbol{D}}$ 是否与先验方差 $\boldsymbol{D}$ 一致。

通过条件平差，求得改正数 $\boldsymbol{V}$、平差值 $\hat{\boldsymbol{L}}$，由此可求得平差值 $\hat{\boldsymbol{L}}$ 的任何函数 $\hat{\boldsymbol{\varphi}}=\boldsymbol{f}^{\mathrm{T}}\hat{\boldsymbol{L}}$。显然，$\boldsymbol{V}$、$\hat{\boldsymbol{L}}$、$\hat{\boldsymbol{\varphi}}$ 等都是观测值 $\boldsymbol{L}$ 的函数。一般地，设观测值函数为

$$\boldsymbol{G}=\boldsymbol{F}^{\mathrm{T}}\boldsymbol{L} \tag{4.2.2}$$

则按照协方差传播律可得

$$\hat{\boldsymbol{D}}_G=\hat{\sigma}_0^2\boldsymbol{F}^{\mathrm{T}}\boldsymbol{Q}\boldsymbol{F}=\hat{\sigma}_0^2\boldsymbol{Q}_{GG} \tag{4.2.3}$$

因此，为求定 $\boldsymbol{G}$ 的方差估值，需要计算 $\boldsymbol{G}$ 的协因数阵和单位权方差估计值。

4.2.1　单位权方差及 $\boldsymbol{V}^{\mathrm{T}}\boldsymbol{PV}$ 计算

1. $\boldsymbol{V}^{\mathrm{T}}\boldsymbol{PV}$ 计算

$\boldsymbol{V}^{\mathrm{T}}\boldsymbol{PV}$ 除了可在求出 $\boldsymbol{V}$ 后直接计算外，还可以推导出如下的计算公式。由式(4.1.18)及式(4.1.20)，有

$$\boldsymbol{V}^{\mathrm{T}}\boldsymbol{PV}=\boldsymbol{V}^{\mathrm{T}}\boldsymbol{PP}^{-1}\boldsymbol{A}^{\mathrm{T}}\boldsymbol{K}=(\boldsymbol{AV})^{\mathrm{T}}\boldsymbol{K}=-\boldsymbol{W}^{\mathrm{T}}\boldsymbol{K} \tag{4.2.4}$$

将式(4.1.24)代入式(4.2.4)有

$$\boldsymbol{V}^{\mathrm{T}}\boldsymbol{PV}=\boldsymbol{W}^{\mathrm{T}}\boldsymbol{N}_{aa}^{-1}\boldsymbol{W} \tag{4.2.5}$$

2. 单位权方差及单位权中误差

由式(3.2.2)知

$$\boldsymbol{A}\tilde{\boldsymbol{L}}+\boldsymbol{A}_0=0 \tag{4.2.6}$$

又有

$$\tilde{\boldsymbol{L}}=\boldsymbol{L}+\boldsymbol{\Delta}$$

于是

$$\boldsymbol{A}\tilde{\boldsymbol{L}}=\boldsymbol{AL}+\boldsymbol{A\Delta} \tag{4.2.7}$$

由于 $\boldsymbol{W}=\boldsymbol{AL}+\boldsymbol{A}_0$，将此式及式(4.2.7)代入式(4.2.6)，故可得

$$\boldsymbol{W}=-\boldsymbol{A\Delta} \tag{4.2.8}$$

顾及式(4.2.5)，依据矩阵迹的特点与性质有

$$\boldsymbol{V}^{\mathrm{T}}\boldsymbol{PV}=\mathrm{tr}(\boldsymbol{V}^{\mathrm{T}}\boldsymbol{PV})=\mathrm{tr}(\boldsymbol{W}^{\mathrm{T}}\boldsymbol{N}_{aa}^{-1}\boldsymbol{W})=\mathrm{tr}(\boldsymbol{\Delta}^{\mathrm{T}}\boldsymbol{A}^{\mathrm{T}}\boldsymbol{N}_{aa}^{-1}\boldsymbol{A\Delta})=\mathrm{tr}(\boldsymbol{A}^{\mathrm{T}}\boldsymbol{N}_{aa}^{-1}\boldsymbol{A\Delta\Delta}^{\mathrm{T}})$$

对上式两边取数学期望得

$$\begin{aligned}
E(\boldsymbol{V}^{\mathrm{T}}\boldsymbol{PV})&=E[\mathrm{tr}(\boldsymbol{A}^{\mathrm{T}}\boldsymbol{N}_{aa}^{-1}\boldsymbol{A\Delta\Delta}^{\mathrm{T}})]\\
&=\mathrm{tr}[\boldsymbol{A}^{\mathrm{T}}\boldsymbol{N}_{aa}^{-1}\boldsymbol{A}E(\boldsymbol{\Delta\Delta}^{\mathrm{T}})]\\
&=\mathrm{tr}(\boldsymbol{A}^{\mathrm{T}}\boldsymbol{N}_{aa}^{-1}\boldsymbol{A}\Sigma_{\Delta})\\
&=\mathrm{tr}(\boldsymbol{A}^{\mathrm{T}}\boldsymbol{N}_{aa}^{-1}\boldsymbol{A}\sigma_0^2\boldsymbol{P}^{-1})\\
&=\sigma_0^2\,\mathrm{tr}(\boldsymbol{A}^{\mathrm{T}}\boldsymbol{N}_{aa}^{-1}\boldsymbol{AP}^{-1})=\sigma_0^2\,\mathrm{tr}(\boldsymbol{I})=r\sigma_0^2
\end{aligned}$$

即得单位权方差的计算式为

$$\sigma_0^2=\frac{E(\boldsymbol{V}^{\mathrm{T}}\boldsymbol{PV})}{r}$$

用有限次观测值改正数计算得到的 $\boldsymbol{V}^{\mathrm{T}}\boldsymbol{PV}$ 值代替其期望值,由此得到单位权方差及单位权中误差估值

$$\hat{\sigma}_0^2=\frac{\boldsymbol{V}^{\mathrm{T}}\boldsymbol{PV}}{r} \tag{4.2.9}$$

$$\hat{\sigma}_0=\pm\sqrt{\frac{\boldsymbol{V}^{\mathrm{T}}\boldsymbol{PV}}{r}} \tag{4.2.10}$$

当观测值随机独立时,则有

$$\hat{\sigma}_0=\pm\sqrt{\frac{[pvv]}{r}} \tag{4.2.11}$$

4.2.2 协因数阵的计算

在条件平差中,基本向量为 $\boldsymbol{L}$、$\boldsymbol{W}$、$\boldsymbol{K}$、$\boldsymbol{V}$ 和 $\hat{\boldsymbol{L}}$,它们都是观测值向量的函数,下面将推求基本向量各自的协因数阵以及两两向量间的互协因数阵。令

$$\boldsymbol{Z}^{\mathrm{T}}=\begin{bmatrix}\boldsymbol{L}^{\mathrm{T}} & \boldsymbol{W}^{\mathrm{T}} & \boldsymbol{K}^{\mathrm{T}} & \boldsymbol{V}^{\mathrm{T}} & \hat{\boldsymbol{L}}^{\mathrm{T}}\end{bmatrix} \tag{4.2.12}$$

则 $\boldsymbol{Z}$ 的协因阵为

$$\boldsymbol{Q}_{ZZ}=\begin{bmatrix}\boldsymbol{Q}_{LL} & \boldsymbol{Q}_{LW} & \boldsymbol{Q}_{LK} & \boldsymbol{Q}_{LV} & \boldsymbol{Q}_{L\hat{L}}\\ \boldsymbol{Q}_{WL} & \boldsymbol{Q}_{WW} & \boldsymbol{Q}_{WK} & \boldsymbol{Q}_{WV} & \boldsymbol{Q}_{W\hat{L}}\\ \boldsymbol{Q}_{KL} & \boldsymbol{Q}_{KW} & \boldsymbol{Q}_{KK} & \boldsymbol{Q}_{KV} & \boldsymbol{Q}_{K\hat{L}}\\ \boldsymbol{Q}_{VL} & \boldsymbol{Q}_{VW} & \boldsymbol{Q}_{VK} & \boldsymbol{Q}_{VV} & \boldsymbol{Q}_{V\hat{L}}\\ \boldsymbol{Q}_{\hat{L}L} & \boldsymbol{Q}_{\hat{L}W} & \boldsymbol{Q}_{\hat{L}K} & \boldsymbol{Q}_{\hat{L}V} & \boldsymbol{Q}_{\hat{L}\hat{L}}\end{bmatrix}$$

已知 $\boldsymbol{Q}_{LL}=\boldsymbol{Q}$,则可通过各基本向量间的关系式推求 $\boldsymbol{Q}_{ZZ}$。

由前述的推导知,各基本向量的关系式为

$$\boldsymbol{L}=\boldsymbol{L}$$

$$\boldsymbol{W}=\boldsymbol{AL}+\boldsymbol{A}_0 \tag{4.2.13}$$

$$\boldsymbol{K}=-\boldsymbol{N}_{aa}^{-1}\boldsymbol{W}=-\boldsymbol{N}_{aa}^{-1}\boldsymbol{AL}-\boldsymbol{N}_{aa}^{-1}\boldsymbol{A}_0 \tag{4.2.14}$$

$$\boldsymbol{V}=\boldsymbol{QA}^{\mathrm{T}}\boldsymbol{K}=-\boldsymbol{QA}^{\mathrm{T}}\boldsymbol{N}_{aa}^{-1}\boldsymbol{W}=-\boldsymbol{QA}^{\mathrm{T}}\boldsymbol{N}_{aa}^{-1}\boldsymbol{AL}-\boldsymbol{QA}^{\mathrm{T}}\boldsymbol{N}_{aa}^{-1}\boldsymbol{A}_0 \tag{4.2.15}$$

$$\hat{\boldsymbol{L}}=\boldsymbol{L}+\boldsymbol{V}=(\boldsymbol{I}-\boldsymbol{QA}^{\mathrm{T}}\boldsymbol{N}_{aa}^{-1}\boldsymbol{A})\boldsymbol{L}-\boldsymbol{QA}^{\mathrm{T}}\boldsymbol{N}_{aa}^{-1}\boldsymbol{A}_0 \tag{4.2.16}$$

利用协因数传播律,即可获得 $\boldsymbol{L}$、$\boldsymbol{W}$、$\boldsymbol{K}$、$\boldsymbol{V}$ 的自协因数阵及相互间的互协因数阵为

$$\boldsymbol{Q}_{LL}=\boldsymbol{Q}$$

$$\boldsymbol{Q}_{WW}=\boldsymbol{AQA}^{\mathrm{T}}=\boldsymbol{N}_{aa}$$

$$\boldsymbol{Q}_{KK}=\boldsymbol{N}_{aa}^{-1}\boldsymbol{Q}_{WW}\boldsymbol{N}_{aa}^{-1}=\boldsymbol{N}_{aa}^{-1}\boldsymbol{N}_{aa}\boldsymbol{N}_{aa}^{-1}=\boldsymbol{N}_{aa}^{-1}$$

$$\boldsymbol{Q}_{VV}=\boldsymbol{QA}^{\mathrm{T}}\boldsymbol{Q}_{KK}\boldsymbol{AQ}=\boldsymbol{QA}^{\mathrm{T}}\boldsymbol{N}_{aa}^{-1}\boldsymbol{AQ}$$

$$\boldsymbol{Q}_{LW}=\boldsymbol{QA}^{\mathrm{T}}$$

$$\boldsymbol{Q}_{LK}=-\boldsymbol{QA}^{\mathrm{T}}\boldsymbol{N}_{aa}^{-1}$$

$$\boldsymbol{Q}_{LV}=-\boldsymbol{QA}^{\mathrm{T}}\boldsymbol{N}_{aa}^{-1}\boldsymbol{AQ}$$

$$\boldsymbol{Q}_{WK}=-\boldsymbol{AQA}^{\mathrm{T}}\boldsymbol{N}_{aa}^{-1}=-\boldsymbol{N}_{aa}\boldsymbol{N}_{aa}^{-1}=-\boldsymbol{I}$$

$$\boldsymbol{Q}_{WV}=-\boldsymbol{Q}_{WW}\boldsymbol{N}_{aa}^{-1}\boldsymbol{AQ}=-\boldsymbol{N}_{aa}\boldsymbol{N}_{aa}^{-1}\boldsymbol{AQ}=-\boldsymbol{AQ}$$

$$Q_{KV} = N_{aa}^{-1}Q_{WW}N_{aa}^{-1}AQ = N_{aa}^{-1}AQ$$

观测值平差值 $\hat{L}$ 的自协因数阵以及它和 L、W、K、V 间的互协因数阵为

$$Q_{L\hat{L}} = Q_{LL} + Q_{LV} = Q - QA^{\mathrm{T}}N_{aa}^{-1}AQ$$

$$Q_{W\hat{L}} = Q_{WL} + Q_{WV} = Q_{LW}^{\mathrm{T}} + Q_{WV} = AQ - AQ = 0$$

$$Q_{K\hat{L}} = Q_{KL} + Q_{KV} = -N_{aa}^{-1}AQ + N_{aa}^{-1}AQ = 0$$

$$Q_{V\hat{L}} = Q_{VL} + Q_{VV} = \mathbf{0}$$

因为 $Q_{\hat{L}\hat{L}} = Q_{LL} + Q_{LV} + Q_{VL} + Q_{VV}$，而 $Q_{LV} = Q_{VL} = -Q_{VV}$，于是有

$$Q_{\hat{L}\hat{L}} = Q_{LL} - Q_{VV} = Q - QA^{\mathrm{T}}N_{aa}^{-1}AQ$$

将以上结果列于表 4.2.1，以便查用。

表 4.2.1 条件平差基本向量的协因数阵

	L	W	K	V	$\hat{L}$
L	Q	QA^{T}	$-QA^{\mathrm{T}}N_{aa}^{-1}$	$-Q_{VV}$	$Q-QA^{\mathrm{T}}N_{aa}^{-1}AQ$
W	AQ	N_{aa}	$-I$	$-AQ$	0
K	$-N_{aa}^{-1}AQ$	$-I$	N_{aa}^{-1}	$N_{aa}^{-1}AQ$	0
V	$-Q_{VV}$	$-QA^{\mathrm{T}}$	$QA^{\mathrm{T}}N_{aa}^{-1}$	$QA^{\mathrm{T}}N_{aa}^{-1}AQ$	0
$\hat{L}$	$Q-QA^{\mathrm{T}}N_{aa}^{-1}AQ$	0	0	0	$Q-Q_{VV}$

注：$N_{aa} = AQA^{\mathrm{T}}$。

由表 4.2.1 可见，平差值 $\hat{L}$ 与改正数 V、闭合差 W、联系数 K 是不相关的统计量，因为它们都是正态向量，故 $\hat{L}$ 与 V、W、K 相互独立。

4.2.3 平差值和平差值函数的权倒数及中误差

在实际测量工作中，除了需要获得各个观测量的平差值并对其评定精度外，有时还需要获得观测值平差值函数及其精度信息。例如，水准网平差后要求得到待定点的高程平差值及其精度；测角网则要求得到点的坐标、边长和方位角平差值及其精度。这些均是观测量平差值的函数。那如何计算平差值函数的中误差？这是下面要讨论的问题。

由前述推导可知，$Q_{\hat{L}}$ 的主对角线元素即为对应平差值的权倒数，第 i 个平差值 $\hat{L}_i$ 的权倒数可表示为

$$\frac{1}{p_{\hat{L}_i}} = e_i^{\mathrm{T}}Q_{\hat{L}\hat{L}}e_i = e_i^{\mathrm{T}}Qe_i - e_i^{\mathrm{T}}QA^{\mathrm{T}}N_{aa}^{-1}AQe_i \tag{4.2.17}$$

式中：e_i 是 n 维列向量，向量中除第 i 个元素为 1 外，其余元素均为 0。

对于平差值的函数

$$\hat{\varphi} = f(\hat{L}_1, \hat{L}_2, \cdots, \hat{L}_n)$$

首先，将其线性化为

$$\mathrm{d}\hat{\varphi} = f_1\mathrm{d}\hat{L}_1 + f_2\mathrm{d}\hat{L}_2 + \cdots + f_n\mathrm{d}\hat{L}_n$$

式中：

$$f_i = \left(\frac{\partial f}{\partial \hat{L}_i}\right)_{L_i} \quad (i = 1,2,\cdots,n)$$

若函数为线性形式，则 f_i 即为函数式中观测值平差值$\hat{L}_i$的系数。令

$$\boldsymbol{F} = [f_1 \quad f_2 \quad \cdots \quad f_n]^{\mathrm{T}}$$

于是

$$\begin{aligned}\boldsymbol{Q}_{\hat{\varphi}\hat{\varphi}} &= \boldsymbol{F}^{\mathrm{T}}\boldsymbol{Q}_{\hat{L}\hat{L}}\boldsymbol{F} = \boldsymbol{F}^{\mathrm{T}}\boldsymbol{QF} - \boldsymbol{F}^{\mathrm{T}}\boldsymbol{QA}^{\mathrm{T}}\boldsymbol{N}_{aa}^{-1}\boldsymbol{AQF} \\ &= \boldsymbol{F}^{\mathrm{T}}\boldsymbol{QF} - (\boldsymbol{AQF})^{\mathrm{T}}\boldsymbol{N}_{aa}^{-1}\boldsymbol{AQF}\end{aligned} \tag{4.2.18}$$

有了单位权中误差及平差值和平差值函数的权逆阵，即可按

$$\hat{\sigma}_{\hat{\varphi}} = \hat{\sigma}_0 \sqrt{\boldsymbol{Q}_{\hat{\varphi}\hat{\varphi}}} \tag{4.2.19}$$

计算平差值和平差值函数的中误差。

4.3 附有参数的条件平差原理

在平差计算时，为了某种需要，也可选定 u 个独立未知参数参与平差。当 $u<t$ 时，此时可采用附有未知参数的条件平差。如图 4.3.1 所示大地四边形，A、B 为已知点，观测了大地四边形的 6 个角度，得观测值 $L_i(i=1,\cdots,6)$。为确定 C、D 两点的坐标，必要观测数为 4，则产生 2 个多余观测，若用条件平差方法，应写出 $c=r=2$ 个条件方程。

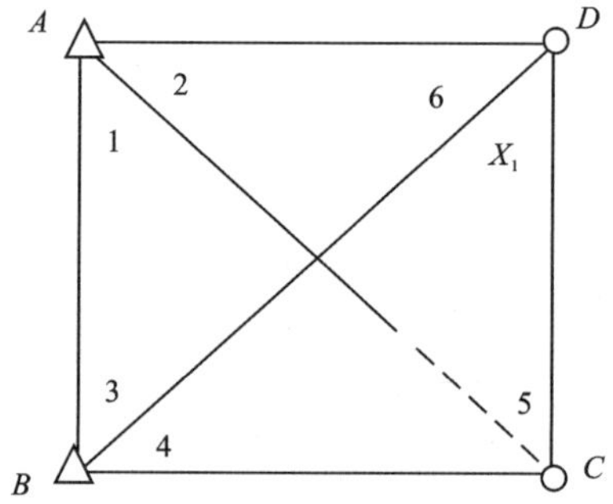

图 4.3.1 水准网平差

由图 4.3.1 可以看出，除图形条件 $\hat{\beta}_1+\hat{\beta}_2+\hat{\beta}_3+\hat{\beta}_6=180°$外，另一个条件方程不容易列出。若选取非观测量∠$BDC$ 作为参数X_1，此时条件方程数 $c=r+u=3$ 个，除了列出上述图形条件外，还可以比较容易地列出一个图形条件和一个极条件，即

$$\hat{\beta}_4 + \hat{\beta}_5 + \hat{X}_1 = 180°$$

$$\frac{\sin(\hat{\beta}_3 + \hat{\beta}_4)\sin\hat{\beta}_2\sin\hat{X}_1}{\sin\hat{\beta}_1\sin(\hat{\beta}_6 + \hat{X}_1)\sin\hat{\beta}_4} = 1$$

以这 3 个条件方程建立的平差模型，就是附有参数的条件平差函数模型。

4.3.1 附有参数的条件方程

由前面的分析可知，当选择了 $u(0<u<t)$个独立未知参数作为未知量一起参加平差，未知参数与观测量之间也存在着几何的、物理的或其他形式的函数关系，即每增加一个非观测量未知数，就相应增加一个条件方程式。设增加 u 个非观测量未知数，则增加 u 个条件，此时条件个数为 $c=r+u$。

附有参数的条件方程式设为

$$f_i(\hat{L}_1,\hat{L}_2,\cdots,\hat{L}_n;\hat{X}_1,\hat{X}_2,\cdots,\hat{X}_u) = 0 \quad (i = 1,2,\cdots,c) \tag{4.3.1}$$

式中：$\hat{L}_k,\hat{X}_j(k=1,2,\cdots,n;j=1,2,\cdots,u)$分别为观测值平差值和参数平差值，取 $\hat{L}_k = L_k +$

v_k，$\hat{X}_j=X_j^0+\hat{x}_j(k=1,2,\cdots,n;j=1,2,\cdots,u)$。线性化后，有

$$\left.\begin{aligned}a_1v_1+a_2v_2+\cdots+a_nv_n+b_{11}\hat{x}_1+b_{12}\hat{x}_2+\cdots+b_{1u}\hat{x}_u+w_1=0\\ b_1v_1+b_2v_2+\cdots+b_nv_n+b_{21}\hat{x}_1+b_{22}\hat{x}_2+\cdots+b_{2u}\hat{x}_u+w_2=0\\ \vdots\qquad\qquad\\ c_1v_1+c_2v_2+\cdots+c_nv_n+b_{c1}\hat{x}_1+b_{c2}\hat{x}_2+\cdots+b_{cu}\hat{x}_u+w_c=0\end{aligned}\right\}\tag{4.3.2}$$

式中：

$$\begin{cases}w_i=f_i(L_1,L_2,\cdots,L_n;X_1^0,X_2^0,\cdots,X_u^0)\qquad(i=1,2,\cdots,c)\\ a_k=\left(\dfrac{\partial f_1}{\partial \hat{L}_k}\right)_{\hat{L}=L},b_k=\left(\dfrac{\partial f_2}{\partial \hat{L}_k}\right)_{\hat{L}=L},c_k=\left(\dfrac{\partial f_c}{\partial \hat{L}_k}\right)_{\hat{L}=L}\qquad(k=1,2,\cdots,n)\\ b_{1j}=\left(\dfrac{\partial f_1}{\partial \hat{X}_j}\right)_{\hat{X}=X^0},b_{2j}=\left(\dfrac{\partial f_2}{\partial \hat{X}_j}\right)_{\hat{X}=X^0},\cdots,b_{cj}=\left(\dfrac{\partial f_c}{\partial \hat{X}_j}\right)_{\hat{X}=X^0}\qquad(j=1,2,\cdots,u)\end{cases}$$

设

$$\underset{c\times n}{\boldsymbol{A}}=\begin{bmatrix}a_1&a_2&\cdots&a_n\\ b_1&b_2&\cdots&b_n\\ \vdots&\vdots&&\vdots\\ c_1&c_2&\cdots&c_n\end{bmatrix},\underset{c\times u}{\boldsymbol{B}}=\begin{bmatrix}b_{11}&b_{12}&\cdots&b_{1u}\\ b_{21}&b_{22}&\cdots&b_{2u}\\ \vdots&\vdots&&\vdots\\ b_{c1}&b_{c2}&\cdots&b_{cu}\end{bmatrix}$$

$$\underset{u\times 1}{\boldsymbol{X}^0}=\begin{bmatrix}X_1^0\\ X_2^0\\ \vdots\\ X_u^0\end{bmatrix},\underset{c\times 1}{\boldsymbol{W}}=\begin{bmatrix}w_1\\ w_2\\ \vdots\\ w_c\end{bmatrix},\underset{u\times 1}{\hat{\boldsymbol{x}}}=\begin{bmatrix}\hat{x}_1\\ \hat{x}_2\\ \vdots\\ \hat{x}_u\end{bmatrix}$$

则式(4.3.2)可用矩阵表示为

$$\underset{c\times n}{\boldsymbol{A}}\underset{n\times 1}{\boldsymbol{V}}+\underset{c\times u}{\boldsymbol{B}}\underset{u\times 1}{\hat{\boldsymbol{x}}}+\underset{c\times 1}{\boldsymbol{W}}=\underset{c\times 1}{\boldsymbol{0}}\tag{4.3.3}$$

式中：$\boldsymbol{V}$ 为观测值 $\boldsymbol{L}$ 的改正数；$\hat{\boldsymbol{x}}$ 为近似值 $\boldsymbol{X}^0$ 的改正数，即 $\hat{\boldsymbol{L}}=\boldsymbol{L}+\boldsymbol{V}$，$\hat{\boldsymbol{X}}=\boldsymbol{X}^0+\hat{\boldsymbol{x}}$；$\boldsymbol{W}$ 为闭合差向量，即

$$\boldsymbol{W}=\boldsymbol{AL}+\boldsymbol{BX}^0+\boldsymbol{A}_0\tag{4.3.4}$$

式(4.3.2)、式(4.3.3)即为附有参数的条件平差法函数模型。该方法的随机模型为

$$\underset{n\times n}{\boldsymbol{D}}=\sigma_0^2\underset{n\times n}{\boldsymbol{Q}}=\sigma_0^2\underset{n\times n}{\boldsymbol{P}}^{-1}\tag{4.3.5}$$

式(4.3.3)中，待求量为 n 个改正数和 u 个参数，方程个数 $c=r+u=n-t+u$，因 $0<u<t$，故 $c<n$。系数阵的秩分别为

$$R(\boldsymbol{A})=c,\quad R(\boldsymbol{B})=u$$

即 $\boldsymbol{A}$ 为行满秩阵，$\boldsymbol{B}$ 为列满秩阵。由于方程个数少于未知数个数，且系数阵的秩等于其增广矩阵的秩，即 $R(\boldsymbol{AB})=R(\boldsymbol{AB}\vdots\boldsymbol{W})=c$，故式(4.3.3)是一组具有无穷多组解的相容方程组。按最小二乘原理，应在无穷多组解中求出能使 $\boldsymbol{V}^{\mathrm{T}}\boldsymbol{PV}=\min$ 的一组解。

4.3.2 建立法方程

构建式(4.3.3)所示的附有未知参数的条件方程式，将此式视为约束条件，依据最小二乘原理，可构建函数

$$\boldsymbol{\Phi}=\boldsymbol{V}^{\mathrm{T}}\boldsymbol{P}\boldsymbol{V}-2\boldsymbol{K}^{\mathrm{T}}(\boldsymbol{A}\boldsymbol{V}+\boldsymbol{B}\hat{\boldsymbol{x}}+\boldsymbol{W}) \tag{4.3.6}$$

式中：$\boldsymbol{K}$ 为联系数向量；$\boldsymbol{P}$ 为观测值权阵；观测值改正数 $\boldsymbol{V}$ 及未知参数改正数 $\hat{\boldsymbol{x}}$ 均为自变量。

为使 Φ 最小，分别对 $\boldsymbol{V}$ 和 $\hat{\boldsymbol{x}}$ 求一阶导数，并令其为零，可得

$$\begin{cases}\dfrac{\partial\Phi}{\partial\boldsymbol{V}}=2\boldsymbol{V}^{\mathrm{T}}\boldsymbol{P}-2\boldsymbol{K}^{\mathrm{T}}\boldsymbol{A}=\boldsymbol{0}\\[2ex]\dfrac{\partial\Phi}{\partial\hat{\boldsymbol{x}}}=-2\boldsymbol{K}^{\mathrm{T}}\boldsymbol{B}=\boldsymbol{0}\end{cases}$$

经转置和整理后可得

$$\begin{cases}\boldsymbol{V}=\boldsymbol{P}^{-1}\boldsymbol{A}^{\mathrm{T}}\boldsymbol{K}\\\boldsymbol{B}^{\mathrm{T}}\boldsymbol{K}=\boldsymbol{0}\end{cases} \tag{4.3.7}$$

将式(4.3.7)与原条件方程式(4.3.3)联立，可得

$$\begin{cases}\boldsymbol{V}-\boldsymbol{P}^{-1}\boldsymbol{A}^{\mathrm{T}}\boldsymbol{K}=\boldsymbol{0}\\\boldsymbol{A}\boldsymbol{V}+\boldsymbol{B}\hat{\boldsymbol{x}}+\boldsymbol{W}=\boldsymbol{0}\\\boldsymbol{B}^{\mathrm{T}}\boldsymbol{K}=\boldsymbol{0}\end{cases} \tag{4.3.8}$$

式(4.3.8)称为附有未知参数条件平差的基础方程。

将(4.3.8)的第一式代入第二式，可消去改正数向量 $\boldsymbol{V}$，得

$$\begin{cases}\boldsymbol{A}\boldsymbol{P}^{-1}\boldsymbol{A}^{\mathrm{T}}\boldsymbol{K}+\boldsymbol{B}\hat{\boldsymbol{x}}+\boldsymbol{W}=\boldsymbol{0}\\\boldsymbol{B}^{\mathrm{T}}\boldsymbol{K}=\boldsymbol{0}\end{cases} \tag{4.3.9}$$

用矩阵表示，式(4.3.9)可改写为

$$\begin{bmatrix}\boldsymbol{N}_{aa} & \boldsymbol{B}\\\boldsymbol{B}^{\mathrm{T}} & \boldsymbol{0}\end{bmatrix}\begin{bmatrix}\boldsymbol{K}\\\hat{\boldsymbol{x}}\end{bmatrix}+\begin{bmatrix}\boldsymbol{W}\\\boldsymbol{0}\end{bmatrix}=\boldsymbol{0} \tag{4.3.10}$$

其中 $\underset{r\times r}{\boldsymbol{N}_{aa}}=\underset{r\times n}{\boldsymbol{A}}\,\underset{n\times n}{\boldsymbol{P}^{-1}}\,\underset{n\times r}{\boldsymbol{A}^{\mathrm{T}}}$。令

$$\begin{bmatrix}\boldsymbol{Q}_{11} & \boldsymbol{Q}_{12}\\\boldsymbol{Q}_{21} & \boldsymbol{Q}_{22}\end{bmatrix}=\begin{bmatrix}\boldsymbol{N}_{aa} & \boldsymbol{B}\\\boldsymbol{B}^{\mathrm{T}} & \boldsymbol{0}\end{bmatrix}^{-1} \tag{4.3.11}$$

于是有

$$\begin{bmatrix}\boldsymbol{K}\\\hat{\boldsymbol{x}}\end{bmatrix}=-\begin{bmatrix}\boldsymbol{N}_{aa} & \boldsymbol{B}\\\boldsymbol{B}^{\mathrm{T}} & \boldsymbol{0}\end{bmatrix}^{-1}\begin{bmatrix}\boldsymbol{W}\\\boldsymbol{0}\end{bmatrix}=-\begin{bmatrix}\boldsymbol{Q}_{11} & \boldsymbol{Q}_{12}\\\boldsymbol{Q}_{21} & \boldsymbol{Q}_{22}\end{bmatrix}\begin{bmatrix}\boldsymbol{W}\\\boldsymbol{0}\end{bmatrix} \tag{4.3.12}$$

故

$$\begin{aligned}\boldsymbol{K}&=-\boldsymbol{Q}_{11}\boldsymbol{W}\\\hat{\boldsymbol{x}}&=-\boldsymbol{Q}_{21}\boldsymbol{W}\end{aligned} \tag{4.3.13}$$

由于

$$\begin{bmatrix}\boldsymbol{N}_{aa} & \boldsymbol{B}\\\boldsymbol{B}^{\mathrm{T}} & \boldsymbol{0}\end{bmatrix}\begin{bmatrix}\boldsymbol{Q}_{11} & \boldsymbol{Q}_{12}\\\boldsymbol{Q}_{21} & \boldsymbol{Q}_{22}\end{bmatrix}=\begin{bmatrix}\boldsymbol{I}_1 & \boldsymbol{0}\\\boldsymbol{0} & \boldsymbol{I}_2\end{bmatrix}$$

进一步展开，可得

$$\begin{aligned}\boldsymbol{N}_{aa}\boldsymbol{Q}_{11}+\boldsymbol{B}\boldsymbol{Q}_{21}&=\boldsymbol{I}_1\\\boldsymbol{N}_{aa}\boldsymbol{Q}_{12}+\boldsymbol{B}\boldsymbol{Q}_{22}&=\boldsymbol{0}\\\boldsymbol{B}^{\mathrm{T}}\boldsymbol{Q}_{11}&=\boldsymbol{0}\\\boldsymbol{B}^{\mathrm{T}}\boldsymbol{Q}_{12}&=\boldsymbol{I}_2\end{aligned} \tag{4.3.14}$$

进一步整理，并令 $\boldsymbol{N}_{bb}=\boldsymbol{B}^{\mathrm{T}}\boldsymbol{N}_{aa}^{-1}\boldsymbol{B}$，有

$$\begin{aligned}\boldsymbol{Q}_{11}&=\boldsymbol{N}_{aa}^{-1}-\boldsymbol{N}_{aa}^{-1}\boldsymbol{B}\boldsymbol{N}_{bb}^{-1}\boldsymbol{B}^{\mathrm{T}}\boldsymbol{N}_{aa}^{-1}\\\boldsymbol{Q}_{12}&=\boldsymbol{Q}_{21}^{\mathrm{T}}=\boldsymbol{N}_{aa}^{-1}\boldsymbol{B}\boldsymbol{N}_{bb}^{-1}\\\boldsymbol{Q}_{22}&=-\boldsymbol{N}_{bb}^{-1}\end{aligned}\tag{4.3.15}$$

对式(4.3.9)也可以采用另一种方式进行解算。由式(4.3.9)的第一式，有

$$\boldsymbol{K}=-\boldsymbol{N}_{aa}^{-1}(\boldsymbol{B}\hat{\boldsymbol{x}}+\boldsymbol{W})\tag{4.3.16}$$

将此式代入式(4.3.9)的第二式，可得

$$\boldsymbol{B}^{\mathrm{T}}\boldsymbol{N}_{aa}^{-1}\boldsymbol{B}\hat{\boldsymbol{x}}+\boldsymbol{B}^{\mathrm{T}}\boldsymbol{N}_{aa}^{-1}\boldsymbol{W}=\boldsymbol{N}_{bb}\hat{x}+\boldsymbol{B}^{\mathrm{T}}\boldsymbol{N}_{aa}^{-1}\boldsymbol{W}=\boldsymbol{0}$$

由于 N_{bb} 非奇异，故有

$$\hat{\boldsymbol{x}}=-\boldsymbol{N}_{bb}^{-1}\boldsymbol{B}^{\mathrm{T}}\boldsymbol{N}_{aa}^{-1}\boldsymbol{W}\tag{4.3.17}$$

显然，两种解法结果一致。

实际平差计算时，可以对式(4.3.10)直接求逆解算 $\hat{\boldsymbol{x}}$ 和 $\boldsymbol{K}$；也可先由式(4.3.17)解算出 $\hat{\boldsymbol{x}}$，将 $\hat{\boldsymbol{x}}$ 代入式(4.3.16)计算出 $\boldsymbol{K}$，再将 $\boldsymbol{K}$ 代入式(4.3.8)的第一式即可求解出 $\boldsymbol{V}$ 向量，即

$$\boldsymbol{V}=\boldsymbol{Q}\boldsymbol{A}^{\mathrm{T}}\boldsymbol{N}_{aa}^{-1}(\boldsymbol{B}\boldsymbol{N}_{bb}^{-1}\boldsymbol{B}^{\mathrm{T}}\boldsymbol{N}_{aa}^{-1}-\boldsymbol{I})\boldsymbol{W}\tag{4.3.18}$$

4.3.3　附有参数的条件平差的计算步骤及示例

应用附有参数的条件平差求观测值平差值和参数平差值的计算步骤可归结如下：

(1)根据平差问题的性质及观测量的个数，选定 u 个独立量为未知参数($0<u<t$)，列出附有参数的条件平差方程式(4.3.3)。条件方程的个数等于多余观测数与未知参数个数之和，即 $c=r+u$。

(2)根据条件方程的系数阵 $\boldsymbol{A}$、$\boldsymbol{B}$、闭合差 $\boldsymbol{W}$ 以及观测值的协因数阵 $\boldsymbol{Q}$，组成法方程式(4.3.10)，法方程的个数为 $c+u$ 个。

(3)解算法方程。可先由式(4.3.17)解算出 $\hat{\boldsymbol{x}}$，将 $\hat{\boldsymbol{x}}$ 代入式(4.3.16)解算出 $\boldsymbol{K}$，再将 $\boldsymbol{K}$ 代入式(4.3.18)即可求解出 $\boldsymbol{V}$。

(4)计算观测值平差值 $\hat{\boldsymbol{L}}=\boldsymbol{L}+\boldsymbol{V}$ 和参数平差值 $\hat{\boldsymbol{X}}=\boldsymbol{X}^0+\hat{\boldsymbol{x}}$。

(5)为检验平差计算的正确性，可用平差值 $\hat{\boldsymbol{L}}$ 和 $\hat{\boldsymbol{X}}$ 重新列出平差值条件方程，看其是否满足方程。

【例 4.3.1】　如图 4.3.2 所示，在测站 O 观测了 4 个角，各角度观测值独立、等权，求各观测值最或然值。

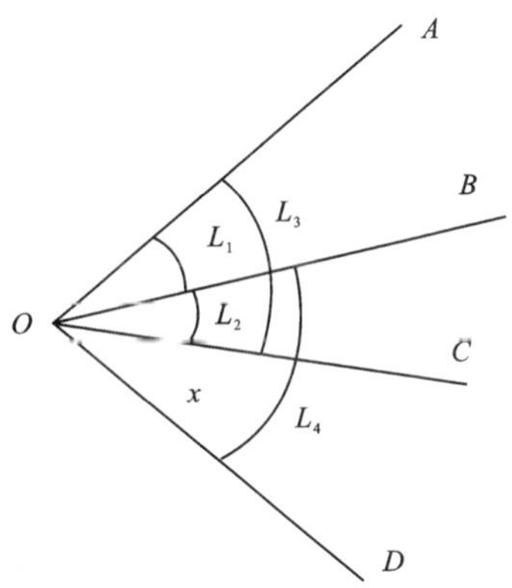

图 4.3.2　单测站角度观测

解：此图形多余观测个数 $r=n-t=4-3=1$，故只有一个条件方程

$$\hat{L}_1+\hat{L}_2-\hat{L}_3=0$$

若设 $\angle COD$ 为未知参数，即设 $\angle COD=\hat{X}$，则增加一个条件，此时条件方程可写为

$$\begin{cases}\hat{L}_1+\hat{L}_2-\hat{L}_3=0\\-\hat{L}_2+\hat{L}_4-\hat{X}=0\end{cases}$$

取参数近似值为 X^0，$\hat{X}=X^0+\hat{x}$，于是有

$$\begin{cases} v_1+v_2-v_3+w_1=0 \\ -v_2+v_4-\hat{x}+w_2=0 \end{cases}$$

其中 $w_1=L_1+L_2-L_3$，$w_2=L_4-L_2-X^0$。

用矩阵表示附有参数的条件方程为

$$\begin{bmatrix} 1 & 1 & -1 & 0 \\ 0 & -1 & 0 & 1 \end{bmatrix}\begin{bmatrix} v_1 \\ v_2 \\ v_3 \\ v_4 \end{bmatrix}+\begin{bmatrix} 0 \\ -1 \end{bmatrix}\hat{x}+\begin{bmatrix} w_1 \\ w_2 \end{bmatrix}=0$$

法方程为

$$\begin{bmatrix} 3 & -1 & 0 \\ -1 & 2 & -1 \\ 0 & -1 & 0 \end{bmatrix}\begin{bmatrix} k_1 \\ k_2 \\ \hat{x} \end{bmatrix}+\begin{bmatrix} w_1 \\ w_2 \\ 0 \end{bmatrix}=0$$

对法方程系数矩阵直接求逆，可解得联系数向量 $\boldsymbol{K}$ 和未知参数改正数 $\hat{\boldsymbol{x}}$，即

$$\begin{bmatrix} k_1 \\ k_2 \\ \hat{x} \end{bmatrix}=\begin{bmatrix} 3 & -1 & 0 \\ -1 & 2 & -1 \\ 0 & -1 & 0 \end{bmatrix}^{-1}\begin{bmatrix} w_1 \\ w_2 \\ 0 \end{bmatrix}=\frac{1}{3}\begin{bmatrix} 1 & 0 & -1 \\ 0 & 0 & -3 \\ -1 & -3 & -5 \end{bmatrix}\begin{bmatrix} w_1 \\ w_2 \\ 0 \end{bmatrix}=\frac{1}{3}\begin{bmatrix} w_1 \\ 0 \\ -w_1-3w_2 \end{bmatrix}$$

$$\boldsymbol{V}=\boldsymbol{P}^{-1}\boldsymbol{A}^{\mathrm{T}}\boldsymbol{K}=\frac{1}{3}\begin{bmatrix} 1 & 0 \\ 1 & -1 \\ -1 & 0 \\ 0 & 1 \end{bmatrix}\begin{bmatrix} w_1 \\ 0 \end{bmatrix}=\frac{1}{3}\begin{bmatrix} w_1 \\ w_1 \\ -w_1 \\ 0 \end{bmatrix}$$

于是利用 $\hat{\boldsymbol{L}}=\boldsymbol{L}+\boldsymbol{V}$，即可计算各观测值的最或然值。

4.4 附有参数的条件平差精度评定

4.4.1 单位权中误差及 $\boldsymbol{V}^{\mathrm{T}}\boldsymbol{P}\boldsymbol{V}$ 的计算

1. 单位权中误差

附有参数的条件平差单位权方差估值公式与条件平差类同，均为残差平方和除以平差问题的自由度(多余观测数)，即

$$\hat{\sigma}_0^2=\frac{\boldsymbol{V}^{\mathrm{T}}\boldsymbol{P}\boldsymbol{V}}{r} \tag{4.4.1}$$

它与平差时是否选取参数 $\hat{\boldsymbol{X}}$ 无关。

2. $\boldsymbol{V}^{\mathrm{T}}\boldsymbol{P}\boldsymbol{V}$ 的计算

$\boldsymbol{V}^{\mathrm{T}}\boldsymbol{P}\boldsymbol{V}$ 除了可在求出 $\boldsymbol{V}$ 后直接计算外，还可用以下公式计算：

$$\begin{aligned} \boldsymbol{V}^{\mathrm{T}}\boldsymbol{P}\boldsymbol{V} &= \boldsymbol{V}^{\mathrm{T}}(\boldsymbol{A}^{\mathrm{T}}\boldsymbol{K})=(\boldsymbol{A}\boldsymbol{V})^{\mathrm{T}}\boldsymbol{K} \\ &=-(\boldsymbol{B}\hat{\boldsymbol{x}}+\boldsymbol{W})^{\mathrm{T}}\boldsymbol{K} \end{aligned}$$

$$
\begin{aligned}
&=-(\hat{\boldsymbol{x}}^{\mathrm{T}}\boldsymbol{B}^{\mathrm{T}}\boldsymbol{K}+\boldsymbol{W}^{\mathrm{T}}\boldsymbol{K})\\
&=-\boldsymbol{W}^{\mathrm{T}}\boldsymbol{K}
\end{aligned}
\tag{4.4.2}
$$

由式(4.3.16),进一步有

$$
\begin{aligned}
\boldsymbol{V}^{\mathrm{T}}\boldsymbol{P}\boldsymbol{V}&=-\boldsymbol{W}^{\mathrm{T}}[-\boldsymbol{N}_{aa}^{-1}(\boldsymbol{B}\hat{\boldsymbol{x}}+\boldsymbol{W})]\\
&=\boldsymbol{W}^{\mathrm{T}}\boldsymbol{N}_{aa}^{-1}\boldsymbol{W}+\boldsymbol{W}^{\mathrm{T}}\boldsymbol{N}_{aa}^{-1}\boldsymbol{B}\hat{\boldsymbol{x}}\\
&=\boldsymbol{W}^{\mathrm{T}}\boldsymbol{N}_{aa}^{-1}\boldsymbol{W}+(\boldsymbol{B}^{\mathrm{T}}\boldsymbol{N}_{aa}^{-1}\boldsymbol{W})^{\mathrm{T}}\hat{\boldsymbol{x}}\\
&=\boldsymbol{W}^{\mathrm{T}}\boldsymbol{N}_{aa}^{-1}\boldsymbol{W}+(-\boldsymbol{N}_{bb}\hat{\boldsymbol{x}})^{\mathrm{T}}\hat{\boldsymbol{x}}\\
&=\boldsymbol{W}^{\mathrm{T}}\boldsymbol{N}_{aa}^{-1}\boldsymbol{W}-\hat{\boldsymbol{x}}^{\mathrm{T}}\boldsymbol{N}_{bb}\hat{\boldsymbol{x}}
\end{aligned}
\tag{4.4.3}
$$

式(4.4.2)及式(4.4.3)可作为检核用。

4.4.2 协因数阵的计算

在附有参数的条件平差中,基本向量为 $\boldsymbol{L}$、$\boldsymbol{W}$、$\hat{\boldsymbol{X}}$、$\boldsymbol{K}$、$\boldsymbol{V}$ 和 $\hat{\boldsymbol{L}}$,利用协因数传播律由已知的 $\boldsymbol{Q}_{LL}=\boldsymbol{Q}$ 可推求各向量的自协因数阵以及各向量间的互协因数阵。

关于闭合差 W 的计算表达式,当条件方程式为线性时,由式(4.3.4)知

$$
\boldsymbol{W}=\boldsymbol{A}\boldsymbol{L}+\boldsymbol{B}\boldsymbol{X}^{0}+\boldsymbol{A}_{0}=\boldsymbol{A}\boldsymbol{L}+\boldsymbol{W}^{0}\tag{4.4.4}
$$

如为非线性模型,则

$$
\boldsymbol{W}=\boldsymbol{F}(\boldsymbol{L},\boldsymbol{X}^{0})
$$

为了计算其协因数,可对上式全微分,即可导出 $\boldsymbol{W}$ 与 $\boldsymbol{L}$ 的误差关系式

$$
\mathrm{d}\boldsymbol{W}=\boldsymbol{A}\mathrm{d}\boldsymbol{L}\tag{4.4.5}
$$

因此,对协因数阵计算而言,式(4.4.4)与式(4.4.5)两式等价。下面以线性模型的表达式为例进行推导。

附有参数的条件平差中各基本向量的表达式为

$$
\begin{aligned}
&\boldsymbol{L}=\boldsymbol{L}\\
&\boldsymbol{W}=\boldsymbol{A}\boldsymbol{L}+\boldsymbol{W}^{0}\\
&\hat{\boldsymbol{X}}=\boldsymbol{X}^{0}+\hat{\boldsymbol{x}}=\boldsymbol{X}^{0}-\boldsymbol{N}_{bb}^{-1}\boldsymbol{B}^{\mathrm{T}}\boldsymbol{N}_{aa}^{-1}\boldsymbol{W}\\
&\boldsymbol{K}=-\boldsymbol{N}_{aa}^{-1}\boldsymbol{W}-\boldsymbol{N}_{aa}^{-1}\boldsymbol{B}\hat{\boldsymbol{x}}\\
&\boldsymbol{V}=\boldsymbol{Q}\boldsymbol{A}^{\mathrm{T}}\boldsymbol{K}\\
&\hat{\boldsymbol{L}}=\boldsymbol{L}+\boldsymbol{V}
\end{aligned}
$$

先求以上前 3 个向量的自协因数阵和互协因数阵的计算公式。按协因数传播律得

$$
\begin{aligned}
\boldsymbol{Q}_{LL}&=\boldsymbol{Q}\\
\boldsymbol{Q}_{WW}&=\boldsymbol{A}\boldsymbol{Q}\boldsymbol{A}^{\mathrm{T}}=\boldsymbol{N}_{aa}\\
\boldsymbol{Q}_{\hat{X}\hat{X}}&=\boldsymbol{N}_{bb}^{-1}\boldsymbol{B}^{\mathrm{T}}\boldsymbol{N}_{aa}^{-1}\boldsymbol{Q}_{WW}\boldsymbol{N}_{aa}^{-1}\boldsymbol{B}\boldsymbol{N}_{bb}^{-1}=\boldsymbol{N}_{bb}^{-1}\boldsymbol{B}^{\mathrm{T}}\boldsymbol{N}_{aa}^{-1}\boldsymbol{N}_{aa}\boldsymbol{N}_{aa}^{-1}\boldsymbol{B}\boldsymbol{N}_{bb}^{-1}\\
&=\boldsymbol{N}_{bb}^{-1}\boldsymbol{B}^{\mathrm{T}}\boldsymbol{N}_{aa}^{-1}\boldsymbol{B}\boldsymbol{N}_{bb}^{-1}=\boldsymbol{N}_{bb}^{-1}\boldsymbol{N}_{bb}\boldsymbol{N}_{bb}^{-1}=\boldsymbol{N}_{bb}^{-1}\\
\boldsymbol{Q}_{WL}&=\boldsymbol{A}\boldsymbol{Q}\\
\boldsymbol{Q}_{\hat{X}L}&=-\boldsymbol{N}_{bb}^{-1}\boldsymbol{B}^{\mathrm{T}}\boldsymbol{N}_{aa}^{-1}\boldsymbol{Q}_{WL}=-\boldsymbol{N}_{bb}^{-1}\boldsymbol{B}^{\mathrm{T}}\boldsymbol{N}_{aa}^{-1}\boldsymbol{A}\boldsymbol{Q}=-\boldsymbol{Q}_{\hat{X}\hat{X}}\boldsymbol{B}^{\mathrm{T}}\boldsymbol{N}_{aa}^{-1}\boldsymbol{A}\boldsymbol{Q}\\
\boldsymbol{Q}_{\hat{X}W}&=-\boldsymbol{N}_{bb}^{-1}\boldsymbol{B}^{\mathrm{T}}\boldsymbol{N}_{aa}^{-1}\boldsymbol{Q}_{WW}=-\boldsymbol{N}_{bb}^{-1}\boldsymbol{B}^{\mathrm{T}}\boldsymbol{N}_{aa}^{-1}\boldsymbol{N}_{aa}=-\boldsymbol{N}_{bb}^{-1}\boldsymbol{B}=-\boldsymbol{Q}_{\hat{X}\hat{X}}\boldsymbol{B}^{\mathrm{T}}
\end{aligned}
$$

以下为推导其他向量的有关协因数阵：

$$Q_{KK}=N_{aa}^{-1}Q_{WW}N_{aa}^{-1}+N_{aa}^{-1}BQ_{\hat{X}W}N_{aa}^{-1}+N_{aa}^{-1}Q_{W\hat{X}}B^{\mathrm{T}}N_{aa}^{-1}+N_{aa}^{-1}BQ_{\hat{X}\hat{X}}B^{\mathrm{T}}N_{aa}^{-1}$$

$$=N_{aa}^{-1}-N_{aa}^{-1}BN_{bb}^{-1}B^{\mathrm{T}}N_{aa}^{-1}-N_{aa}^{-1}BN_{bb}^{-1}B^{\mathrm{T}}N_{aa}^{-1}+N_{aa}^{-1}BN_{bb}^{-1}B^{\mathrm{T}}N_{aa}^{-1}$$

$$=N_{aa}^{-1}-N_{aa}^{-1}BN_{bb}^{-1}B^{\mathrm{T}}N_{aa}^{-1}=N_{aa}^{-1}-N_{aa}^{-1}BQ_{\hat{X}\hat{X}}B^{\mathrm{T}}N_{aa}^{-1}$$

$$Q_{KL}=-N_{aa}^{-1}Q_{WL}-N_{aa}^{-1}BQ_{\hat{X}L}=-N_{aa}^{-1}AQ+N_{aa}^{-1}BN_{bb}^{-1}B^{\mathrm{T}}N_{aa}^{-1}AQ$$

$$=-(N_{aa}^{-1}-N_{aa}^{-1}BN_{bb}^{-1}B^{\mathrm{T}}N_{aa}^{-1})AQ=-Q_{KK}AQ$$

$$Q_{KW}=-N_{aa}^{-1}Q_{WW}-N_{aa}^{-1}BQ_{\hat{X}W}=-N_{aa}^{-1}N_{aa}+N_{aa}^{-1}BN_{bb}^{-1}B^{\mathrm{T}}N_{aa}^{-1}N_{aa}=-Q_{KK}N_{aa}$$

$$Q_{K\hat{X}}=-N_{aa}^{-1}Q_{W\hat{X}}-N_{aa}^{-1}BQ_{\hat{X}\hat{X}}=N_{aa}^{-1}BN_{aa}^{-1}-N_{aa}^{-1}BN_{bb}^{-1}=0$$

$$Q_{VV}=QA^{\mathrm{T}}Q_{KK}AQ$$

$$Q_{VL}=QA^{\mathrm{T}}Q_{KL}=-QA^{\mathrm{T}}Q_{KK}AQ=-Q_{VV}$$

$$Q_{VW}=QA^{\mathrm{T}}Q_{KW}=-QA^{\mathrm{T}}Q_{KK}N_{aa}$$

$$Q_{V\hat{X}}=QA^{\mathrm{T}}Q_{K\hat{X}}=0$$

$$Q_{VK}=QA^{\mathrm{T}}Q_{KK}$$

$$Q_{\hat{L}\hat{L}}=Q+Q_{LV}+Q_{VL}+Q_{VV}=Q-Q_{VV}-Q_{VV}+Q_{VV}=Q-Q_{VV}$$

$$Q_{\hat{L}L}=Q+Q_{VL}=Q-Q_{VV}$$

$$Q_{\hat{L}W}=Q_{LW}+Q_{VW}=QA^{\mathrm{T}}-QA^{\mathrm{T}}Q_{KK}N_{aa}=QA^{\mathrm{T}}N_{aa}^{-1}BQ_{\hat{X}\hat{X}}B^{\mathrm{T}}$$

$$Q_{\hat{L}K}=Q_{LK}+Q_{VK}=-QA^{\mathrm{T}}Q_{KK}+QA^{\mathrm{T}}Q_{KK}=0$$

$$Q_{\hat{L}\hat{X}}=Q_{\hat{L}\hat{X}}+Q_{V\hat{X}}=-QA^{\mathrm{T}}N_{aa}^{-1}BN_{bb}^{-1}$$

$$Q_{\hat{L}V}=Q_{LV}+Q_{VV}=0$$

现将以上推出的协因数阵的计算列于表 4.4.1，以供查阅。

表 4.4.1　基本向量的协因数阵

	L	W	$\hat{X}$	K	V	$\hat{L}$
L	Q	QA^{T}	$-QA^{\mathrm{T}}N_{aa}^{-1}BQ_{\hat{X}\hat{X}}$	$-QA^{\mathrm{T}}Q_{KK}$	$-Q_{VV}$	$Q-Q_{VV}$
W	AQ	N_{aa}	$-BQ_{\hat{X}\hat{X}}$	$-N_{aa}Q_{KK}$	$-N_{aa}Q_{KK}AQ$	$BQQ_{\hat{X}\hat{X}}B^{\mathrm{T}}N_{aa}^{-1}AQ$
$\hat{X}$	$-Q_{\hat{X}\hat{X}}B^{\mathrm{T}}N_{aa}^{-1}AQ$	$-Q_{\hat{X}\hat{X}}B^{\mathrm{T}}$	N_{bb}^{-1}	0	0	$-N_{bb}^{-1}B^{\mathrm{T}}N_{aa}^{-1}AQ$
K	$-Q_{KK}AQ$	$-Q_{KK}N_{aa}$	0	$N_{aa}^{-1}-N_{aa}^{-1}BQ_{\hat{X}\hat{X}}B^{\mathrm{T}}N_{aa}^{-1}$	$Q_{KK}AQ$	0
V	$-Q_{VV}$	$-QA^{\mathrm{T}}Q_{KK}N_{aa}$	0	$QA^{\mathrm{T}}Q_{KK}$	$QA^{\mathrm{T}}Q_{KK}AQ$	0
$\hat{L}$	$Q-Q_{VV}$	$QA^{\mathrm{T}}N_{aa}^{-1}BQ_{\hat{X}\hat{X}}B^{\mathrm{T}}$	$-QA^{\mathrm{T}}N_{aa}^{-1}BN_{bb}^{-1}$	0	0	$Q-Q_{VV}$

注：$N_{aa}=AQA^{\mathrm{T}}$，$N_{bb}=B^{\mathrm{T}}N_{aa}^{-1}B$。

4.4.3　平差值函数的权逆阵

设有平差值函数为

$$Z=F^{\mathrm{T}}\hat{L}+F_{X}^{\mathrm{T}}\hat{X}=\begin{bmatrix}F^{\mathrm{T}} & F_{X}^{\mathrm{T}}\end{bmatrix}\begin{bmatrix}\hat{L}\\ \hat{X}\end{bmatrix}$$

则

$$Q_{ZZ}=\begin{bmatrix}F^{\mathrm T} & F_X^{\mathrm T}\end{bmatrix}\begin{bmatrix}Q_{\hat L\hat L} & Q_{\hat L\hat X}\\ Q_{\hat X\hat L} & Q_{\hat X\hat X}\end{bmatrix}\begin{bmatrix}F\\ F_X\end{bmatrix}\tag{4.4.6}$$

将表 4.4.1 中所列示的 $Q_{\hat L\hat L}$、$Q_{\hat L X}$、$Q_{\hat X\hat X}$ 代入上式，即可求解出 Q_{ZZ}。

顾及式(4.3.15)，有

$$Q_{KK}=N_{aa}^{-1}-N_{aa}^{-1}BN_{bb}^{-1}B^{\mathrm T}N_{aa}^{-1}=Q_{11}$$

$$Q_{VV}=QA^{\mathrm T}Q_{KK}AQ=QA^{\mathrm T}Q_{11}AQ$$

$$Q_{\hat L\hat X}=-QA^{\mathrm T}N_{aa}^{-1}BN_{bb}^{-1}=-QA^{\mathrm T}Q_{12}$$

$$Q_{\hat X\hat L}=Q_{\hat L\hat X}^{\mathrm T}=-Q_{21}AQ$$

$$Q_{\hat X\hat X}=-N_{bb}^{-1}=Q_{22}$$

式(4.4.6)还可作如下变化：

$$\begin{aligned}Q_{ZZ}&=F^{\mathrm T}Q_{\hat L\hat L}F+F_X^{\mathrm T}Q_{\hat X\hat L}F+F^{\mathrm T}Q_{\hat L\hat X}F_X+F_X^{\mathrm T}Q_{\hat X\hat X}F_X\\&=F^{\mathrm T}(Q-Q_{VV})F-F_X^{\mathrm T}Q_{21}AQF-F^{\mathrm T}QA^{\mathrm T}Q_{12}F_X-F_X^{\mathrm T}Q_{22}F_X\\&=F^{\mathrm T}QF-F^{\mathrm T}QA^{\mathrm T}Q_{11}AQF-F_X^{\mathrm T}Q_{21}AQF-F^{\mathrm T}QA^{\mathrm T}Q_{12}F_X-F_X^{\mathrm T}Q_{22}F_X\end{aligned}$$

设

$$F_U=AQF$$

则

$$F_U^{\mathrm T}=F^{\mathrm T}QA^{\mathrm T}$$

代入前式，可得

$$\begin{aligned}Q_{ZZ}&=F^{\mathrm T}QF-F_U^{\mathrm T}Q_{11}F_U-F_X^{\mathrm T}Q_{21}F_U-F_U^{\mathrm T}Q_{12}F_X-F_X^{\mathrm T}Q_{22}F_X\\&=F^{\mathrm T}QF-\begin{bmatrix}F_U^{\mathrm T} & F_X^{\mathrm T}\end{bmatrix}\begin{bmatrix}Q_{11} & Q_{12}\\ Q_{21} & Q_{22}\end{bmatrix}\begin{bmatrix}F_U\\ F_X\end{bmatrix}\end{aligned}\tag{4.4.7}$$

根据平差值函数 Z 的权逆阵，即可计算其中误差为

$$\hat\sigma_Z=\hat\sigma_0\sqrt{Q_{ZZ}}\tag{4.4.8}$$

4.5　应用实例

4.5.1　水准网

【例 4.5.1】　如图 4.5.1 所示的水准网，A 为已知点，高程为 $H_A=10.000\mathrm{m}$，独立观测所得到的各线路高差及路线长度如表 4.5.1 所示。

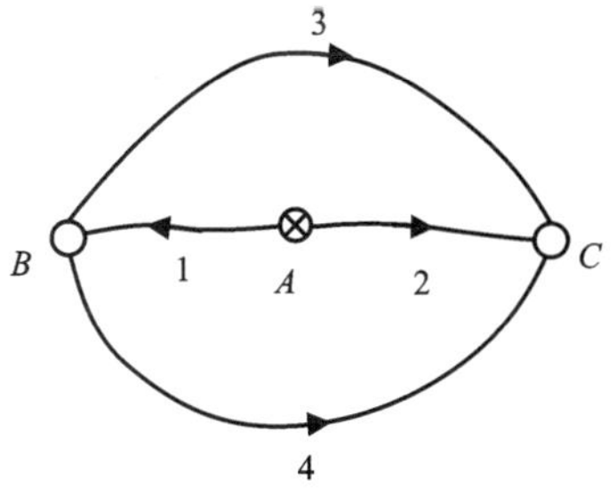

图 4.5.1　水准网

表 4.5.1　水准网高差与距离观测数据

线路	h/m	S/km
1	2.563	1
2	−1.326	1
3	−3.885	2
4	−3.883	2

现分别利用条件平差法及附有参数的条件平差法，求解未知点 B、C 的最或然值并进行精度评定。

解法 1：条件平差法。

（1）定权：取 1km 为单位权，于是各段观测高差的权为 $p_i=\dfrac{1}{S_i}$，可得权阵为

$$\boldsymbol{P}=\mathrm{diag}\begin{pmatrix}1 & 1 & \dfrac{1}{2} & \dfrac{1}{2}\end{pmatrix}$$

（2）列立条件方程：因为条件数 $n-t=4-2=2$，则共有 2 个条件方程，取条件方程为

$$\hat{h}_1-\hat{h}_2+\hat{h}_4=0$$
$$\hat{h}_1-\hat{h}_2+\hat{h}_3=0$$

将观测值和已知点的高程值代入上述方程，可得改正数条件方程为

$$\begin{bmatrix}1 & -1 & 0 & 1\\1 & -1 & 1 & 0\end{bmatrix}\begin{bmatrix}v_1\\v_2\\v_3\\v_4\end{bmatrix}+\begin{bmatrix}6\\4\end{bmatrix}=\begin{bmatrix}0\\0\end{bmatrix}$$

式中：闭合差以 mm 为单位。

（3）列立联系数法方程：

$$\boldsymbol{N}_{aa}=\begin{bmatrix}1 & -1 & 0 & 1\\1 & -1 & 1 & 0\end{bmatrix}\begin{bmatrix}1 & & & \\ & 1 & & \\ & & 2 & \\ & & & 2\end{bmatrix}\begin{bmatrix}1 & 1\\-1 & -1\\0 & 1\\1 & 0\end{bmatrix}=\begin{bmatrix}4 & 2\\2 & 4\end{bmatrix}$$

由此法方程为

$$\begin{bmatrix}4 & 2\\2 & 4\end{bmatrix}\begin{bmatrix}k_1\\k_2\end{bmatrix}+\begin{bmatrix}6\\4\end{bmatrix}=\begin{bmatrix}0\\0\end{bmatrix}$$

（4）法方程解算：

$$\boldsymbol{N}_{aa}^{-1}=\begin{bmatrix}4 & 2\\2 & 4\end{bmatrix}^{-1}=\frac{1}{12}\begin{bmatrix}4 & -2\\-2 & 4\end{bmatrix}$$

$$\boldsymbol{K}=-\frac{1}{12}\begin{bmatrix}4 & -2\\-2 & 4\end{bmatrix}\begin{bmatrix}6\\4\end{bmatrix}=\frac{1}{3}\begin{bmatrix}-4\\-1\end{bmatrix}$$

（5）平差值计算：

平差值改正数为

$$\boldsymbol{V}=\begin{bmatrix}1 & & & \\ & 1 & & \\ & & 2 & \\ & & & 2\end{bmatrix}\begin{bmatrix}1 & 1\\-1 & -1\\0 & 1\\1 & 0\end{bmatrix}\frac{1}{3}\begin{bmatrix}-4\\-1\end{bmatrix}=\begin{bmatrix}-\dfrac{5}{3}\\ \dfrac{5}{3}\\ -\dfrac{2}{3}\\ -\dfrac{8}{3}\end{bmatrix}\approx\begin{bmatrix}-2\\2\\0\\-2\end{bmatrix}\text{mm}$$

各高差平差值为

$$\hat{\boldsymbol{h}}=\boldsymbol{h}+\boldsymbol{V}=\begin{bmatrix}2.561\\-1.324\\-3.885\\-3.885\end{bmatrix}\text{m}$$

于是 B、C 两点的高程最或然值分别为

$$\hat{H}_B=H_A+\hat{h}_1=10+2.561=12.561\text{m}$$

$$\hat{H}_C=H_A+\hat{h}_2=10-1.324=8.676\text{m}$$

(6)单位权中误差：

$$\boldsymbol{V}^{\mathrm{T}}\boldsymbol{PV}=-\boldsymbol{W}^{\mathrm{T}}\boldsymbol{K}=-\begin{bmatrix}6 & 4\end{bmatrix}\left(\frac{1}{3}\begin{bmatrix}-4\\-1\end{bmatrix}\right)=\frac{28}{3}$$

$$\hat{\sigma}_0=\pm\sqrt{\frac{\boldsymbol{V}^{\mathrm{T}}\boldsymbol{PV}}{r}}=\pm\sqrt{\frac{28}{3\times 2}}=\pm\sqrt{\frac{14}{3}}\approx\pm 2.2\text{mm}$$

(7)精度评定：

由表 4.2.1，有

$$\boldsymbol{Q}_{\hat{L}\hat{L}}=\boldsymbol{Q}_{LL}-\boldsymbol{Q}_{VV}=\boldsymbol{Q}-\boldsymbol{QA}^{\mathrm{T}}\boldsymbol{N}_{aa}^{-1}\boldsymbol{AQ}$$

$$\boldsymbol{QA}^{\mathrm{T}}=\begin{bmatrix}1&&&\\&1&&\\&&2&\\&&&2\end{bmatrix}\begin{bmatrix}1&1\\-1&-1\\0&1\\1&0\end{bmatrix}=\begin{bmatrix}1&1\\-1&-1\\0&2\\2&0\end{bmatrix}$$

$$\boldsymbol{Q}_{\hat{L}\hat{L}}=\boldsymbol{Q}-\boldsymbol{QA}^{\mathrm{T}}\boldsymbol{N}_{aa}^{-1}\boldsymbol{AQ}$$

$$=\begin{bmatrix}1&&&\\&1&&\\&&2&\\&&&2\end{bmatrix}-\begin{bmatrix}1&1\\-1&-1\\0&2\\2&0\end{bmatrix}\times\frac{1}{12}\begin{bmatrix}4&-2\\-2&4\end{bmatrix}\times\begin{bmatrix}1&-1&0&2\\1&-1&2&0\end{bmatrix}$$

$$=\begin{bmatrix}1&&&\\&1&&\\&&2&\\&&&2\end{bmatrix}-\frac{1}{12}\begin{bmatrix}4&-4&4&4\\-4&4&-4&-4\\4&-4&16&-8\\4&-4&-8&16\end{bmatrix}$$

$$=\frac{1}{12}\begin{bmatrix}8&4&-4&-4\\4&8&4&4\\-4&4&8&8\\-4&4&8&8\end{bmatrix}$$

因为 B 高程平差值可表示为

$$\hat{H}_B=H_A+\hat{h}_1=\begin{bmatrix}1&0&0&0\end{bmatrix}\hat{h}+H_A=\boldsymbol{F}^{\mathrm{T}}\hat{h}+H_A$$

其中，$\boldsymbol{F}=\begin{bmatrix}1&0&0&0\end{bmatrix}^{\mathrm{T}}$。由式(4.2.18)，有

$$Q_{\hat{\varphi}\hat{\varphi}} = \boldsymbol{F}^{\mathrm{T}}\boldsymbol{QF} - (\boldsymbol{AQF})^{\mathrm{T}}\boldsymbol{N}_{aa}^{-1}\boldsymbol{AQF}$$

$$\boldsymbol{F}^{\mathrm{T}}\boldsymbol{QF} = 1, \boldsymbol{AQF} = \begin{bmatrix} 1 & -1 & 0 & 1 \\ 1 & -1 & 1 & 0 \end{bmatrix} \times \begin{bmatrix} 1 & & & \\ & 1 & & \\ & & 2 & \\ & & & 2 \end{bmatrix} \times \begin{bmatrix} 1 \\ 0 \\ 0 \\ 0 \end{bmatrix} = \begin{bmatrix} 1 \\ 1 \end{bmatrix}$$

$$\boldsymbol{Q}_{\hat{H}_B} = 1 - [1 \quad 1] \times \frac{1}{12}\begin{bmatrix} 4 & -2 \\ -2 & 4 \end{bmatrix} \times \begin{bmatrix} 1 \\ 1 \end{bmatrix} = \frac{2}{3}$$

故 B 点高程平差值的中误差为

$$\hat{\sigma}_{\hat{H}_B} = \hat{\sigma}_0\sqrt{\frac{2}{3}} \approx 1.8\ \mathrm{mm}$$

同理 C 高程平差值为

$$\hat{H}_C = H_A + \hat{h}_2 = [0 \quad 1 \quad 0 \quad 0]\hat{h} + H_A = \boldsymbol{F}^{\mathrm{T}}\hat{h} + H_A$$

其中，$\boldsymbol{F} = [0 \quad 1 \quad 0 \quad 0]^{\mathrm{T}}$。于是

$$\boldsymbol{F}^{\mathrm{T}}\boldsymbol{QF} = 1, \boldsymbol{AQF} = \begin{bmatrix} 1 & -1 & 0 & 1 \\ 1 & -1 & 1 & 0 \end{bmatrix} \times \begin{bmatrix} 1 & & & \\ & 1 & & \\ & & 2 & \\ & & & 2 \end{bmatrix} \times \begin{bmatrix} 0 \\ 1 \\ 0 \\ 0 \end{bmatrix} = \begin{bmatrix} -1 \\ -1 \end{bmatrix}$$

$$\boldsymbol{Q}_{\hat{H}_C} = 1 - [-1 \quad -1] \times \frac{1}{12}\begin{bmatrix} 4 & -2 \\ -2 & 4 \end{bmatrix} \times \begin{bmatrix} -1 \\ -1 \end{bmatrix} = \frac{2}{3}$$

则 C 点高程平差值的中误差为

$$\hat{\sigma}_{\hat{H}_C} = \hat{\sigma}_0\sqrt{\frac{2}{3}} \approx 1.8\ \mathrm{mm}$$

解法 2:附有参数的条件平差法。

如果令 C 点高程平差值为 $\hat{x}$，取参数近似值为 $x^0 = H_A + h_2 = 8.674\ \mathrm{m}$，条件方程可写为

$$\hat{h}_1 - \hat{h}_2 + \hat{h}_4 = 0$$

$$\hat{h}_1 - \hat{h}_2 + \hat{h}_3 = 0$$

$$\hat{h}_2 - \hat{x} + H_A = 0$$

将观测值和已知点的高程值代入上述方程，可得改正数条件方程(闭合差以 mm 为单位)

$$\begin{bmatrix} 1 & -1 & 0 & 1 \\ 1 & -1 & 1 & 0 \\ 0 & 1 & 0 & 0 \end{bmatrix} \begin{bmatrix} v_1 \\ v_2 \\ v_3 \\ v_4 \end{bmatrix} + \begin{bmatrix} 0 \\ 0 \\ -1 \end{bmatrix}\hat{x} + \begin{bmatrix} 6 \\ 4 \\ 0 \end{bmatrix} = \begin{bmatrix} 0 \\ 0 \\ 0 \end{bmatrix}$$

列立法方程。法方程系数矩阵为

$$\boldsymbol{N}_{aa} = \begin{bmatrix} 1 & -1 & 0 & 1 \\ 1 & -1 & 1 & 0 \\ 0 & 1 & 0 & 0 \end{bmatrix} \begin{bmatrix} 1 & & & \\ & 1 & & \\ & & 2 & \\ & & & 2 \end{bmatrix} \begin{bmatrix} 1 & 1 & 0 \\ -1 & -1 & 1 \\ 0 & 1 & 0 \\ 1 & 0 & 0 \end{bmatrix} = \begin{bmatrix} 4 & 2 & -1 \\ 2 & 4 & -1 \\ -1 & -1 & 1 \end{bmatrix}$$

对上式求逆，有

$$N_{aa}^{-1}=\frac{1}{8}\begin{bmatrix}3&-1&2\\-1&3&2\\2&2&12\end{bmatrix}$$

由式(4.3.15)，顾及 $N_{bb}=B^{\mathrm{T}}N_{aa}^{-1}B$，有

$$Q_{11}=N_{aa}^{-1}-N_{aa}^{-1}BN_{bb}^{-1}B^{\mathrm{T}}N_{aa}^{-1}=\frac{1}{6}\begin{bmatrix}2&-1&0\\-1&2&0\\0&0&0\end{bmatrix},$$

$$Q_{12}=Q_{21}^{\mathrm{T}}=N_{aa}^{-1}BN_{bb}^{-1}=\frac{1}{6}\begin{bmatrix}-1&-1&-6\end{bmatrix},$$

$$Q_{22}=-N_{bb}^{-1}=-\frac{2}{3}$$

由式(4.3.13)，有

$$K=-Q_{11}W=\frac{1}{3}\begin{bmatrix}-4\\-1\\0\end{bmatrix}$$

$$\hat{x}=-Q_{21}W=-\frac{5}{3}$$

于是得观测值改正数为

$$V=P^{-1}A^{\mathrm{T}}K=\begin{bmatrix}1&&&\\&1&&\\&&2&\\&&&2\end{bmatrix}\begin{bmatrix}1&1&0\\-1&-1&1\\0&1&0\\1&0&0\end{bmatrix}\frac{1}{3}\begin{bmatrix}-4\\-1\\0\end{bmatrix}$$

$$=\begin{bmatrix}-\frac{5}{3}\\\frac{5}{3}\\-\frac{2}{3}\\-\frac{8}{3}\end{bmatrix}\approx\begin{bmatrix}-2\\2\\0\\2\end{bmatrix}\mathrm{mm}$$

由上可见，观测值改正数与条件平差结果相同。因此，观测值平差值与条件平差结果也必然一致。

4.5.2 导线网

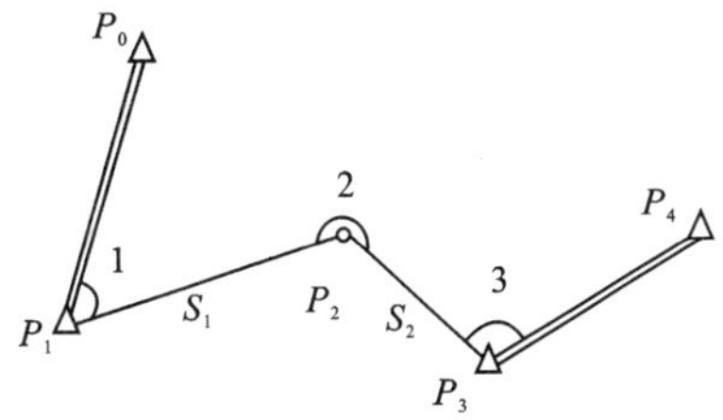

图 4.5.2 附合导线

如图 4.5.2 所示附合导线，已知 P_1-P_0 方向坐标方位角为 $\alpha_{10}=30°00'00''$，P_3-P_4 方向坐标方位角为 $\alpha_{34}=71°16'58''$；P_1、P_3 点的坐标分别为 $x_{P_1}=1000.000\mathrm{m}$，$y_{P_1}=1000.000\mathrm{m}$，$x_{P_3}=803.821\mathrm{m}$，$y_{P_3}=2558.975\mathrm{m}$。现测定 3 个连接角（转折角）和 2 条导线边长，角度观测值

和边长观测值如表 4.5.2 所示。其中测角中误差为 $\sigma_L=\pm1.0''$，测边中误差为 $\sigma_s=\pm0.1\text{cm}$。为简单起见，边长按等精度处理。试用条件平差法计算未知点 P_2 的坐标平差值及边长和角度的平差值。

表 4.5.2　观测值

边长观测值/m		角度观测值		
S_1	S_2	1	2	3
1120.239	600.218	50°00′20″	230°35′28″	120°41′12″

解：

1)计算观测值的权逆阵

以角度观测值为单位权观测值，即 $P_{\beta_i}=\frac{\sigma_\beta^2}{\sigma_{\beta_i}^2}=1(i=1,2,3)$，则边长观测值权为

$$p_{s_i}=\frac{\sigma_\beta^2}{\sigma_{s_i}^2}=\frac{1}{\sigma_{s_i}^2}(i=1,2)$$

可得观测值权逆阵为

$$\boldsymbol{P}^{-1}=\text{diag}\left(\frac{1}{p_{s_1}}\quad\frac{1}{p_{s_2}}\quad\frac{1}{p_{\beta_1}}\quad\frac{1}{p_{\beta_2}}\quad\frac{1}{p_{\beta_3}}\right)=\text{diag}\ (0.01\quad 0.01\quad 1\quad 1\quad 1)$$

2)条件方程

由图 4.5.2 知，必要观测数为 2，现共有 5 个观测值，故条件方程个数 $n-t=5-2=3$，分别为 1 个方位角条件和 2 个坐标条件。令 $\hat{\beta}_i=\beta_i+v_i\ (i=1,2,3)$ 为角度观测值的平差值，$\hat{S}_i=S_i+v_{s_i}\ (i=1,2)$ 为边长观测值的平差值，列出 3 个条件方程。

方位角闭合条件：　$\hat{\beta}_1+\hat{\beta}_2+\hat{\beta}_3+\alpha_{10}-\alpha_{34}-180°\times2=0$

纵坐标增量闭合条件：　$x_1+\hat{S}_1\cos\hat{\alpha}_{12}+\hat{S}_2\cos\hat{\alpha}_{23}-x_3=0$

横坐标增量闭合条件：　$y_1+\hat{S}_1\sin\hat{\alpha}_{12}+\hat{S}_2\sin\hat{\alpha}_{23}-y_3=0$

其中

$$\hat{\alpha}_{12}=\alpha_{10}+\hat{\beta}_1$$

$$\hat{\alpha}_{23}=\alpha_{10}+\hat{\beta}_1+\hat{\beta}_2-180°$$

$$\hat{\alpha}_{34}=\alpha_{10}+\hat{\beta}_1+\hat{\beta}_2+\hat{\beta}_3-360°$$

将角度观测值分别代入上述条件方程，则方位角条件方程式可写为

$$v_1+v_2+v_3+w_1=0 \tag{4.5.1}$$

$$w_1=\beta_1+\beta_2+\beta_3+\alpha_{10}-\alpha_{34}-360°$$

由于坐标条件是非线性形式，因此坐标条件需线性化。以纵坐标增量闭合条件为例，线性化后为

$$\cos\alpha_{12}^0 v_{s_1}+\cos\alpha_{23}^0 v_{s_2}-(S_1\sin\alpha_{12}^0+S_2\sin\alpha_{23}^0)\frac{1}{\rho''}v_1-(S_2\sin\alpha_{23}^0)\frac{1}{\rho''}v_2+w_x=0$$

其中 $w_x=x_1+S_1\cos\alpha_{12}^0+S_2\cos\alpha_{23}^0-x_3$。

上式用坐标增量表示可简化为

$$\cos\alpha_{12}^{0} v_{s_1} + \cos\alpha_{23}^{0} v_{s_2} - \frac{\Delta y_{12}^{0} + \Delta y_{23}^{0}}{\rho''} v_1 - \frac{\Delta y_{23}^{0}}{\rho''} v_2 + w_x = 0 \tag{4.5.2}$$

同理可得 y 坐标条件方程为

$$\sin\alpha_{12}^{0} v_{s_1} + \sin\alpha_{23}^{0} v_{s_2} + \frac{\Delta x_{12}^{0} + \Delta x_{23}^{0}}{\rho''} v_1 + \frac{\Delta x_{23}^{0}}{\rho''} v_4 + w_y = 0 \tag{4.5.3}$$

$$w_y = y_1 + S_1 \sin\alpha_{12}^{0} + S_2 \sin\alpha_{23}^{0} - y_3$$

以上各式中，S 是边长观测值，α^0 是角度观测值 β_i 代入方位角推算公式中计算的方位角近似值。

3)近似方位角和近似坐标计算

计算条件方程系数及自由项，需要计算导线各点的坐标近似值及观测方向的方位角近似值。从 P_1 点出发，用观测边长和角度推算出 P_2 点坐标，以及 P_3P_4 方向的方位角，结果如表 4.5.3 所示。

表 4.5.3 近似方位角及近似坐标推算

编号	角度观测值	边长观测值/m	近似方位角	Δx^0/m	Δy^0/m	x^0/m	y^0/m
			30°00 00				
1	50°00′20″	1120.239	80°00′20″	194.421	1103.239	1000.000	1000.000
2	230°35′28″	600.218	130°35′48″	−390.580	455.751	1194.421	2103.239
3	120°41′12″		71°17′00″			803.841	2558.990

4)条件方程自由项及系数阵计算

将推算出的 P_3-P_4边的坐标方位角与其已知值相减，得方位角条件自由项；沿推算路线计算出 P_3 的坐标近似值与其坐标已知值相减，得坐标自由项。

$$w_1 = 71°17'00'' - 71°16'58'' = 2''$$

$$w_x = 803.841 - 803.821 = 0.02\text{m}$$

$$w_y = 2558.990 - 2558.975 = 0.015\text{m}$$

将表 4.5.3 中坐标近似值代入条件方程系数计算式(4.5.2)和式(4.5.3)，得坐标条件方程的系数，并顾及式(4.5.1)，可得角度和坐标条件方程的系数矩阵

$$\boldsymbol{A} = \begin{bmatrix} 0 & 0 & 1 & 1 & 1 \\ 0.17 & -0.65 & -0.76 & -0.22 & 0 \\ 0.98 & 0.76 & -0.10 & -0.19 & 0 \end{bmatrix}$$

5)法方程组成及解算

将 $\boldsymbol{A}$、$\boldsymbol{P}^{-1}$、$\boldsymbol{W}$ 代入法方程式得联系数法方程为

$$\begin{bmatrix} 3 & 0.98 & -0.28 \\ 0.98 & 0.63 & -0.11 \\ -0.28 & -0.11 & 0.06 \end{bmatrix} \begin{bmatrix} k_1 \\ k_2 \\ k_3 \end{bmatrix} + \begin{bmatrix} 2 \\ 2 \\ 1.5 \end{bmatrix} = \begin{bmatrix} 0 \\ 0 \\ 0 \end{bmatrix}$$

由法方程式求解联系数向量

$$N_{aa}^{-1}=\begin{bmatrix}0.86 & 0.94 & 2.36\\0.94 & 3.30 & -1.52\\2.36 & -1.52 & 30.60\end{bmatrix},$$

$$K=-N_{aa}^{-1}W=\begin{bmatrix}-7.12\\-6.18\\-47.57\end{bmatrix}$$

6)观测值改正数计算

根据权逆阵 P^{-1}、系数矩阵 A、联系数数向量 K,计算观测值改正数

$$V=P^{-1}A^{T}K=[-0.48\quad -0.32\quad 1.85\quad 3.27\quad -7.12]^{T}$$

式中:前 2 项为观测边长改正数,单位为 cm;后 3 项为观测角度改正数,单位为(″)。

7)平差值计算

根据观测值和改正数,计算观测值平差值

$\hat{L}=L+V=[1120.234\text{m}\quad 600.215\text{m}\quad 50°00'21.85''\quad 230°35'31.27''\quad 120°41'4.88'']^{T}$

用观测值平差值重新计算各方位角和未知点的坐标,计算结果列于表 4.5.4。

表 4.5.4　方位角平差值及坐标平差值推算

编号	角度平差值	边长平差值/m	方位角平差值	Δx/m	Δy/m	x/m	y/m
			30°00′00.00″				
1	50°00′21.85″	1120.234	80°00′21.85″	194.410	1103.236	1000.000	1000.000
2	230°35′31.27″	600.215	130°35′53.12″	−390.589	455.739	1194.410	2103.236
3	120°41′4.88″		71°16′58.00″			803.821	2558.975

4.5.3　地图数字化

如图 4.5.3 所示,对一直角房屋进行独立等精度数字化,其坐标观测值见表 4.5.5,试按条件平差法求平差后各坐标的平差值。

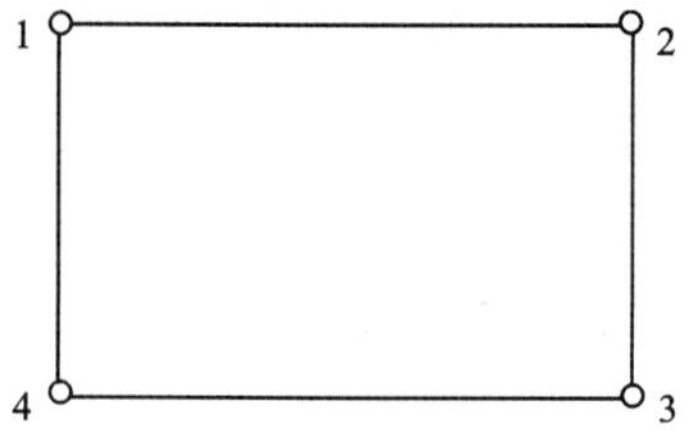

图 4.5.3　直角房屋数字化

表 4.5.5　坐标观测值

坐标点	x 坐标/m	y 坐标/m
1	5690.505	4817.293
2	5689.041	4824.941
3	5682.312	4823.210
4	5683.140	4815.730

解:

1)条件方程

条件数 $r=n-t=4-2=2$,共有 2 个条件方程,即

$$\hat{s}_{12}^2 + \hat{s}_{23}^2 = \hat{s}_{13}^2$$

$$\hat{s}_{12}^2 + \hat{s}_{14}^2 = \hat{s}_{24}^2$$

代入坐标观测值的平差值即得条件方程为

$$(\hat{x}_2 - \hat{x}_1)^2 + (\hat{y}_2 - \hat{y}_1)^2 + (\hat{x}_3 - \hat{x}_2)^2 + (\hat{y}_3 - \hat{y}_2)^2 - (\hat{x}_3 - \hat{x}_1)^2 - (\hat{y}_3 - \hat{y}_1)^2 = 0$$

$$(\hat{x}_2 - \hat{x}_1)^2 + (\hat{y}_2 - \hat{y}_1)^2 + (\hat{x}_1 - \hat{x}_4)^2 + (\hat{y}_1 - \hat{y}_4)^2 - (\hat{x}_4 - \hat{x}_2)^2 - (\hat{y}_4 - \hat{y}_2)^2 = 0$$

取近似值为

$$x_1^0 = 5690.505, y_1^0 = 4817.293, x_2^0 = 5689.041, y_2^0 = 4824.941$$

$$x_3^0 = 5682.312, y_3^0 = 4823.210, x_4^0 = 5683.140, y_4^0 = 4815.730$$

按式(4.1.11)线性化，可得条件方程

$$\begin{bmatrix} -13.458 & -3.462 & 10.53 & 18.758 & 2.928 & -15.296 & 0 & 0 \\ 17.658 & -12.17 & -14.73 & -3.126 & 0 & 0 & -2.928 & 15.296 \end{bmatrix} \begin{bmatrix} v_{x_1} \\ v_{y_1} \\ v_{x_2} \\ v_{y_2} \\ v_{x_3} \\ v_{y_3} \\ v_{x_4} \\ v_{y_4} \end{bmatrix} + \begin{bmatrix} 6.7749 \\ -2.342 \end{bmatrix} = \begin{bmatrix} 0 \\ 0 \end{bmatrix}$$

2)法方程及解算

$$\begin{bmatrix} 898.3875 & -409.2532 \\ -409.2532 & 948.8693 \end{bmatrix} \begin{bmatrix} k_1 \\ k_2 \end{bmatrix} + \begin{bmatrix} 6.7749 \\ -2.342 \end{bmatrix} = \begin{bmatrix} 0 \\ 0 \end{bmatrix}$$

$$\boldsymbol{N}_{aa}^{-1} = \begin{bmatrix} 0.001385 & 0.000597 \\ 0.000597 & 0.001312 \end{bmatrix}$$

$$\boldsymbol{K} = -\boldsymbol{N}_{aa}^{-1}\boldsymbol{W} = [-0.00798 \quad -0.00097]^{\mathrm{T}}$$

3)平差值计算

根据单位权 $\boldsymbol{P}$、系数阵 $\boldsymbol{A}$、联系数向量 $\boldsymbol{K}$，计算观测值改正数，可得

$$\boldsymbol{V} = \boldsymbol{P}^{-1}\boldsymbol{A}^{\mathrm{T}}\boldsymbol{K} = [9.03 \quad 3.94 \quad -6.97 \quad -14.67 \quad -2.34 \quad 12.21 \quad 0.28 \quad -1.54]^{\mathrm{T}}$$

式中：改正数单位为 cm。

计算观测值平差值

$$\hat{\boldsymbol{L}} = [5690.5953 \quad 4817.3324 \quad 5688.9713 \quad 4824.7943 \quad 5682.2886 \quad 4823.3321 \quad 5683.1428 \quad 4815.7146]^{\mathrm{T}}$$

式中：平差值单位为 m。

将观测值平差值代入条件方程进行检核，计算正确。因此，每个点坐标平差值分别为

$$\hat{x}_1 = 5690.5953, \hat{y}_1 = 4817.3324, \hat{x}_2 = 5688.9713, \hat{y}_2 = 4824.7943$$

$$\hat{x}_3 = 5682.2886, \hat{y}_3 = 4823.3321, \hat{x}_4 = 5683.1428, \hat{y}_4 = 4815.7146$$

5 间接平差与附有限制条件的间接平差

5.1 间接平差原理

在一个平差问题中,当所选的独立参数 $\hat{\boldsymbol{X}}$ 的个数等于必要观测数 t 时,可将每个观测值表达成这 t 个参数的函数,组成观测方程。由于所选的参数往往不是直接观测量,因此称该平差方法为间接平差,也称参数平差。

间接平差中,每个观测值与所选参数之间的数学函数关系,即为间接平差的函数模型

$$\hat{\boldsymbol{L}} = \boldsymbol{B}\hat{\boldsymbol{X}} + \boldsymbol{d} \tag{5.1.1}$$

式中:$\hat{\boldsymbol{L}}$ 为观测值平差值向量;$\boldsymbol{B}$ 为设计矩阵。

一般对参数 $\hat{\boldsymbol{X}}$ 均取其近似值 $\boldsymbol{X}^0$,即

$$\hat{\boldsymbol{X}}=\boldsymbol{X}^0+\hat{\boldsymbol{x}} \tag{5.1.2}$$

将式(5.1.2)代入式(5.1.1),并将观测值移至等式右端。令

$$\boldsymbol{l}=\boldsymbol{L}-(\boldsymbol{B}\boldsymbol{X}^0+\boldsymbol{d})=\boldsymbol{L}-\boldsymbol{L}^0 \tag{5.1.3}$$

式中:$\boldsymbol{L}$ 为观测值;$\boldsymbol{L}^0$ 称为观测值的近似值;$\boldsymbol{l}$ 是观测值与其近似值之差。

间接平差的函数模型可表示为

$$\boldsymbol{V}=\boldsymbol{B}\hat{\boldsymbol{x}}-\boldsymbol{l} \tag{5.1.4}$$

式(5.1.4)即为间接平差的误差方程,式中 $\boldsymbol{l}$ 是误差方程的已知部分,称为误差方程的常数项。

间接平差的随机模型为

$$\boldsymbol{D}=\sigma_0^2\boldsymbol{Q}=\sigma_0^2\boldsymbol{P}^{-1} \tag{5.1.5}$$

式中:$\boldsymbol{D}$ 为观测向量的协方差阵;$\boldsymbol{Q}$ 为协因数阵;$\boldsymbol{P}$ 为权矩阵。

式(5.1.5)与式(5.1.4)一起组成间接平差的数学模型。

间接平差是在式(3.3.5)所示最小二乘准则下求出误差方程中的待定参数 $\hat{\boldsymbol{x}}$,在数学中属于求多元函数的极值问题。

5.1.1 误差方程

设有 n 个观测值 $\underset{n\times 1}{\boldsymbol{L}}=[L_1 \quad L_2 \quad \cdots \quad L_n]^{\mathrm{T}}$,改正数为 $\underset{n\times 1}{\boldsymbol{V}}=[v_1 \quad v_2 \quad \cdots \quad v_n]^{\mathrm{T}}$,选择 $\boldsymbol{t}$ 个未知参数 $\underset{t\times 1}{\hat{\boldsymbol{X}}}$,则观测值方程可表示为

$$\begin{aligned} L_1+v_1 &= a_1\hat{X}_1+b_1\hat{X}_2+\cdots+t_1\hat{X}_t+d_1 \\ L_2+v_2 &= a_2\hat{X}_1+b_2\hat{X}_2+\cdots+t_2\hat{X}_t+d_2 \\ &\vdots \\ L_n+v_n &= a_n\hat{X}_1+b_n\hat{X}_2+\cdots+t_n\hat{X}_t+d_n \end{aligned} \tag{5.1.6}$$

令

$$\underset{n\times t}{\boldsymbol{B}}=\begin{bmatrix}a_1 & b_1 & \cdots & t_1\\ a_2 & b_2 & \cdots & t_2\\ \vdots & \vdots & & \vdots\\ a_n & b_n & \cdots & t_n\end{bmatrix},\hat{\boldsymbol{X}}=\begin{bmatrix}X_1^0+\hat{x}_1\\ X_2^0+\hat{x}_2\\ \vdots\\ X_t^0+\hat{x}_t\end{bmatrix},\boldsymbol{l}=\begin{bmatrix}l_1\\ l_2\\ \vdots\\ l_n\end{bmatrix}=\begin{bmatrix}L_1-(a_1X_1^0+b_1X_2^0+\cdots+t_1X_t^0+d_1)\\ L_2-(a_2X_1^0+b_2X_2^0+\cdots+t_2X_t^0+d_2)\\ \vdots\\ L_n-(a_nX_1^0+b_nX_2^0+\cdots+t_nX_t^0+d_n)\end{bmatrix}$$

则误差方程为

$$\boldsymbol{V}=\boldsymbol{B}\hat{\boldsymbol{x}}-\boldsymbol{l} \tag{5.1.7}$$

上式描述了观测值与参数之间的线性函数关系，是平差理论中的一个重要数学表达式。

列误差方程时应该注意以下几点：

(1)参数平差中，选取的未知参数要足数，其个数等于必须观测量的个数 t。

(2)未知参数间要求函数独立，即未知参数之间不存在任何的函数关系。

(3)误差方程式的个数等于观测值的个数 n。设多余观测个数为 r，则 n、r、t 之间的关系为$r=n-t$。

(4)误差方程式可以是线性，也可以是非线性，对于非线性误差方程式则需先进行线性化。

5.1.2 建立法方程

在误差方程式(5.1.7)中，观测值改正数 $\boldsymbol{V}$ 和参数估计值 $\hat{\boldsymbol{x}}$ 均为待求未知量，即有 $n+t$ 个未知量，但只有 n 个误差方程，未知量个数大于方程个数，因此方程组有多组解。此时，可根据最小二乘原理，使 $\hat{\boldsymbol{x}}$ 必须满足 $\boldsymbol{V}^{\mathrm{T}}\boldsymbol{PV}=\min$ 准则要求，因为 t 个参数为相互独立的自由变量，故可按数学上求函数自由极值的方法，得

$$\frac{\partial \boldsymbol{V}^{\mathrm{T}}\boldsymbol{PV}}{\partial \hat{\boldsymbol{x}}}=2\boldsymbol{V}^{\mathrm{T}}\boldsymbol{P}\frac{\partial \boldsymbol{V}}{\partial \hat{\boldsymbol{x}}}=\boldsymbol{V}^{\mathrm{T}}\boldsymbol{PB}=\boldsymbol{0} \tag{5.1.8}$$

式(5.1.8)转置有

$$\boldsymbol{B}^{\mathrm{T}}\boldsymbol{PV}=0 \tag{5.1.9}$$

联立式(5.1.7)、式(5.1.9)得到间接平差的基础方程，其中待求量是 n 个 v 和 t 个 $\hat{x}$，共 $n+t$个，而方程个数也恰好是 $n+t$ 个，此时方程有唯一解。将式(5.1.7)代入式(5.1.9)，可得间接平差的法方程，即

$$\boldsymbol{B}^{\mathrm{T}}\boldsymbol{PB}\hat{\boldsymbol{x}}-\boldsymbol{B}^{\mathrm{T}}\boldsymbol{Pl}=\boldsymbol{0} \tag{5.1.10}$$

令

$$\underset{t\times t}{\boldsymbol{N}_{BB}}=\boldsymbol{B}^{\mathrm{T}}\boldsymbol{PB},\underset{t\times 1}{\boldsymbol{W}}=\boldsymbol{B}^{\mathrm{T}}\boldsymbol{Pl}$$

则法方程可简写为

$$\boldsymbol{N}_{BB}\hat{\boldsymbol{x}}-\boldsymbol{W}=\boldsymbol{0} \tag{5.1.11}$$

式中：$\boldsymbol{N}_{BB}$ 和 $\boldsymbol{W}$ 分别为法方程的系数矩阵和常数项向量。

可以证明，$\boldsymbol{N}_{BB}$ 为满秩对称方阵，$R(\boldsymbol{N}_{BB})=t$，有唯一逆矩阵 $\boldsymbol{N}_{BB}^{-1}$ 存在，故 $\hat{\boldsymbol{x}}$ 有唯一解，即

$$\hat{\boldsymbol{x}}=\boldsymbol{N}_{BB}^{-1}\boldsymbol{W} \tag{5.1.12}$$

或

$$\hat{\boldsymbol{x}}=(\boldsymbol{B}^{\mathrm{T}}\boldsymbol{PB})^{-1}\boldsymbol{B}^{\mathrm{T}}\boldsymbol{Pl} \tag{5.1.13}$$

将求得的 $\hat{x}$ 代入误差方程式(5.1.7)，即可求得改正数 $\boldsymbol{V}$。于是可计算出观测值平差值 $\hat{\boldsymbol{L}}$ 和未知参数 $\hat{\boldsymbol{X}}$，即

$$\hat{\boldsymbol{L}}=\boldsymbol{L}+\boldsymbol{V},\quad \hat{\boldsymbol{X}}=\boldsymbol{X}^0+\hat{\boldsymbol{x}} \tag{5.1.14}$$

当观测值之间相互独立时，即 $\boldsymbol{P}$ 为对角阵时，法方程式(5.1.11)的纯量形式为

$$\left.\begin{aligned}[paa]\hat{x}_1+[pab]\hat{x}_2+\cdots+[pat]\hat{x}_t-[pal]=0\\ [pab]\hat{x}_1+[pbb]\hat{x}_2+\cdots+[pbt]\hat{x}_t-[pbl]=0\\ \vdots\qquad\qquad\\ [pat]\hat{x}_1+[pbt]\hat{x}_2+\cdots+[ptt]\hat{x}_t-[ptl]=0\end{aligned}\right\} \tag{5.1.15}$$

上述法方程的特点如下：

(1)法方程的个数等于未知参数的个数 t。

(2)法方程系数阵 $\boldsymbol{N}$ 对称且正定(正定阵定义：若存在一非零向量 $\boldsymbol{Y}$，使得 $\boldsymbol{Y}^{\mathrm{T}}\boldsymbol{N}\boldsymbol{Y}>0$，则 $\boldsymbol{N}$ 正定)。

(3)法方程基于最小二乘准则 $\boldsymbol{V}^{\mathrm{T}}\boldsymbol{P}\boldsymbol{V}=\min$ 建立，其解 $\hat{\boldsymbol{x}}$ 满足参数估计的最优性质，即无偏性、一致性和有效性。

5.1.3 间接平差法计算步骤

(1)根据平差问题的性质，选择 t 个独立量作为参数，确定观测值的权 p_i。

(2)将每一个观测量的平差值分别表达成所选参数的函数。若函数为非线性，则需要先将其线性化，列出误差方程。

(3)由误差方程系数 B 和自由项 l 组成法方程，法方程个数等于参数的个数 t。

(4)解算法方程，求出参数 $\hat{\boldsymbol{x}}$，计算参数的平差值 $\hat{\boldsymbol{X}}=\boldsymbol{X}^0+\hat{\boldsymbol{x}}$。

(5)由误差方程计算 $\boldsymbol{V}$，求出观测量平差值 $\hat{\boldsymbol{L}}=\boldsymbol{L}+\boldsymbol{V}$。

测量平差除计算待求量的平差值外，另外一个任务是评定测量成果的精度。间接平差的精度估计将在5.2节中介绍。

【例5.1.1】 三角形如图5.1.1所示，其各内角的独立等精度观测值为$L_1=62°17'50''$、$L_2=33°52'23''$、$L_3=83°49'42''$，求各角度观测值的平差值。

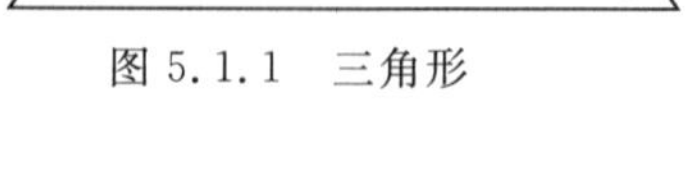

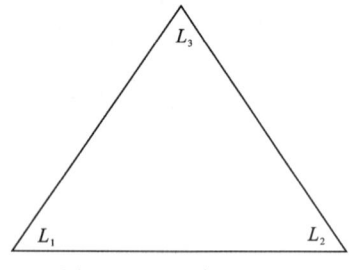

图5.1.1 三角形

解：

1)列误差方程

选择两个独立观测量的平差值$\hat{L}_1$、$\hat{L}_2$作为未知数，并分别用$\hat{X}_1$、$\hat{X}_2$表示，观测量平差值$\hat{L}_i$与未知数$\hat{X}$之间的函数关系为

$$\left.\begin{aligned}\hat{L}_1=L_1+v_1=\hat{X}_1\\ \hat{L}_2=L_2+v_2=\hat{X}_2\\ \hat{L}_3=L_3+v_3=-\hat{X}_1-\hat{X}_2+180°\end{aligned}\right\}$$

取 $X_1^0=L_1=62°17'50''$，$X_2^0=L_2=33°52'23''$，则可得误差方程

$$\left.\begin{aligned} v_1 &= \hat{x}_1 \\ v_2 &= \hat{x}_2 \\ v_3 &= -\hat{x}_1 - \hat{x}_2 + 180° - L_1 - L_2 - L_3 \end{aligned}\right\}$$

按式(5.1.7)写成矩阵形式为

$$\boldsymbol{V} = \begin{bmatrix} 1 & 0 \\ 0 & 1 \\ -1 & -1 \end{bmatrix} \begin{bmatrix} \hat{x}_1 \\ \hat{x}_2 \end{bmatrix} - \begin{bmatrix} 0 \\ 0 \\ -5'' \end{bmatrix}$$

2)组成法方程

由于观测值独立等精度,则

$$\boldsymbol{N}=\boldsymbol{B}^{\mathrm{T}}\boldsymbol{PB}=\begin{bmatrix} 2 & 1 \\ 1 & 2 \end{bmatrix},\boldsymbol{U}=\boldsymbol{B}^{\mathrm{T}}\boldsymbol{Pl}=\begin{bmatrix} 5'' \\ 5'' \end{bmatrix}$$

按式(5.1.10)组成法方程为

$$\begin{bmatrix} 2 & 1 \\ 1 & 2 \end{bmatrix}\begin{bmatrix} \hat{x}_1 \\ \hat{x}_2 \end{bmatrix} - \begin{bmatrix} 5'' \\ 5'' \end{bmatrix} = 0$$

3)解法方程

$$\hat{x}_1 = 5/3'', \hat{x}_2 = 5/3''$$

4)计算改正数

将 $\hat{\boldsymbol{x}}$ 代入误差方程,得改正数为

$$v_1 = 5/3'', v_2 = 5/3'', v_3 = 5/3''$$

5)计算平差值

$\hat{L}_1=L_1+v_1=62°17'51.67''$,$\hat{L}_2=L_2+v_2=33°52'24.67''$,$\hat{L}_3=L_3+v_3=83°49'43.67''$

【例 5.1.2】 已知 $H_A=12.736\text{m}$,为求 P_1、P_2 点的高程,进行了 4 条路线的水准测量(图 5.1.2),水准路线观测值见表 5.1.1,试用间接平差法求 P_1、P_2 点高程最或然值(取 $S_0=2\text{km}$)。

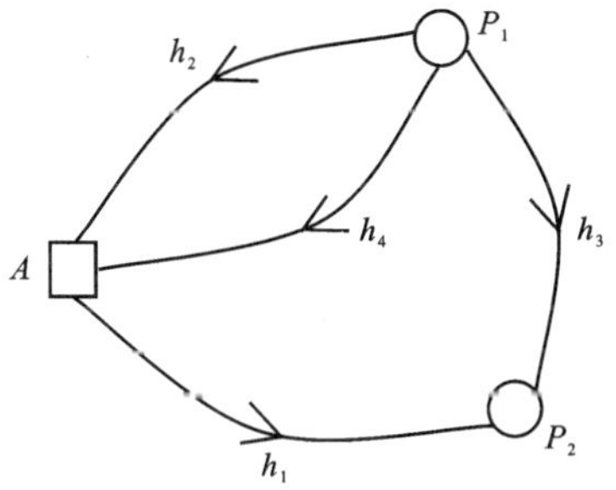

图 5.1.2 水准网

表 5.1.1 水准路线观测值

水准线路 i	观测高差 h_i/m	路线长度 S_i/km
1	4.250	1
2	8.537	2
3	12.784	1
4	8.537	2

解:按题意知必要观测数 $t=2$,选取 P_1、P_2 点高程 $\hat{X}_1$、$\hat{X}_2$ 为参数。

1)列误差方程

根据图 5.1.2 所示的水准路线,写出 4 个观测方程为

$$\begin{aligned} h_1 + v_1 &= \hat{X}_2 - H_A \\ h_2 + v_2 &= -\hat{X}_1 + H_A \\ h_3 + v_3 &= -\hat{X}_1 + \hat{X}_2 \\ h_4 + v_4 &= -\hat{X}_1 + H_A \end{aligned}$$

将观测值移至等号右侧，即得误差方程为

$$\begin{aligned} v_1 &= \hat{X}_2 - H_A - h_1 \\ v_2 &= -\hat{X}_1 + H_A - h_2 \\ v_3 &= -\hat{X}_1 + \hat{X}_2 - h_3 \\ v_4 &= -\hat{X}_1 + H_A - h_4 \end{aligned}$$

令

$$\begin{aligned} X_1^0 &= H_A - h_2 = 4.199\text{m} \\ X_2^0 &= H_A + h_1 = 16.986\text{m} \end{aligned}$$

则

$$\begin{aligned} \hat{X}_1 &= X_1^0 + \hat{x}_1 = \hat{x}_1 + 4.199\text{m} \\ \hat{X}_2 &= X_2^0 + \hat{x}_2 = \hat{x}_2 + 16.986\text{m} \end{aligned}$$

将上式代入误差方程，得

$$\begin{aligned} v_1 &= \hat{x}_2 + 0 \\ v_2 &= -\hat{x}_1 + 0 \\ v_3 &= -\hat{x}_1 + \hat{x}_2 + 3 \\ v_4 &= -\hat{x}_1 + 0 \end{aligned}$$

按上式写成矩阵形式为

$$\begin{bmatrix} v_1 \\ v_2 \\ v_3 \\ v_4 \end{bmatrix} = \begin{bmatrix} 0 & 1 \\ -1 & 0 \\ -1 & 1 \\ -1 & 0 \end{bmatrix} \begin{bmatrix} \hat{x}_1 \\ \hat{x}_2 \end{bmatrix} - \begin{bmatrix} 0 \\ 0 \\ -3 \\ 0 \end{bmatrix}$$

2)组成法方程

取 2km 的观测高差为单位权观测，按如下形式定权：

$$P_i = \frac{C}{S_i} = \frac{2}{S_i}$$

进一步可得观测值权阵为

$$\boldsymbol{P} = \begin{bmatrix} 2 & 0 & 0 & 0 \\ 0 & 1 & 0 & 0 \\ 0 & 0 & 2 & 0 \\ 0 & 0 & 0 & 1 \end{bmatrix}$$

按式(5.1.10)组成法方程为

$$\begin{bmatrix} 4 & -2 \\ -2 & 4 \end{bmatrix}\begin{bmatrix} \hat{x}_1 \\ \hat{x}_2 \end{bmatrix}-\begin{bmatrix} 6 \\ -6 \end{bmatrix}=0$$

3)解法方程

$$\hat{x}_1 = 1\text{mm},\hat{x}_2 = -1\text{mm}$$

4)计算改正数

将 $\hat{\boldsymbol{x}}$ 代入误差方程,计算观测值改正数,得

$$v_1 = -1\text{mm},v_2 = -1\text{mm},v_3 = 1\text{mm},v_4 = -1\text{mm}$$

5)计算平差值

由$\hat{\boldsymbol{X}}=\boldsymbol{X}^0+\hat{\boldsymbol{x}}$得参数平差值

$$\hat{X}_1 = 4.200\text{m},\hat{X}_2 = 16.985\text{m}$$

由 $\hat{\boldsymbol{L}} = \boldsymbol{L}+\boldsymbol{V}$ 得观测值平差值

$$\hat{h}_1 = 4.249\text{m},\hat{h}_2 = 8.536\text{m},\hat{h}_3 = 12.785\text{m},\hat{h}_4 = 8.536\text{m}$$

6)检核

平差值$\hat{L}$应满足两个条件方程

$$\hat{L}_1-\hat{L}_3+\hat{L}_4 = 0\ ,\ \hat{L}_2-\hat{L}_4 = 0$$

5.1.4 典型几何网误差方程建立

本节主要介绍以高程、方向、角度和边长为观测值的几种典型几何网误差方差的建立。

1. 水准网

如图 5.1.3 所示水准路线,i 和 j 为水准点,观测高差为h_{ij}。

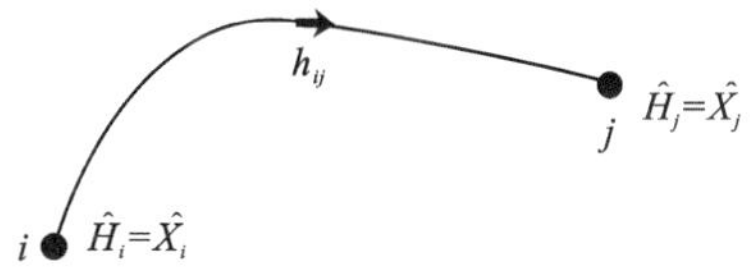

图 5.1.3 水准高程观测

根据间接平差原理,设$H_i=\hat{X}_1$,$H_j=\hat{X}_2$,并令$\hat{X}_1=X_1^0+\hat{x}_1$,$\hat{X}_2=X_2^0+\hat{x}_2$,可列出误差方程

$$v_{ij} = \hat{x}_j-\hat{x}_i-[h_{ij}-(X_j^0-X_i^0)] \tag{5.1.16}$$

当 i 点已知时,误差方程可写为

$$v_{ij} = \hat{x}_j-[h_{ij}-(X_j^0-X_i)]$$

当 j 点已知时,误差方程可写为

$$v_{ij} =-\hat{x}_i-[h_{ij}-(X_j-X_i^0)]$$

2. 测方向三角网

如图 5.1.4 所示,j 为测站点,h 和 k 为照准点,L_{jh}、L_{jk}为其观测方向值,j_0 方向为测站 j 在观测时度盘置零方向,$\hat{Z}_j$ 为 j 站的定向角,即零方向方位角。

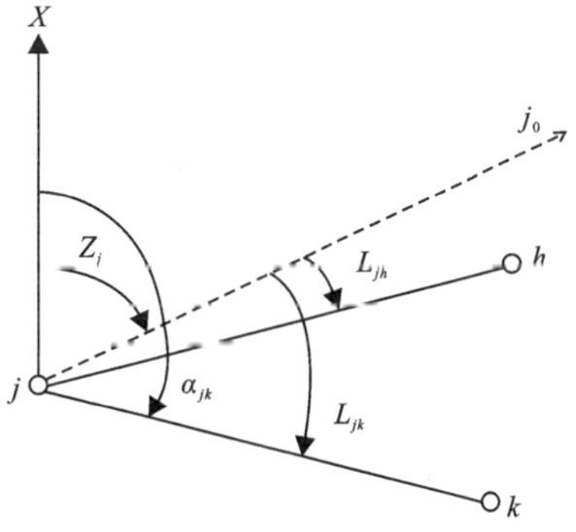

图 5.1.4 方向观测

每一个测站有一个定向角,它们是方向坐标平差中的未知参数,设其平差值为 $\hat{Z}_j$。由图 5.1.4 可得

$$L_{jk}+v_{jk} = \hat{\alpha}_{jk}-\hat{Z}_j \tag{5.1.17}$$

将观测值移至等号右边可得误差方程为

$$v_{jk}=-\hat{Z}_j+\hat{\alpha}_{jk}-L_{jk} \tag{5.1.18}$$

式中：$\hat{\alpha}_{jk}$ 为 jk 方向的方位角平差值。

设 j、k 两点均为待定点，近似坐标分别为 X_j^0、Y_j^0 和 X_k^0、Y_k^0。根据近似坐标可以计算出 j、k 两点间的近似坐标方位角 α_{jk}^0、近似边长 S_{jk}^0 和定向角的近似值 Z_j^0。设这两点的近似坐标改正数为 $\hat{x}_j$、$\hat{y}_j$ 和 $\hat{x}_k$、$\hat{y}_k$，即

$$\left.\begin{aligned}\hat{X}_j&=X_j^0+\hat{x}_j\\ \hat{Y}_j&=Y_j^0+\hat{y}_j\end{aligned}\right\}\quad \left.\begin{aligned}\hat{X}_k&=X_k^0+\hat{x}_k\\ \hat{Y}_k&=Y_k^0+\hat{y}_k\end{aligned}\right\} \tag{5.1.19}$$

由近似坐标改正数引起的近似坐标方位角的改正数为 $\delta\alpha_{jk}$，即

$$\hat{\alpha}_{jk}=\alpha_{jk}^0+\delta\alpha_{jk} \tag{5.1.20}$$

结合图 5.1.4 可得

$$\hat{\alpha}_{jk}=\arctan\frac{(Y_k^0+\hat{y}_k)-(Y_j^0+\hat{y}_j)}{(X_k^0+\hat{x}_k)-(X_j^0+\hat{x}_j)}$$

当改正数为微小量时，按泰勒级数展开，取其一次项，有

$$\hat{\alpha}_{jk}=\arctan\frac{Y_k^0-Y_j^0}{X_k^0-X_j^0}+\left(\frac{\partial\hat{\alpha}_{jk}}{\partial\hat{X}_j}\right)_0\hat{x}_j+\left(\frac{\partial\hat{\alpha}_{jk}}{\partial\hat{Y}_j}\right)_0\hat{y}_j+\left(\frac{\partial\hat{\alpha}_{jk}}{\partial\hat{X}_k}\right)_0\hat{x}_k+\left(\frac{\partial\hat{\alpha}_{jk}}{\partial\hat{Y}_k}\right)_0\hat{y}_k \tag{5.1.21}$$

上式中右边第一项即为由近似坐标算得的近似坐标方位角 α_{jk}^0，结合式(5.1.20)可知

$$\delta\alpha_{jk}=\left(\frac{\partial\hat{\alpha}_{jk}}{\partial\hat{X}_j}\right)_0\hat{x}_j+\left(\frac{\partial\hat{\alpha}_{jk}}{\partial\hat{Y}_j}\right)_0\hat{y}_j+\left(\frac{\partial\hat{\alpha}_{jk}}{\partial\hat{X}_k}\right)_0\hat{x}_k+\left(\frac{\partial\hat{\alpha}_{jk}}{\partial\hat{Y}_k}\right)_0\hat{y}_k \tag{5.1.22}$$

式中：

$$\left(\frac{\partial\hat{\alpha}_{jk}}{\partial\hat{X}_j}\right)_0=\frac{\dfrac{Y_k^0-Y_j^0}{(X_k^0-X_j^0)^2}}{1+\left(\dfrac{Y_k^0-Y_j^0}{X_k^0-X_j^0}\right)^2}=\frac{Y_k^0-Y_j^0}{(X_k^0-X_j^0)^2+(Y_k^0-Y_j^0)^2}=\frac{\Delta Y_{jk}^0}{(S_{jk}^0)^2}$$

同理可得

$$\left.\begin{aligned}\left(\frac{\partial\hat{\alpha}_{jk}}{\partial\hat{Y}_j}\right)_0&=-\frac{\Delta X_{jk}^0}{(S_{jk}^0)^2}\\ \left(\frac{\partial\hat{\alpha}_{jk}}{\partial\hat{X}_k}\right)_0&=-\frac{\Delta Y_{jk}^0}{(S_{jk}^0)^2}\\ \left(\frac{\partial\hat{\alpha}_{jk}}{\partial\hat{Y}_k}\right)_0&=\frac{\Delta X_{jk}^0}{(S_{jk}^0)^2}\end{aligned}\right\} \tag{5.1.23}$$

将上述结果代入式(5.1.22)，并考虑全式单位的统一，得

$$\delta\alpha''_{jk}=\frac{\rho''\Delta Y_{jk}^0}{(S_{jk}^0)^2}\hat{x}_j-\frac{\rho''\Delta X_{jk}^0}{(S_{jk}^0)^2}\hat{y}_j-\frac{\rho''\Delta Y_{jk}^0}{(S_{jk}^0)^2}\hat{x}_k+\frac{\rho''\Delta X_{jk}^0}{(S_{jk}^0)^2}\hat{y}_k \tag{5.1.24}$$

或

$$\delta\alpha''_{jk}=\frac{\rho''\sin\alpha_{jk}^0}{S_{jk}^0}\hat{x}_j-\frac{\rho''\cos\alpha_{jk}^0}{S_{jk}^0}\hat{y}_j-\frac{\rho''\sin\alpha_{jk}^0}{S_{jk}^0}\hat{x}_k+\frac{\rho''\cos\alpha_{jk}^0}{S_{jk}^0}\hat{y}_k \tag{5.1.25}$$

令

$$a_{jk}=\frac{\rho''\Delta Y_{jk}^{0}}{(S_{jk}^{0})^{2}}=\frac{\rho''\sin\alpha_{jk}^{0}}{S_{jk}^{0}} \tag{5.1.26}$$

$$b_{jk}=\frac{\rho''\Delta X_{jk}^{0}}{(S_{jk}^{0})^{2}}=-\frac{\rho''\cos\alpha_{jk}^{0}}{S_{jk}^{0}} \tag{5.1.27}$$

则

$$\delta\alpha_{jk}=a_{jk}\hat{x}_{j}+b_{jk}\hat{y}_{j}-a_{jk}\hat{x}_{k}-b_{jk}\hat{y}_{k} \tag{5.1.28}$$

上式即为坐标改正数与坐标方位角改正数间的一般关系式，称为坐标方位角改止数方程。其中，$\delta\alpha$ 表示以(″)为单位的坐标方位角改正数。

将式(5.1.28)及下式

$$\hat{Z}_{j}=Z_{j}^{0}+\hat{z}_{j} \tag{5.1.29}$$

代入式(5.1.18)，即得 jk 方向的误差方程为

$$v_{jk}=-\hat{z}_{j}+a_{jk}\hat{x}_{j}+b_{jk}\hat{y}_{j}-a_{jk}\hat{x}_{k}-b_{jk}\hat{y}_{k}-l_{jk} \tag{5.1.30}$$

式中：常数项为

$$l_{jk}=L_{jk}-(\alpha_{jk}^{0}-Z_{j}^{0})=L_{jk}-L_{jk}^{0} \tag{5.1.31}$$

上式中 L_{jk}^{0} 为 jk 的近似方向值，因此误差方程的常数项 l 为观测值减去其近似值。

综上，测方向坐标平差的误差方程具有如下特点：

(1)误差方程中的参数除待定点坐标平差值之外，还有测站定向角未知参数 $\hat{z}$。而且相同测站不同方向，均存在一个相同的本测站的定向角未知参数。测站不同，测站定向角未知参数不同。网中所有测站均存在一个定向角平差值参数，其系数均为－1。

(2)当测站 j 和 k 两点均为待定点时，它们的坐标未知数系数的数值相等，符号相反。其他坐标未知数的系数均为零，即为式(5.1.30)。

(3)若测站点 j 为已知点，则 $\hat{x}_{j}=\hat{y}_{j}=0$，得

$$\delta\alpha_{jk}=-\frac{\rho''\Delta Y_{jk}^{0}}{(S_{jk}^{0})^{2}}\hat{x}_{k}+\frac{\rho''\Delta X_{jk}^{0}}{(S_{jk}^{0})^{2}}\hat{y}_{k} \tag{5.1.32}$$

jk 方向的误差方程则可改写为

$$v_{jk}=-\hat{z}_{j}-a_{jk}\hat{x}_{k}-b_{jk}\hat{y}_{k}-l_{jk} \tag{5.1.33}$$

若照准点 k 为已知点，则 $\hat{x}_{k}=\hat{y}_{k}=0$，可得

$$\delta\alpha_{jk}=\frac{\rho''\Delta Y_{jk}^{0}}{(S_{jk}^{0})^{2}}\hat{x}_{j}-\frac{\rho''\Delta X_{jk}^{0}}{(S_{jk}^{0})^{2}}\hat{y}_{j} \tag{5.1.34}$$

jk 方向的误差方程则可改写为

$$v_{jk}=-\hat{z}_{j}+a_{jk}\hat{x}_{j}+b_{jk}\hat{y}_{j}-l_{jk} \tag{5.1.35}$$

(4)若某边的两个端点均为已知点时，则 $\hat{x}_{j}=\hat{y}_{j}=0$，$\hat{x}_{k}=\hat{y}_{k}=0$，于是

$$\delta\alpha_{jk}=0$$

故

$$v_{jk}=-\hat{z}_{j}-l_{jk} \tag{5.1.36}$$

(5)同一边的正反坐标方位角改正数相等，它们与坐标改正数的关系式亦一样。因为

$$\delta\alpha_{kj}=\frac{\rho''\Delta Y_{kj}^{0}}{(S_{jk}^{0})^{2}}\hat{x}_{k}-\frac{\rho''\Delta X_{kj}^{0}}{(S_{jk}^{0})^{2}}\hat{y}_{k}-\frac{\rho''\Delta Y_{kj}^{0}}{(S_{jk}^{0})^{2}}\hat{x}_{j}+\frac{\rho''\Delta X_{kj}^{0}}{(S_{jk}^{0})^{2}}\hat{y}_{j}$$

对比式(5.1.24)，并顾及 $\Delta Y_{jk}^0=-\Delta Y_{kj}^0$，$\Delta X_{jk}^0=-\Delta X_{kj}^0$，可得

$$\delta\alpha_{kj}=\delta\alpha_{jk} \tag{5.1.37}$$

【例 5.1.3】 在图 5.1.5 中，A、B 为已知坐标的两个控制点，D 为加密待定点。起算数据列于表 5.1.2。在 3 个测站上共观测 6 个方向，观测值位于表 5.1.3。试以 D 点坐标为平差参数，列出其误差方程。

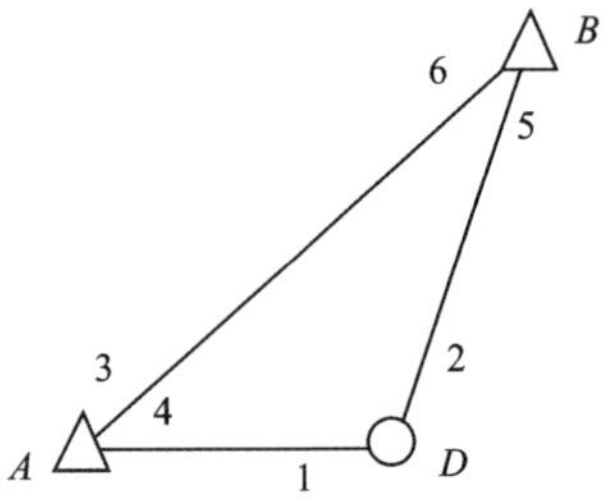

图 5.1.5 方向观测控制网

表 5.1.2 起算数据

点名	坐标/m		坐标方位角 α	边长 S/m
	X	Y		
B	13737.37	10501.92		
A	8986.68	5705.03	225°16′38.1″	6751.24

表 5.1.3 方向观测值

测站	照准点		方向观测值	测站	照准点		方向观测值
D	A	1	127°48′41.2″	A	B	3	0°00′00.0″
	B	2	234°39′23.4″		D	4	30°52′44.0″
B	D	5	0°00′00.0″				
	A	6	42°16′39.1″				

解：本题 $n=6$，有 1 个待定点，必要观测为 $1\times2=2$。另外在方向观测的情况下，还需确定3 个测站定向角，故必要观测 $t=2+3=5$。需设定 5 个独立未知参数，分别为 $\hat{X}_D$、$\hat{Y}_D$、$\hat{Z}_A$、$\hat{Z}_B$、$\hat{Z}_D$。

(1)由已知点 B、A 和观测角 $L_B=L_6-L_5$、$L_A=L_4-L_3$ 按余切公式计算待定点 D 的近似坐标为

$$\left.\begin{aligned}X_D^0&=\frac{X_A\cot L_B+X_B\cot L_A-Y_B+Y_A}{\cot L_A+\cot L_B}=10122.12\text{m}\\Y_D^0&=\frac{Y_A\cot L_B+Y_B\cot L_A+X_B-X_A}{\cot L_A+\cot L_B}=10312.47\text{m}\end{aligned}\right\} \tag{5.1.38}$$

(2)由已知点坐标和待定点近似坐标计算待定边的近似坐标方位角 α^0 和近似边长 S^0，列于表 5.1.4。

(3)计算坐标方位角改正数方程的系数(表 5.1.4)。计算时 S^0、ΔX^0、ΔY^0 均以 m 为单位，而 $\hat{x}_D$、$\hat{y}_D$ 因其数值较小，采用 dm 为单位。对于已知边，因 $\delta\alpha=0$，故不必计算。对本例而言，只要计算两条边的坐标方位角改正数方程，分别为

$$\left.\begin{aligned}\delta\alpha_{DA}&=\frac{\rho''\Delta Y_{DA}^{0}}{(S_{DA}^{0})^{2}\times10}\hat{x}_{D}-\frac{\rho''\Delta X_{DA}^{0}}{(S_{DA}^{0})^{2}\times10}\hat{y}_{D}\\\delta\alpha_{DB}&=\frac{\rho''\Delta Y_{DB}^{0}}{(S_{DB}^{0})^{2}\times10}\hat{x}_{D}-\frac{\rho''\Delta X_{DB}^{0}}{(S_{DB}^{0})^{2}\times10}\hat{y}_{D}\end{aligned}\right\}\tag{5.1.39}$$

表 5.1.4　坐标方位角改正数方程系数计算表

方向	ΔY^0/m	ΔX^0/m	近似边长S^0/m	近似坐标方位角α^0	$\delta\alpha$ 的系数/(″)·dm^{-1}	
					a	b
DA	−4607.44	−1135.44	4745	256°09′22.0″	−4.22	+1.04
DB	189.45	3615.25	3620	2°59′59.0″	+0.30	−5.69

表 5.1.4 中

$$a=\frac{\rho''\Delta Y^{0}}{(S^{0})^{2}\times10}=\frac{\rho''\sin\alpha^{0}}{S^{0}\times10}$$

$$b=-\frac{\rho''\Delta X^{0}}{(S^{0})^{2}\times10}=-\frac{\rho''\cos\alpha^{0}}{S^{0}\times10}$$

(4)计算各测站定向角近似值Z^0，公式为

$$Z_j^0=\frac{\sum_{k=1}^{n_j}(\alpha_{jk}^0-L_{jk})}{n_j}\tag{5.1.40}$$

上式中n_j为在测站j上的观测方向数。例如，在本题中，对于测站A，定向角近似值计算式为

$$Z_A^0=\frac{(\alpha_{AB}^0-L_3)+(\alpha_{AD}^0-L_4)}{2}$$

(5)计算误差方程的常数项

$$l_{jk}=L_{jk}-(\alpha_{jk}^0-Z_j^0)=L_{jk}-L_{jk}^0$$

结果列于表 5.1.5。

表 5.1.5　误差方程常数项计算表

方向		编号	方向观测值	近似方位角	α^0-L	$-l(=\alpha^0-L-Z^0)/(″)$
D	A	2	127°48′41.2″	256°09′22.0″	128°20′40.8″	2.6
	B	3	234°39′23.4″	2°59′59.0″	35.6″	−2.6
				$Z_D^0=$	128°20′38.2	0
A	B	6	0°00′00.0″	45°16′38.1″	45°16′38.1″	0.05
	D	7	30°52′44.0″	76°09′22.0″	38.0″	−0.05
				$Z_A^0=$	45°16′38.05″	0
B	D	9	0°00′00.0″	182°59′59.0″	182°59′59.0″	0
	A	10	42°16′39.1″	225°16′38.1″	59.0″	0
				$Z_B^0=$	182°59′59.0″	0

(6)由表5.1.4中的系数 a、b 和表5.1.5中的 l，可按式(5.1.30)组成各方向的误差方程，即

$$v_1 = -\hat{z}_D - 4.22\hat{x}_D + 1.04\hat{y}_D + 2.60$$
$$v_2 = -\hat{z}_D + 0.30\hat{x}_D - 5.69\hat{y}_D - 2.60$$
$$v_3 = -\hat{z}_A + 0.05$$
$$v_4 = -\hat{z}_A - 4.22\hat{x}_D + 1.04\hat{y}_D - 0.05$$
$$v_5 = -\hat{z}_B + 0.30\hat{x}_D - 5.69\hat{y}_D + 0$$
$$v_6 = -\hat{z}_B + 0$$

3.测角网

如图5.1.6所示，L_i 为角度观测值，j、k、h 为控制网中的待定点。选择待定点的坐标为未知参数，设相应的近似值为 (X_j^0, Y_j^0)、(X_k^0, Y_k^0)、(X_h^0, Y_h^0)，近似坐标的改正数为 $(\hat{x}_j, \hat{y}_j)$、$(\hat{x}_k, \hat{y}_k)$、$(\hat{x}_h, \hat{y}_h)$，则

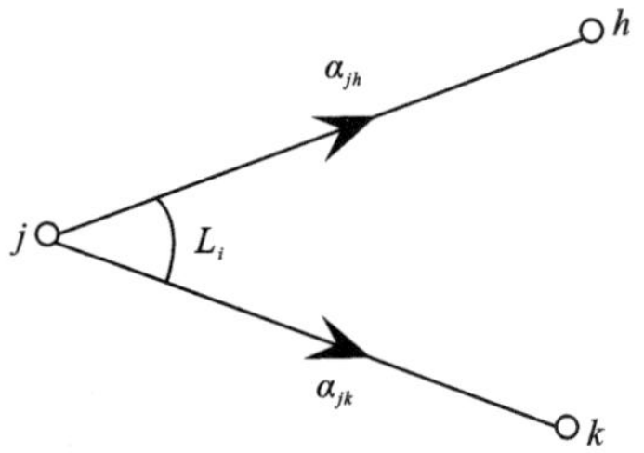

图5.1.6　测角示意图

$$\hat{X}_j = X_j^0 + \hat{x}_j, \quad \hat{Y}_j = Y_j^0 + \hat{y}_j,$$
$$\hat{X}_k = X_k^0 + \hat{x}_k, \quad \hat{Y}_k = Y_k^0 + \hat{y}_k,$$
$$\hat{X}_h = X_h^0 + \hat{x}_h, \quad \hat{Y}_h = Y_h^0 + \hat{y}_h$$

对于角度 L_i，其观测方程为

$$L_i + v_i = \hat{\alpha}_{jk} - \hat{\alpha}_{jh} \tag{5.1.41}$$

由近似坐标改正数引起的近似坐标方位角改正数为 $\delta\alpha$，即

$$\hat{\alpha} = \alpha^0 + \delta\alpha \tag{5.1.42}$$

令

$$l_i = L_i - (\alpha_{jk}^0 - \alpha_{jh}^0) = L_i - L_i^0 \tag{5.1.43}$$

则式(5.1.41)可写为

$$v_i = \delta\alpha_{jk} - \delta\alpha_{jh} - l_i \tag{5.1.44}$$

上式即为由方位角改正数表示的误差方程。

由式(5.1.24)或式(5.1.28)可将方位角改正数表达为坐标改正数，将此坐标改正数代入式(5.1.44)可得测角网坐标平差的误差方程如下：

$$v_i = (a_{jk} - a_{jh})\hat{x}_j + (b_{jk} - b_{jh})\hat{y}_j - a_{jk}\hat{x}_k - b_{jk}\hat{y}_k + a_{jh}\hat{x}_h + b_{jh}\hat{y}_h - l_i \tag{5.1.45}$$

相比方向观测坐标平差误差方程，测角网坐标平差误差方程有两个特点：不含定向角参数；在一个误差方程中，可能含有3对坐标平差值。

【例5.1.4】 在图5.1.7所示测角网中，同精度测得3个角度 L_1、L_2、L_3。已知点 A、B 的起算数据(见例5.1.3中的表5.1.2)，角度观测值列于表5.1.6，试列出测角网坐标平差的误差方程。

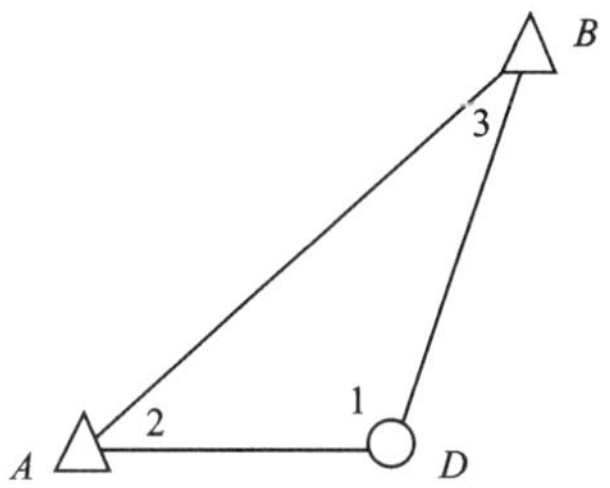

图 5.1.7　测角控制网

表 5.1.6　角度观测值

角号	观测值L_i
1	106°50′42.2″
2	30°52′44.0″
3	42°16′39.1″

解：(1)计算 D 点近似坐标[见式(5.1.38)]为

$$X_D^0=10122.12\text{m}, Y_D^0=10312.47\text{m}$$

(2)按已知点坐标及待定点近似坐标计算各边的近似方位角α^0，近似边长S^0，并计算误差方程系数 a、b。其值列于例 5.1.3 的表 5.1.4。

根据表 5.1.4 的数据可以写出待定边的坐标方位角改正数方程，即

$$\begin{aligned}\delta\alpha_{DA}&=\delta\alpha_{AD}=-4.22\hat{x}_D+1.04\hat{y}_D\\ \delta\alpha_{DB}&=\delta\alpha_{BD}=\ \ 0.30\hat{x}_D-5.69\hat{y}_D\end{aligned}$$

(3)参照图 5.1.7 列出观测值方程为

$$\begin{aligned}L_1+v_1&=\hat{\alpha}_{DB}-\hat{\alpha}_{DA}\\ L_2+v_2&=\hat{\alpha}_{AD}-\hat{\alpha}_{AB}\\ L_3+v_3&=\hat{\alpha}_{BA}-\hat{\alpha}_{BD}\end{aligned}\tag{5.1.46}$$

将 $\hat{\alpha}=\alpha^0+\delta\alpha$ 代入上式后可得

$$\begin{aligned}v_1&=\ \ \delta\alpha_{DB}-\delta\alpha_{DA}-l_1\\ v_2&=\ \ \delta\alpha_{AD}-l_2\\ v_3&=-\delta\alpha_{BD}-l_3\end{aligned}$$

而

$$\begin{aligned}l_1&=L_1-(\alpha_{DB}^0-\alpha_{DA}^0)=L_1-L_1^0\\ l_2&=L_2-(\alpha_{AD}^0-\alpha_{AB})=L_2-L_2^0\\ l_3&=L_3-(\alpha_{BA}-\alpha_{BD}^0)=L_3-L_3^0\end{aligned}$$

将步骤(2)中算得的坐标方位角改正数方程、近似及已知坐标方位角值和观测值代入式 (5.1.46)，得误差方程式为

$$\left.\begin{aligned}v_1&=\ \ 4.52\hat{x}_D-6.73\hat{y}_D-5.2\\ v_2&=-4.22\hat{x}_D+1.04\hat{y}_D-0.1\\ v_3&=-0.30\hat{x}_D+5.69\hat{y}_D+0.0\end{aligned}\right\}$$

如果把属于同一个三角形的 3 个误差方程求和，其未知数部分自相抵消，而常数项之和就等于该三角形的闭合差反号，即是第 4 章中的改正数条件方程式。

(4)组成法方程，求参数及观测量的平差值。

由误差方程组成法方程

$$\begin{bmatrix}38.33&-36.52\\-36.52&78.75\end{bmatrix}\begin{bmatrix}\hat{x}_D\\ \hat{y}_D\end{bmatrix}-\begin{bmatrix}23.08\\-34.89\end{bmatrix}=0$$

解算法方程，得

$$\hat{x}_D = \quad 0.323\text{dm}$$

$$\hat{y}_D = -0.294\text{dm}$$

代入误差方程计算观测值的改正数和平差值，并计算待定点 D 的坐标平差值，得

$$\boldsymbol{V} = \begin{bmatrix} -1.7667 \\ -1.7667 \\ -1.7667 \end{bmatrix}, \hat{\boldsymbol{L}} = \begin{bmatrix} 106° & 50' & 40.4'' \\ 30 & 52 & 42.2 \\ 42 & 16 & 37.3 \end{bmatrix}, [\hat{X}_D \quad \hat{Y}_D] = [10122.44\text{m} \quad 10312.18\text{m}]$$

4. 测边网

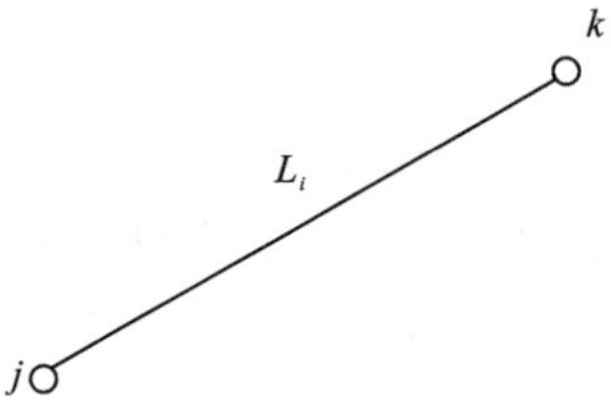

图 5.1.8　边长观测示意图

如图 5.1.8 所示，j、k 为控制网中的待定点，测得待定点间的边长为 L_i。现选待定点坐标平差值 $\hat{X}_j$，$\hat{Y}_j$，$\hat{X}_k$，$\hat{Y}_k$ 作为参数，并令

$$\hat{X}_j = X_j^0 + \hat{x}_j, \hat{Y}_j = Y_j^0 + \hat{y}_j, \hat{X}_k = X_k^0 + \hat{x}_k, \hat{Y}_k = Y_k^0 + \hat{y}_k$$

由图 5.1.8 可得观测方程为

$$\hat{L}_i = L_i + v_i = \sqrt{(\hat{X}_k - \hat{X}_j)^2 + (\hat{Y}_k - \hat{Y}_j)^2}$$

按泰勒公式展开，取至一次项，得

$$L_i + v_i = S_{jk}^0 + \frac{\Delta X_{jk}^0}{S_{jk}^0}(\hat{x}_k - \hat{x}_j) + \frac{\Delta Y_{jk}^0}{S_{jk}^0}(\hat{y}_k - \hat{y}_j) \tag{5.1.47}$$

式中：

$$\Delta X_{jk}^0 = X_k^0 - X_j^0, \Delta Y_{jk}^0 = Y_k^0 - Y_j^0$$

$$S_{jk}^0 = \sqrt{(X_k^0 - X_j^0)^2 + (Y_k^0 - Y_j^0)^2}$$

再令

$$l_i = L_i - S_{jk}^0 \tag{5.1.48}$$

则测边坐标平差误差方程的一般形式为

$$v_i = -\frac{\Delta X_{jk}^0}{S_{jk}^0}\hat{x}_j - \frac{\Delta Y_{jk}^0}{S_{jk}^0}\hat{y}_j + \frac{\Delta X_{jk}^0}{S_{jk}^0}\hat{x}_k + \frac{\Delta Y_{jk}^0}{S_{jk}^0}\hat{y}_k - l_i \tag{5.1.49}$$

上式是在假设观测边的两端点均是待定点情况下推导而得，在具体计算时可按不同情况灵活运用。

(1)当 j 为已知点时，有 $\hat{x}_j = \hat{y}_j = 0$，则误差方程可表达为

$$v_i = \frac{\Delta X_{jk}^0}{S_{jk}^0}\hat{x}_k + \frac{\Delta Y_{jk}^0}{S_{jk}^0}\hat{y}_k - l_i \tag{5.1.50}$$

(2)当 k 为已知点时，有 $\hat{x}_k = \hat{y}_k = 0$，则误差方程可表达为

$$v_i = -\frac{\Delta X_{jk}^0}{S_{jk}^0}\hat{x}_j - \frac{\Delta Y_{jk}^0}{S_{jk}^0}\hat{y}_j - l_i \tag{5.1.51}$$

若 j、k 两点均为已知点，则该边为固定边(已知边)，无须观测，故对该边无须列误差方程。

(3)观测边的误差方程,按 jk 向列立或按 kj 向列立,其结果相同。

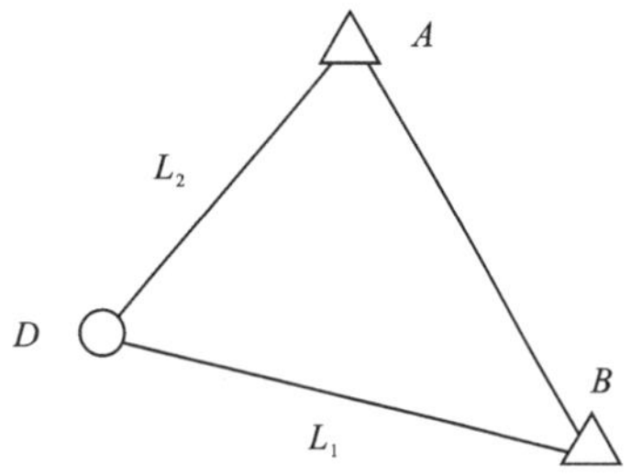

图 5.1.9 测边加密点图

【例 5.1.5】 同精度测得如图 5.1.9 中的两个边长,其结果为(数据改引自文献[1])

$$L_1=5760.706\text{m}$$

$$L_2=5187.342\text{m}$$

已知点 A、B 的起算数据列于表 5.1.7。试列误差方程并求 D 点坐标的平差值。

表 5.1.7 起算数据

点名	坐标/m		边长 S/m	方位角 α_{AB}
	X	Y		
A	53743.136	61003.826	804.558	138°00′08.6″
B	47943.002	66225.854		

解:(1)本题 $t=2$,选择待定点 D 的坐标 $\hat{X}_D$ 和 $\hat{Y}_D$ 为参数,其近似值 X_D^0 和 Y_D^0 由 A、B 的已知坐标和观测边 L_1、L_2 交会计算而得。图 5.1.10 中,设 h 为三角形 ABD 底边 AB 上的高,l 为 L_1 在 AB 上的投影。则

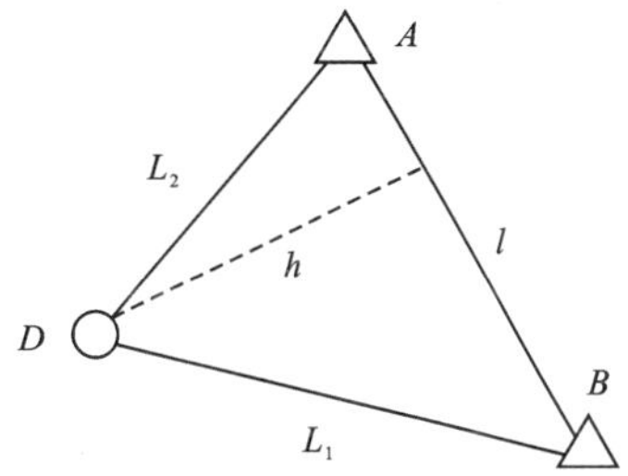

图 5.1.10 边长交会计算图

$$l=\frac{L_1^2+\overline{AB}^2-L_2^2}{2\,\overline{AB}}=4304.430\text{ m}$$

$$h=\sqrt{L_1^2-l^2}=3828.527\text{ m}$$

$$\cos\alpha_{AB}=\frac{x_B-x_A}{\overline{AB}}=-0.743$$

$$\sin\alpha_{AB}=\frac{y_B-y_A}{\overline{AB}}=0.669$$

按此,计算待定点 D 的近似坐标为

$$X_D^0=X_A+l\cos\alpha_{AB}+h\sin\alpha_{AB}=53105.868\text{m}$$

$$Y_D^0=Y_A+l\sin\alpha_{AB}-h\cos\alpha_{AB}=66729.1756\text{m}$$

(2)根据近似坐标和已知点坐标计算得到的误差方程系数和常数项列于表 5.1.8,由表 5.1.8 的最后 3 列数值,写出误差方程。

表 5.1.8 误差方程系数计算表

方向 jk	$(X_k^0-X_j)$/m	$(Y_k^0-Y_j)$/m	近似边长/m	$\frac{\Delta X_{jk}^0}{S^0}$	$\frac{\Delta Y_{jk}^0}{S^0}$	$l(=L-S^0)$/m
DB	−637.268	5725.349	5760.70583	−0.1106	0.9939	0.00017
DA	5162.866	503.321	5187.34203	0.9953	0.0970	−0.00003

$$\boldsymbol{V}=\begin{bmatrix}0.1106 & -0.9939\\ -0.9953 & -0.0970\end{bmatrix}\hat{\boldsymbol{x}}-\begin{bmatrix}1.7\text{mm}\\ -0.03\text{mm}\end{bmatrix}$$

上式中，$\hat{\boldsymbol{x}}=[\hat{x}_D \quad \hat{y}_D]^{\mathrm{T}}$。令 $\boldsymbol{P}=\begin{bmatrix}1 & 0\\ 0 & 1\end{bmatrix}$，则

$$\boldsymbol{B}^{\mathrm{T}}\boldsymbol{PB}\hat{\boldsymbol{x}}-\boldsymbol{B}^{\mathrm{T}}\boldsymbol{Pl}=0$$

$$\boldsymbol{N}=\boldsymbol{B}^{\mathrm{T}}\boldsymbol{PB}=\begin{bmatrix}1.0029 & -0.0134\\ -0.0134 & 0.9973\end{bmatrix},\boldsymbol{W}=\boldsymbol{B}^{\mathrm{T}}\boldsymbol{Pl}=\begin{bmatrix}0.0002\\ -0.0017\end{bmatrix}$$

$$\boldsymbol{N}^{-1}=\begin{bmatrix}0.9973 & 0.0134\\ 0.0134 & 1.0029\end{bmatrix},\hat{\boldsymbol{x}}=\boldsymbol{N}^{-1}\boldsymbol{W}=\begin{bmatrix}-0.2\text{mm}\\ -1.7\text{mm}\end{bmatrix}$$

则 D 点坐标平差值为 $\hat{\boldsymbol{X}}=\hat{\boldsymbol{x}}+\begin{bmatrix}X_D^0\\ Y_D^0\end{bmatrix}=\begin{bmatrix}53105.8678\text{m}\\ 66729.1739\text{m}\end{bmatrix}$。

5. GNSS 网

在全球导航卫星系统(GNSS)定位中，通过在任意两个观测站上进行卫星同步观测，可以获得两点之间的基线向量观测值。为了提高定位结果的准确性和可靠性，通常需要将不同时间段的观测基线向量连接成网络，进行 GNSS 网平差。一般而言，GNSS 网平差采用间接平差法。

设 GNSS 网中待定点 i 的空间直角坐标平差值为参数 $\hat{x}_i$、$\hat{y}_i$、$\hat{z}_i$，其近似值分别为 x_i^0、y_i^0、z_i^0。设该点坐标未知参数改正数为 $\delta\hat{x}_i$、$\delta\hat{y}_i$、$\delta\hat{z}_i$，则 i 点坐标参数可表示为

$$\begin{bmatrix}\hat{x}_i\\ \hat{y}_i\\ \hat{z}_i\end{bmatrix}=\begin{bmatrix}x_i^0\\ y_i^0\\ z_i^0\end{bmatrix}+\begin{bmatrix}\delta\hat{x}_i\\ \delta\hat{y}_i\\ \delta\hat{z}_i\end{bmatrix} \tag{5.1.52}$$

若 GNSS 基线向量观测值为 Δx_{ij}、Δy_{ij}、Δz_{ij}，则观测方程为

$$\begin{bmatrix}\Delta\hat{x}_{ij}\\ \Delta\hat{y}_{ij}\\ \Delta\hat{z}_{ij}\end{bmatrix}=\begin{bmatrix}\Delta x_{ij}+v_{x_{ij}}\\ \Delta y_{ij}+v_{y_{ij}}\\ \Delta z_{ij}+v_{z_{ij}}\end{bmatrix}=\begin{bmatrix}\hat{x}_j\\ \hat{y}_j\\ \hat{z}_j\end{bmatrix}-\begin{bmatrix}\hat{x}_i\\ \hat{y}_i\\ \hat{z}_i\end{bmatrix} \tag{5.1.53}$$

由式(5.1.52)、式(5.1.53)可得基线向量的误差方程为

$$\begin{bmatrix}v_{x_{ij}}\\ v_{y_{ij}}\\ v_{z_{ij}}\end{bmatrix}=\begin{bmatrix}\delta\hat{x}_j\\ \delta\hat{y}_j\\ \delta\hat{z}_j\end{bmatrix}-\begin{bmatrix}\delta\hat{x}_i\\ \delta\hat{y}_i\\ \delta\hat{z}_i\end{bmatrix}+\begin{bmatrix}x_j^0-x_i^0-\Delta x_{ij}\\ y_j^0-y_i^0-\Delta y_{ij}\\ z_j^0-z_i^0-\Delta z_{ij}\end{bmatrix} \tag{5.1.54}$$

令

$$\boldsymbol{V}_K=\begin{bmatrix}v_{x_{ij}}\\ v_{y_{ij}}\\ v_{z_{ij}}\end{bmatrix},\boldsymbol{X}_i^0=\begin{bmatrix}x_i^0\\ y_i^0\\ z_i^0\end{bmatrix},\boldsymbol{X}_j^0=\begin{bmatrix}x_j^0\\ y_j^0\\ z_j^0\end{bmatrix},\delta\hat{\boldsymbol{X}}_i=\begin{bmatrix}\delta\hat{x}_i\\ \delta\hat{y}_i\\ \delta\hat{z}_i\end{bmatrix},\delta\hat{\boldsymbol{X}}_j=\begin{bmatrix}\delta\hat{x}_j\\ \delta\hat{y}_j\\ \delta\hat{z}_j\end{bmatrix},\Delta\boldsymbol{X}_{ij}=\begin{bmatrix}\Delta x_{ij}\\ \Delta y_{ij}\\ \Delta z_{ij}\end{bmatrix} \tag{5.1.55}$$

则编号为 K 的基线向量误差方程为

$$\boldsymbol{V}_K = \delta\hat{\boldsymbol{X}}_j - \delta\hat{\boldsymbol{X}}_i - \boldsymbol{l}_K \tag{5.1.56}$$

式中：

$$\boldsymbol{l}_k = \Delta\boldsymbol{X}_{ij} - (\boldsymbol{X}_j^0 - \boldsymbol{X}_i^0) \tag{5.1.57}$$

当网中有 m 个待定点，n 条基线向量时，则 GNSS 网的误差方程可表示为

$$\underset{3n\times1}{\boldsymbol{V}} = \underset{3n\times3m}{\boldsymbol{B}}\ \underset{3m\times1}{\delta\hat{\boldsymbol{X}}} - \underset{3n\times1}{\boldsymbol{l}} \tag{5.1.58}$$

5.2　间接平差精度评定

5.2.1　单位权中误差的估算

单位权方差的估值 $\hat{\sigma}_0^2$ 的计算与函数模型的选择无关，均为

$$\hat{\sigma}_0^2 = \frac{\boldsymbol{V}^{\mathrm{T}}\boldsymbol{P}\boldsymbol{V}}{r} = \frac{\boldsymbol{V}^{\mathrm{T}}\boldsymbol{P}\boldsymbol{V}}{n-t} \tag{5.2.1}$$

式中：r 为自由度（多余观测数）。

于是，单位权中误差估值 $\hat{\sigma}_0$ 为

$$\hat{\sigma}_0 = \sqrt{\frac{\boldsymbol{V}^{\mathrm{T}}\boldsymbol{P}\boldsymbol{V}}{n-t}} \tag{5.2.2}$$

$\boldsymbol{V}^{\mathrm{T}}\boldsymbol{P}\boldsymbol{V}$ 可直接将解算得到的 $\boldsymbol{V}$、$\boldsymbol{P}$ 代入进行计算，也可以通过以下导出公式计算：

$$\boldsymbol{V}^{\mathrm{T}}\boldsymbol{P}\boldsymbol{V}=(\boldsymbol{B}\hat{\boldsymbol{x}}-\boldsymbol{l})^{\mathrm{T}}\boldsymbol{P}\boldsymbol{V} \tag{5.2.3}$$

顾及式(5.1.7)，得

$$\boldsymbol{V}^{\mathrm{T}}\boldsymbol{P}\boldsymbol{V} = -\boldsymbol{l}^{\mathrm{T}}\boldsymbol{P}(\boldsymbol{B}\hat{\boldsymbol{x}}-\boldsymbol{l}) = \boldsymbol{l}^{\mathrm{T}}\boldsymbol{P}\boldsymbol{l} - \boldsymbol{l}^{\mathrm{T}}\boldsymbol{P}\boldsymbol{B}\hat{\boldsymbol{x}} \tag{5.2.4}$$

考虑 $\boldsymbol{l}^{\mathrm{T}}\boldsymbol{P}\boldsymbol{B}=(\boldsymbol{B}^{\mathrm{T}}\boldsymbol{P}\boldsymbol{l})^{\mathrm{T}}$，于是有

$$\boldsymbol{V}^{\mathrm{T}}\boldsymbol{P}\boldsymbol{V} = \boldsymbol{l}^{\mathrm{T}}\boldsymbol{P}\boldsymbol{l} - (\boldsymbol{B}^{\mathrm{T}}\boldsymbol{P}\boldsymbol{l})^{\mathrm{T}}\hat{\boldsymbol{x}} \tag{5.2.5}$$

5.2.2　协因数矩阵

在间接平差中，基本向量为 $\boldsymbol{L}(\boldsymbol{l})$、$\hat{\boldsymbol{X}}(\hat{\boldsymbol{x}})$、$\boldsymbol{V}$ 和 $\hat{\boldsymbol{L}}$。已知 $\boldsymbol{Q}_{LL}=\boldsymbol{Q}$，由于 $\boldsymbol{l}=\boldsymbol{L}-\boldsymbol{F}(\boldsymbol{X}^0)=\boldsymbol{L}-\boldsymbol{L}^0$，而 $\boldsymbol{L}^0=\boldsymbol{F}(\boldsymbol{X}^0)$ 是由近似值计算的函数值，对协因数计算不产生影响。此外，由定义知，$\hat{\boldsymbol{X}}=\boldsymbol{X}^0+\hat{\boldsymbol{x}}$，故 $\boldsymbol{Q}_{\hat{X}\hat{X}}=\boldsymbol{Q}_{\hat{x}\hat{x}}$。根据间接平差各基本向量间关系，可利用协因数传播律计算间接平差基本向量的自协因数矩阵以及两两向量间的互协因数矩阵。

设 $\boldsymbol{Z}^{\mathrm{T}}=(\boldsymbol{L}^{\mathrm{T}}\quad \hat{\boldsymbol{X}}^{\mathrm{T}}\quad \boldsymbol{V}^{\mathrm{T}}\quad \hat{\boldsymbol{L}}^{\mathrm{T}})$，则 $\boldsymbol{Z}$ 的协因数矩阵为

$$\boldsymbol{Q}_{ZZ} = \begin{bmatrix} \boldsymbol{Q}_{LL} & \boldsymbol{Q}_{L\hat{X}} & \boldsymbol{Q}_{LV} & \boldsymbol{Q}_{L\hat{L}} \\ \boldsymbol{Q}_{\hat{X}L} & \boldsymbol{Q}_{\hat{X}\hat{X}} & \boldsymbol{Q}_{\hat{X}V} & \boldsymbol{Q}_{\hat{X}\hat{L}} \\ \boldsymbol{Q}_{VL} & \boldsymbol{Q}_{V\hat{X}} & \boldsymbol{Q}_{VV} & \boldsymbol{Q}_{V\hat{L}} \\ \boldsymbol{Q}_{\hat{L}L} & \boldsymbol{Q}_{\hat{L}\hat{X}} & \boldsymbol{Q}_{\hat{L}V} & \boldsymbol{Q}_{\hat{L}\hat{L}} \end{bmatrix} \tag{5.2.6}$$

式(5.2.6)中对角线上的子矩阵，即为各基本向量的自协因数矩阵，非对角线上元素为两两基本向量的互协因数矩阵。

已知基本向量的关系式为

$$\boldsymbol{L}=\boldsymbol{l}+\boldsymbol{L}^0 \tag{5.2.7}$$

$$\hat{\boldsymbol{x}}=\boldsymbol{N}_{BB}^{-1}\boldsymbol{W}=\boldsymbol{N}_{BB}^{-1}\boldsymbol{B}^{\mathrm{T}}\boldsymbol{P}\boldsymbol{l} \tag{5.2.8}$$

$$\boldsymbol{V}=\boldsymbol{B}\hat{\boldsymbol{x}}-\boldsymbol{l} \tag{5.2.9}$$

$$\hat{\boldsymbol{L}}=\boldsymbol{L}+\boldsymbol{V}=\boldsymbol{B}\hat{\boldsymbol{x}}+\boldsymbol{L}^0 \tag{5.2.10}$$

根据协因数传播律可推导出各基本向量的协因数矩阵及其向量间的协因数矩阵。

(1)由 $\boldsymbol{l}=\boldsymbol{L}-\boldsymbol{L}^0$ 以及观测值 $\boldsymbol{L}$ 的协因数矩阵(平差前随机模型,$\boldsymbol{Q}_{LL}=\boldsymbol{Q}$),利用协因数传播律可得 $\boldsymbol{Q}_{ll}=\boldsymbol{Q}_{LL}=\boldsymbol{Q}$。

(2)由 $\boldsymbol{W}=\boldsymbol{B}^{\mathrm{T}}\boldsymbol{P}\boldsymbol{l}$ 及求得的 $\boldsymbol{Q}_{ll}$,可得 $\boldsymbol{Q}_{WW}=\boldsymbol{B}^{\mathrm{T}}\boldsymbol{P}\boldsymbol{Q}_{ll}(\boldsymbol{B}^{\mathrm{T}}\boldsymbol{P})^{\mathrm{T}}=\boldsymbol{B}^{\mathrm{T}}\boldsymbol{P}\boldsymbol{B}=\boldsymbol{N}_{BB}$。

(3)由 $\hat{\boldsymbol{x}}=\boldsymbol{N}_{BB}^{-1}\boldsymbol{W}$,可得 $\boldsymbol{Q}_{\hat{x}\hat{x}}=\boldsymbol{N}_{BB}^{-1}\boldsymbol{Q}_{WW}\boldsymbol{N}_{BB}^{-1}=\boldsymbol{N}_{BB}^{-1}\boldsymbol{N}_{BB}\boldsymbol{N}_{BB}^{-1}=\boldsymbol{N}_{BB}^{-1}$。

(4)由 $\boldsymbol{V}=\boldsymbol{B}\hat{\boldsymbol{x}}-\boldsymbol{l}$,写成向量形式为 $\boldsymbol{V}=\boldsymbol{B}\hat{\boldsymbol{x}}-\boldsymbol{l}=\begin{bmatrix}\boldsymbol{B} & -\boldsymbol{I}\end{bmatrix}\begin{bmatrix}\hat{\boldsymbol{x}}\\ \boldsymbol{l}\end{bmatrix}$,利用协因数传播律可得

$$\boldsymbol{Q}_{VV}=\boldsymbol{Q}+\boldsymbol{B}\boldsymbol{Q}_{\hat{X}\hat{X}}\boldsymbol{B}^{\mathrm{T}}-\boldsymbol{B}\boldsymbol{Q}_{\hat{X}\hat{X}}\boldsymbol{B}^{\mathrm{T}}-\boldsymbol{B}\boldsymbol{Q}_{\hat{X}\hat{X}}\boldsymbol{B}^{\mathrm{T}}=\boldsymbol{Q}-\boldsymbol{B}\boldsymbol{Q}_{\hat{X}\hat{X}}\boldsymbol{B}^{\mathrm{T}}=\boldsymbol{Q}-\boldsymbol{B}\boldsymbol{N}_{BB}^{-1}\boldsymbol{B}^{\mathrm{T}} \tag{5.2.11}$$

又因 $\hat{\boldsymbol{x}}=\boldsymbol{N}_{BB}^{-1}\boldsymbol{W}=\boldsymbol{N}_{BB}^{-1}\boldsymbol{B}^{\mathrm{T}}\boldsymbol{P}\boldsymbol{l}$,则有

$$\boldsymbol{Q}_{\hat{x}l}=\boldsymbol{N}_{BB}^{-1}\boldsymbol{B}^{\mathrm{T}}\boldsymbol{P}\boldsymbol{Q}=\boldsymbol{N}_{BB}^{-1}\boldsymbol{B}^{\mathrm{T}}=\boldsymbol{Q}_{l\hat{x}} \tag{5.2.12}$$

由于 $\hat{\boldsymbol{X}}=\boldsymbol{X}^0+\hat{\boldsymbol{x}}$,$\boldsymbol{X}^0$ 没有先验统计性质,因此 $\hat{\boldsymbol{X}}$ 和 $\hat{\boldsymbol{x}}$ 的统计性质一样。其余基本变量的有关协因数阵也均可按上述方法求得,具体如下:

$$\begin{aligned}
&\boldsymbol{Q}_{\hat{X}L}=\boldsymbol{N}_{BB}^{-1}\boldsymbol{B}^{\mathrm{T}}\boldsymbol{P}\boldsymbol{Q}=\boldsymbol{N}_{BB}^{-1}\boldsymbol{B}^{\mathrm{T}}=\boldsymbol{Q}_{L\hat{X}}^{\mathrm{T}}\\
&\boldsymbol{Q}_{VL}=\boldsymbol{B}\boldsymbol{Q}_{\hat{X}L}-\boldsymbol{Q}=\boldsymbol{B}\boldsymbol{N}_{BB}^{-1}\boldsymbol{B}^{\mathrm{T}}-\boldsymbol{Q}=\boldsymbol{Q}_{LV}^{\mathrm{T}}\\
&\boldsymbol{Q}_{V\hat{X}}=\boldsymbol{B}\boldsymbol{Q}_{\hat{X}\hat{X}}-\boldsymbol{Q}_{L\hat{X}}=\boldsymbol{B}\boldsymbol{N}_{BB}^{-1}-\boldsymbol{B}\boldsymbol{N}_{BB}^{-1}=0=\boldsymbol{Q}_{\hat{X}V}^{\mathrm{T}}\\
&\boldsymbol{Q}_{\hat{L}L}=\boldsymbol{Q}+\boldsymbol{Q}_{VL}=\boldsymbol{B}\boldsymbol{N}_{BB}^{-1}\boldsymbol{B}^{\mathrm{T}}=\boldsymbol{Q}_{L\hat{L}}^{\mathrm{T}}\\
&\boldsymbol{Q}_{\hat{L}\hat{X}}=\boldsymbol{Q}(\boldsymbol{N}_{BB}^{-1}\boldsymbol{B}^{\mathrm{T}}\boldsymbol{P})^{\mathrm{T}}+\boldsymbol{Q}_{V\hat{X}}=\boldsymbol{Q}\boldsymbol{P}\boldsymbol{B}\boldsymbol{N}_{BB}^{-1}+0=\boldsymbol{B}\boldsymbol{N}_{BB}^{-1}=\boldsymbol{Q}_{\hat{X}\hat{L}}^{\mathrm{T}}\\
&\boldsymbol{Q}_{\hat{L}V}=\boldsymbol{Q}_{LV}+\boldsymbol{Q}_{VV}=0=\boldsymbol{Q}_{V\hat{L}}^{\mathrm{T}}\\
&\boldsymbol{Q}_{\hat{L}\hat{L}}=\boldsymbol{Q}+\boldsymbol{Q}_{LV}+\boldsymbol{Q}_{VL}+\boldsymbol{Q}_{VV}=\boldsymbol{B}\boldsymbol{N}_{BB}^{-1}\boldsymbol{B}^{\mathrm{T}}
\end{aligned} \tag{5.2.13}$$

将以上得到的协因数矩阵列于表 5.2.1,以便查阅。

表 5.2.1　间接平差的协因数公式

	$\boldsymbol{L}$	$\hat{\boldsymbol{X}}$	$\boldsymbol{V}$	$\hat{\boldsymbol{L}}$
$\boldsymbol{L}$	$\boldsymbol{Q}$	$\boldsymbol{B}\boldsymbol{N}_{BB}^{-1}$	$\boldsymbol{B}\boldsymbol{N}_{BB}^{-1}\boldsymbol{B}^{\mathrm{T}}-\boldsymbol{Q}$	$\boldsymbol{B}\boldsymbol{N}_{BB}^{-1}\boldsymbol{B}^{\mathrm{T}}$
$\hat{\boldsymbol{X}}$	$\boldsymbol{N}_{BB}^{-1}\boldsymbol{B}^{\mathrm{T}}$	$\boldsymbol{N}_{BB}^{-1}$	0	$\boldsymbol{N}_{BB}^{-1}\boldsymbol{B}^{\mathrm{T}}$
$\boldsymbol{V}$	$\boldsymbol{B}\boldsymbol{N}_{BB}^{-1}\boldsymbol{B}^{\mathrm{T}}-\boldsymbol{Q}$	0	$\boldsymbol{Q}-\boldsymbol{B}\boldsymbol{N}_{BB}^{-1}\boldsymbol{B}^{\mathrm{T}}$	0
$\hat{\boldsymbol{L}}$	$\boldsymbol{B}\boldsymbol{N}_{BB}^{-1}\boldsymbol{B}^{\mathrm{T}}$	$\boldsymbol{B}\boldsymbol{N}_{BB}^{-1}$	0	$\boldsymbol{B}\boldsymbol{N}_{BB}^{-1}\boldsymbol{B}^{\mathrm{T}}$

由表 5.2.1 可知,平差值 $\hat{\boldsymbol{X}}$、$\hat{\boldsymbol{L}}$ 与改正数 $\boldsymbol{V}$ 的互协因数矩阵为零,表明 $\hat{\boldsymbol{X}}$ 与 $\boldsymbol{V}$,$\hat{\boldsymbol{L}}$ 与 $\boldsymbol{V}$ 统计不相关。

5.2.3 参数函数的权倒数及中误差

在间接平差中,除需要求解观测值平差值和未知数等量的精度外,还常常需要求解平差值函数的精度。在间接平差问题中,因为选择了 t 个独立的未知参数,平差中任何一个观测量的平差值均可由所选参数求得,即均可以表达为参数的函数。下面将从一般情况讨论如何求参数函数的权倒数及中误差的问题。

假定间接平差问题中有 t 个参数,设参数的函数为

$$\hat{\boldsymbol{\varphi}} = \Phi(\hat{X}_1, \hat{X}_2, \cdots, \hat{X}_t) \tag{5.2.14}$$

对上式两边全微分,得权函数式为

$$\mathrm{d}\hat{\boldsymbol{\varphi}} = \left(\frac{\partial \Phi}{\partial \hat{X}}\right)_0 \mathrm{d}\hat{\boldsymbol{X}} = \left(\frac{\partial \Phi}{\partial \hat{X}_1}\right)_0 \mathrm{d}\hat{X}_1 + \left(\frac{\partial \Phi}{\partial \hat{X}_2}\right)_0 \mathrm{d}\hat{X}_2 + \cdots + \left(\frac{\partial \Phi}{\partial \hat{X}_t}\right)_0 \mathrm{d}\hat{X}_t \tag{5.2.15}$$

设

$$\boldsymbol{F}^{\mathrm{T}} = \left[\left(\frac{\partial \Phi}{\partial \hat{X}_1}\right)_0 \left(\frac{\partial \Phi}{\partial \hat{X}_2}\right)_0 \cdots \left(\frac{\partial \Phi}{\partial \hat{X}_t}\right)_0\right], \mathrm{d}\hat{\boldsymbol{X}} = \begin{bmatrix}\mathrm{d}\hat{X}_1 & \mathrm{d}\hat{X}_2 & \cdots & \mathrm{d}\hat{X}_t\end{bmatrix}^{\mathrm{T}} \tag{5.2.16}$$

则上式可写为

$$\mathrm{d}\hat{\boldsymbol{\varphi}} = \boldsymbol{F}^{\mathrm{T}}\mathrm{d}\hat{\boldsymbol{X}} \tag{5.2.17}$$

因 $\mathrm{d}\hat{\boldsymbol{X}}=\hat{\boldsymbol{X}}-\boldsymbol{X}^0$,其中 $\boldsymbol{X}^0$ 为参数的近似值,为一常数,根据协因数传播律可得 $\boldsymbol{Q}_{\mathrm{d}\hat{X}\mathrm{d}\hat{X}} = \boldsymbol{Q}_{\hat{X}\hat{X}}$,故参数函数 $\hat{\boldsymbol{\varphi}}$ 的权倒数(协因数)为

$$\boldsymbol{Q}_{\hat{\varphi}\hat{\varphi}} = \boldsymbol{F}^{\mathrm{T}}\boldsymbol{Q}_{\hat{X}\hat{X}}\boldsymbol{F} = \boldsymbol{F}^{\mathrm{T}}\boldsymbol{N}_{BB}^{-1}\boldsymbol{F} \tag{5.2.18}$$

式中:$\boldsymbol{Q}_{\hat{X}\hat{X}}$ 是参数向量 $\hat{\boldsymbol{X}}=\begin{bmatrix}\hat{X}_1 & \hat{X}_2 & \cdots & \hat{X}_t\end{bmatrix}^{\mathrm{T}}$ 的协因数矩阵,即

$$\boldsymbol{Q}_{\hat{X}\hat{X}} = \begin{bmatrix} Q_{\hat{X}_1\hat{X}_1} & Q_{\hat{X}_1\hat{X}_2} & \cdots & Q_{\hat{X}_1\hat{X}_t} \\ Q_{\hat{X}_2\hat{X}_1} & Q_{\hat{X}_2\hat{X}_2} & \cdots & Q_{\hat{X}_2\hat{X}_t} \\ \vdots & \vdots & & \vdots \\ Q_{\hat{X}_t\hat{X}_1} & Q_{\hat{X}_t\hat{X}_2} & \cdots & Q_{\hat{X}_t\hat{X}_t} \end{bmatrix}^{\mathrm{T}} \tag{5.2.19}$$

其中对角线元素 $Q_{\hat{X}_j\hat{X}_j}$ 是参数 $\hat{X}_j$ 的协因数,故 $\hat{X}_j$ 的中误差为

$$\hat{\sigma}_{\hat{X}_j} = \hat{\sigma}_0\sqrt{Q_{\hat{X}_j\hat{X}_j}} \tag{5.2.20}$$

$\hat{\boldsymbol{X}}$ 的方差阵为

$$\boldsymbol{D}_{\hat{X}\hat{X}} = \hat{\sigma}_0^2\boldsymbol{Q}_{\hat{X}\hat{X}} \tag{5.2.21}$$

则参数函数 $\hat{\boldsymbol{\varphi}}$ 的协方差矩阵可表达为

$$\boldsymbol{D}_{\hat{\varphi}\hat{\varphi}} = \hat{\sigma}_0^2\boldsymbol{Q}_{\hat{\varphi}\hat{\varphi}} = \hat{\sigma}_0^2(\boldsymbol{F}^{\mathrm{T}}\boldsymbol{N}_{BB}^{-1}\boldsymbol{F}) \tag{5.2.22}$$

【例 5.2.1】 如图 5.2.1 所示水准网,A、B 为已知水准点,$H_A=400.00\mathrm{m}$,$H_B=427.00\mathrm{m}$,为确定 P_1 和 P_2 点的高程,共观测了 4 段高差,观测值及对应距离如下:

$$h_1 = 9.82\mathrm{m}, s_1 = 10\mathrm{km}$$

$$h_2 = 10.85\mathrm{m}, s_2 = 5\mathrm{km}$$

$$h_3=10.86\text{m}, s_3=5\text{km}$$

$$h_4=6.28\text{m}, s_4=10\text{km}$$

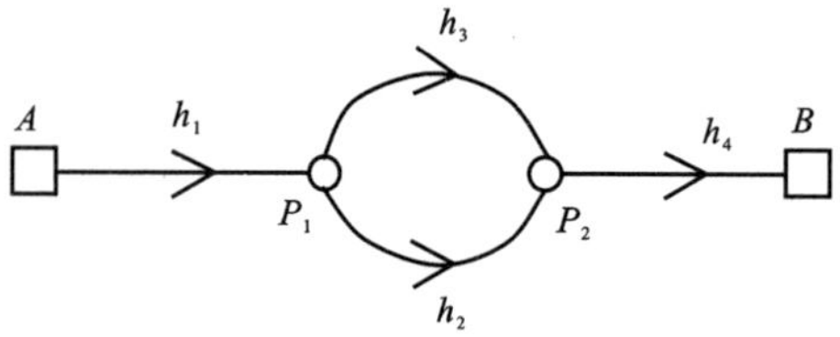

图 5.2.1　水准网

试按间接平差法求：P_1 和 P_2 点的高程平差值及其权倒数、中误差；P_1 至 P_2 点高差平差值的权倒数。

解：由题知 $n=4, t=2, r=2$。设 P_1 点高程为 $\hat{X}_1=\hat{x}_1+X_1^0$，$P_2$ 点高程为 $\hat{X}_2=\hat{x}_2+X_2^0$，令 $X_1^0=H_A+h_1=409.82\text{m}$，$X_2^0=H_B-h_4=420.72\text{m}$。

(1)列误差方程：

$$\begin{aligned}
&v_1=\hat{x}_1+l_1 && l_1=0\\
&v_2=-\hat{x}_1+\hat{x}_2+l_2 && l_2=X_2^0-X_1^0-h_2=5\\
&v_3=-\hat{x}_1+\hat{x}_2+l_3 && l_3=X_2^0-X_1^0-h_3=4\\
&v_4=-\hat{x}_2+l_4 && l_4=0
\end{aligned}$$

即

$$\boldsymbol{V}=\boldsymbol{B}\hat{\boldsymbol{x}}-\boldsymbol{l}=\begin{bmatrix}1 & 0\\ -1 & 1\\ -1 & 1\\ 0 & -1\end{bmatrix}\begin{bmatrix}\hat{x}_1\\ \hat{x}_2\end{bmatrix}-\begin{bmatrix}0\\ -5\\ -4\\ 0\end{bmatrix}$$

上式中 l 以 cm 为单位。

以每 10km 观测高差为单位权观测，则观测向量权阵为

$$\boldsymbol{P}=\begin{bmatrix}1 & 0 & 0 & 0\\ 0 & 2 & 0 & 0\\ 0 & 0 & 2 & 0\\ 0 & 0 & 0 & 1\end{bmatrix}$$

(2)构建法方程：

$$\boldsymbol{N}\hat{\boldsymbol{x}}-\boldsymbol{W}=0$$

其中，$\boldsymbol{N}=\boldsymbol{B}^{\mathrm{T}}\boldsymbol{P}\boldsymbol{B}=\begin{bmatrix}5 & -4\\ -4 & 5\end{bmatrix}$，$\boldsymbol{W}=\boldsymbol{B}^{\mathrm{T}}\boldsymbol{P}\boldsymbol{l}=\begin{bmatrix}18\\ -18\end{bmatrix}$。解算得 $\hat{\boldsymbol{x}}=\boldsymbol{N}^{-1}\boldsymbol{W}=\begin{bmatrix}2\\ -2\end{bmatrix}$。

因此，P_1 点高程平差值为 $\hat{X}_1=\hat{x}_1+X_1^0=409.84\text{m}$，$P_2$ 点高程高程平差值为 $\hat{X}_2=\hat{x}_2+X_2^0=420.70\text{m}$。

进一步可计算得到改正数 $\boldsymbol{V}$ 和观测值的平差值 $\hat{\boldsymbol{L}}$，即

$$\boldsymbol{V}=\boldsymbol{B}\hat{\boldsymbol{x}}-\boldsymbol{l}=\begin{bmatrix}2\\1\\0\\2\end{bmatrix}\text{cm}$$

$$\hat{\boldsymbol{L}}=\boldsymbol{L}_0+\boldsymbol{V}=\begin{bmatrix}h_1\\h_2\\h_3\\h_4\end{bmatrix}+\begin{bmatrix}v_1\\v_2\\v_3\\v_4\end{bmatrix}=\begin{bmatrix}9.84\\10.86\\10.86\\6.3\end{bmatrix}\text{m}$$

(3)精度评定：

计算单位权中误差，得

$$\hat{\sigma}_0=\sqrt{\frac{\boldsymbol{V}^{\mathrm{T}}\boldsymbol{PV}}{r}}=\pm\sqrt{5}\text{cm}$$

计算未知参数的协因数阵为

$$\boldsymbol{Q}_{\hat{x}\hat{x}}=\boldsymbol{N}^{-1}=\begin{bmatrix}0.56 & 0.44\\0.44 & 0.56\end{bmatrix}$$

则P_1和P_2点的高程平差值权倒数分别为$Q_{\hat{x}_1\hat{x}_1}=0.56$，$Q_{\hat{x}_2\hat{x}_2}=0.56$。

P_1 和 P_2 点的高程平差值的中误差分别为 $\sigma_{P_1}=\hat{\sigma}_0\sqrt{Q_{\hat{x}_1\hat{x}_1}}=\pm\sqrt{5}\times\sqrt{0.56}=\pm1.67\text{cm}$，$\sigma_{P_2}=\hat{\sigma}_0\sqrt{Q_{\hat{x}_2\hat{x}_2}}=\pm\sqrt{5}\times\sqrt{0.56}=\pm1.67\text{cm}$。

根据协方差传播定律可得，观测高差平差值协方差阵为

$$\boldsymbol{Q}_{\hat{L}\hat{L}}=\boldsymbol{BQ}_{\hat{x}\hat{x}}\boldsymbol{B}^{\mathrm{T}}=\begin{bmatrix}0.56 & -0.12 & -0.12 & -0.44\\-0.12 & 0.24 & 0.24 & -0.12\\-0.12 & 0.24 & 0.24 & -0.12\\-0.44 & -0.12 & -0.12 & 0.56\end{bmatrix}$$

P_1至P_2点高差平差值的权倒数即为$\hat{L}_2$或$\hat{L}_3$的权倒数

$$Q_{\hat{h}_{P_1}\hat{h}_{P_2}}=Q_{\hat{h}_2\hat{h}_2}=Q_{\hat{h}_3\hat{h}_3}=0.24$$

【例 5.2.2】 对测角网坐标平差问题(图 5.1.7)，已在例 5.1.4 求得参数即观测量的平差值 $\hat{X}$、$\hat{L}$，现要求平差后 D 点坐标、DA 边坐标方位角和边长的协因数及其中误差。

解：(1)列出 DA 边坐标方位角的权函数式。由图 5.1.7 可知

$$\hat{\alpha}_{DA}=\arctan\frac{Y_A-\hat{Y}_D}{X_A-\hat{X}_D}$$

式中：(X_A,Y_A)为A 点已知坐标。对函数全微分，得权函数式为

$$\delta\hat{\alpha}_{DA}=\frac{\rho''\Delta Y_{DA}^0}{(S_{DA}^0)^0\times10}\hat{x}_D-\frac{\rho''\Delta X_{DA}^0}{(S_{DA}^0)^2\times10}\hat{y}_D$$

式中：$\delta\hat{\alpha}_{DA}$ 的单位为 (″)；$\hat{x}_D$、$\hat{y}_D$ 的单位为 dm。

将例 5.1.4 中的数据代入，即得权函数式为

$$\delta\hat{\alpha}_{DA}=-4.22\hat{x}_D+1.04\hat{y}_D$$

顺便指出，上式实际上就是 DA 边坐标方位角的改正数方程。由此可知，列误差方程时所用的坐标方位角改正数方程，可以直接用来作为坐标方位角的权函数式。

(2)列出边长 $\hat{S}_{DA}$ 的权函数式。由图 5.1.7 可知

$$\hat{S}_{DA}=\sqrt{(X_A-\hat{X}_D)^2+(Y_A-\hat{Y}_D)^2}$$

对函数进行全微分，得

$$\delta\hat{S}_{DA}=\frac{\Delta X_{DA}^0}{S_{DA}^0\times 10}\hat{x}_D-\frac{\Delta Y_{DA}^0}{S_{DA}^0\times 10}\hat{y}_D$$

式中：$\delta\hat{S}_{DA}$ 的单位为 m；$\hat{x}_D$、$\hat{y}_D$ 的单位为 dm。

将例 5.1.4 中的有关数据代入，得边长 $\delta\hat{S}_{DA}$ 的权函数式为

$$\delta\hat{S}_{DA}=0.02\hat{x}_D+0.10\hat{y}_D$$

(3)计算权倒数。

综合以上两个权函数式，写成矩阵形式为

$$\delta\hat{\boldsymbol{\varphi}}=\begin{bmatrix}\delta\hat{\alpha}_{DA}\\ \delta\hat{S}_{DA}\end{bmatrix}=\begin{bmatrix}-4.22 & 1.04\\ 0.02 & 0.10\end{bmatrix}\begin{bmatrix}\hat{x}_D\\ \hat{y}_D\end{bmatrix}$$

其权倒数(协因数)为

$$\boldsymbol{Q}_{\hat{\varphi}\hat{\varphi}}=\begin{bmatrix}-4.22 & 1.04\\ 0.02 & 0.10\end{bmatrix}\begin{bmatrix}Q_{\hat{X}_D\hat{X}_D} & Q_{\hat{X}_D\hat{Y}_D}\\ Q_{\hat{X}_D\hat{Y}_D} & Q_{\hat{Y}_D\hat{Y}_D}\end{bmatrix}\begin{bmatrix}-4.22 & 1.04\\ 0.02 & 0.10\end{bmatrix}^{\mathrm{T}}$$

由例 5.1.4 得法方程系数矩阵为

$$\boldsymbol{N}_{BB}=\begin{bmatrix}38.33 & -36.52\\ -36.52 & 78.75\end{bmatrix}$$

则有

$$\boldsymbol{Q}_{\hat{X}\hat{X}}=\begin{bmatrix}Q_{\hat{X}_D\hat{X}_D} & Q_{\hat{X}_D\hat{Y}_D}\\ Q_{\hat{X}_D\hat{Y}_D} & Q_{\hat{Y}_D\hat{Y}_D}\end{bmatrix}=\begin{bmatrix}38.33 & -36.52\\ -36.52 & 78.75\end{bmatrix}^{-1}=\begin{bmatrix}0.0467 & 0.0217\\ 0.0217 & 0.0228\end{bmatrix}$$

于是

$$\boldsymbol{Q}_{\hat{\varphi}\hat{\varphi}}=\begin{bmatrix}0.6667 & -0.0103\\ -0.0103 & 0.0003\end{bmatrix}=\begin{bmatrix}Q_{\hat{\alpha}\hat{\alpha}} & Q_{\hat{\alpha}\hat{S}}\\ Q_{\hat{\alpha}\hat{S}} & Q_{\hat{S}\hat{S}}\end{bmatrix}$$

(4)计算单位权中误差。

依据例 5.1.4 中的改正数，可求得单位权中误差为

$$\hat{\sigma}_0=\pm\sqrt{\frac{\mathbf{V}^{\mathrm{T}}\mathbf{V}}{n-t}}=\pm\sqrt{\frac{4.09}{1}}=\pm 2.02''$$

(5)计算 $\hat{X}_D$、$\hat{Y}_D$、$\hat{\alpha}_{D_A}$ 和 $\hat{S}_{D_A}$ 的中误差。

$$\hat{\sigma}_{\hat{X}_D}=\hat{\sigma}_0\sqrt{Q_{\hat{X}_D\hat{X}_D}}=\pm 2.02\sqrt{0.0467}=\pm 0.44\text{dm}$$

$$\hat{\sigma}_{\hat{Y}_D}=\hat{\sigma}_0\sqrt{Q_{\hat{Y}_D\hat{Y}_D}}=\pm 2.02\sqrt{0.0228}=\pm 0.31\text{dm}$$

$$\hat{\sigma}_{\hat{\alpha}_{DA}} = \hat{\sigma}_0 \sqrt{Q_{\hat{\alpha}\hat{\alpha}}} = \pm 2.02\sqrt{0.6667} = \pm 1.65''$$

$$\hat{\sigma}_{\hat{S}_{DA}} = \hat{\sigma}_0 \sqrt{Q_{\hat{S}\hat{S}}} = \pm 2.02\sqrt{0.0003} = \pm 0.035\text{m}$$

$$\hat{\sigma}_{\hat{\alpha}\hat{S}} = \hat{\sigma}_0^2 Q_{\hat{\alpha}\hat{S}} = 2.02^2 \times (-0.0103) = -0.0420\ ('' \cdot \text{m})^2$$

从计算结果可知：$\hat{\alpha}$、$\hat{S}$ 相关性微弱，它们是负相关。

5.2.4 间接平差特例——直接平差

对同一未知量进行多次直接观测，求该量的平差值并评定精度，称为直接平差。显然此种类型平差是间接平差中具有一个参数的特殊情况。

设对未知量 $\boldsymbol{X}$ 进行 n 次不同精度观测，观测值为 $\underset{n\times 1}{\boldsymbol{L}}$，权阵为 $\underset{n\times n}{\boldsymbol{P}}$ 且为对角阵，其元素为 $p_1, p_2, \cdots, p_n$，其中 p_i 为 $\boldsymbol{L}_i$ 的权。此时的误差方程为

$$\boldsymbol{v}_i = \hat{\boldsymbol{X}} - \boldsymbol{L}_i \tag{5.2.23}$$

组成法方程

$$\sum_{i=1}^{n} p_i \hat{\boldsymbol{X}}_i - \sum_{i=1}^{n} p_i \boldsymbol{L}_i = 0 \tag{5.2.24}$$

解得

$$\hat{\boldsymbol{X}} = \frac{\sum_{i=1}^{n} p_i \boldsymbol{L}_i}{\sum_{i=1}^{n} p_i} \tag{5.2.25}$$

上式即为未知参数 $\boldsymbol{X}$ 的带权平均值。为计算方便，设

$$\hat{\boldsymbol{X}} = \boldsymbol{X}^0 + \hat{\boldsymbol{x}} \tag{5.2.26}$$

则误差方程为

$$\boldsymbol{v}_i = \hat{\boldsymbol{x}} - (\boldsymbol{L}_i - \boldsymbol{X}^0) = \hat{\boldsymbol{x}} - \boldsymbol{l}_i \tag{5.2.27}$$

法方程及其解分别为

$$\sum_{i=1}^{n} p_i \hat{x}_i - \sum_{i=1}^{n} p_i \boldsymbol{l}_i = 0 \tag{5.2.28}$$

$$\hat{\boldsymbol{x}} = \frac{\sum_{i=1}^{n} p_i \boldsymbol{l}_i}{\sum_{i=1}^{n} p_i} \tag{5.2.29}$$

于是

$$\hat{\boldsymbol{X}} = \boldsymbol{X}^0 + \frac{\sum_{i=1}^{n} p_i \boldsymbol{l}_i}{\sum_{i=1}^{n} p_i} \tag{5.2.30}$$

特别地，当 $p_1 = p_2 = \cdots = p_n = 1$ 时，式(5.2.25)、式(5.2.30)则为

$$\hat{\boldsymbol{X}} = \frac{\sum_{i=1}^{n} \boldsymbol{L}_i}{n} \tag{5.2.31}$$

$$\hat{\boldsymbol{X}} = \boldsymbol{X}^0 + \frac{\sum_{i=1}^{n} \boldsymbol{l}_i}{n} \tag{5.2.32}$$

直接平差仅有一个参数，即 $t=1$，故单位权中误差计算式为

$$\hat{\sigma}_0 = \pm\sqrt{\frac{\boldsymbol{V}^{\mathrm{T}}\boldsymbol{P}\boldsymbol{V}}{n-1}} \tag{5.2.33}$$

由式(5.2.24)知，法方程系数 $\boldsymbol{N}_{BB} = \sum_{i=1}^{n} p_i$，则 $\hat{\boldsymbol{X}}$ 的协因数为

$$\boldsymbol{Q}_{\hat{X}\hat{X}} = \boldsymbol{N}_{BB}^{-1} = \frac{1}{\sum_{i=1}^{n} p_i} \tag{5.2.34}$$

或

$$p_{\hat{X}} = \sum_{i=1}^{n} p_i \tag{5.2.35}$$

故 $\hat{\boldsymbol{X}}$ 的中误差为

$$\hat{\sigma}_{\hat{X}} = \hat{\sigma}_0 \sqrt{\boldsymbol{Q}_{\hat{X}\hat{X}}} = \hat{\sigma}_0 \sqrt{\frac{1}{\sum_{i=1}^{n} p_i}} \tag{5.2.36}$$

观测值 L_i 的中误差为

$$\hat{\sigma}_{L_i} = \hat{\sigma}_0 \sqrt{\frac{1}{p_i}} \tag{5.2.37}$$

特别地，当 $p_1 = p_2 = \cdots = p_n = 1$，即为同精度观测时，精度评定公式为

$$\hat{\sigma}_0 = \pm\sqrt{\frac{\boldsymbol{V}^{\mathrm{T}}\boldsymbol{V}}{n-1}} \tag{5.2.38}$$

$$\hat{\sigma}_{\hat{X}} = \hat{\sigma}_0 / \sqrt{n} \tag{5.2.39}$$

亦即对某个量所作的 n 个同精度观测值的算术平均值即为该量的平差值，该平差值的权 $p_{\hat{X}}$ 为单个观测值的权的 n 倍。

5.3 附有限制条件的间接平差

在前述讨论的间接平差中，参数个数为必要观测个数 t，且必须相互独立。若选择了 u 个($u>t$)参数，意味着参数间必存在不独立的参数，即参数间可建立函数关系，称之为约束条件(或限制条件)。如果选取的 u 个参数中包含了 t 个独立参数，此时参数间必存在 $s=u-t$ 个约束条件。例如，若三角网中加测一条基线边和一个天文方位角，则基线端点坐标改正数之间则不独立。在平差时除了考虑改正数加权平方和最小(最小二乘准则)外，还必须要求平差后该两点之间的长度和方位角应该等于已知边长和已知方位角。因此，除了 n 个观测方程外，还需要考虑加入参数间的约束条件进行平差计算，这也是接下来要讨论的附有限制条件的间接平差问题。

5.3.1 附有限制条件的误差方程

以线性方程为例，对于非线性方程可以先进行线性化化为线性方程。设有误差方程组

$$\begin{cases} v_1 = a_1\hat{x}_1 + b_1\hat{x}_2 + \cdots + u_1\hat{x}_u - l_1 \\ v_2 = a_2\hat{x}_1 + b_2\hat{x}_2 + \cdots + u_2\hat{x}_u - l_2 \\ \vdots \\ v_n = a_n\hat{x}_1 + b_n\hat{x}_2 + \cdots + u_n\hat{x}_u - l_n \end{cases} \tag{5.3.1}$$

参数间存在着约束条件

$$\begin{cases} c_{11}\hat{x}_1 + c_{12}\hat{x}_2 + \cdots + c_{1u}\hat{x}_u + w_{x1} = 0 \\ c_{21}\hat{x}_1 + c_{22}\hat{x}_2 + \cdots + c_{2u}\hat{x}_u + w_{x2} = 0 \\ \vdots \\ c_{s1}\hat{x}_1 + c_{s2}\hat{x}_2 + \cdots + c_{su}\hat{x}_u + w_{xs} = 0 \end{cases} \tag{5.3.2}$$

式中：

$$w_{xi} = c_{i0} + c_{i1}x_1^0 + c_{i2}x_2^0 + \cdots + c_{iu}x_u^0 \qquad (i = 1,2,\cdots,s) \tag{5.3.3}$$

设

$$\underset{n\times u}{\boldsymbol{B}} = \begin{bmatrix} a_1 & b_1 & \cdots & u_1 \\ a_2 & b_2 & \cdots & u_2 \\ \vdots & \vdots & & \vdots \\ a_n & b_n & \cdots & u_n \end{bmatrix}, \underset{s\times u}{\boldsymbol{C}_x} = \begin{bmatrix} c_{11} & c_{12} & \cdots & c_{1u} \\ c_{21} & c_{22} & \cdots & c_{2u} \\ \vdots & \vdots & & \vdots \\ c_{s1} & c_{s2} & \cdots & c_{su} \end{bmatrix}$$

并以 $\underset{n\times 1}{\boldsymbol{V}}$、$\underset{u\times 1}{\hat{\boldsymbol{x}}}$、$\underset{n\times 1}{\boldsymbol{l}}$、$\underset{s\times 1}{\boldsymbol{W}_x}$分别表示观测值改正数向量、参数改正数向量、误差方程自由项向量、约束方程的闭合差向量，则式(5.3.1)、式(5.3.2)可分别表示为

$$\underset{n\times 1}{\boldsymbol{V}} = \underset{n\times u}{\boldsymbol{B}}\underset{u\times 1}{\hat{\boldsymbol{x}}} - \underset{n\times 1}{\boldsymbol{l}} \tag{5.3.4}$$

$$\underset{s\times u}{\boldsymbol{C}_x}\underset{u\times 1}{\hat{\boldsymbol{x}}} + \underset{s\times 1}{\boldsymbol{W}_x} = \boldsymbol{0} \tag{5.3.5}$$

5.3.2 建立法方程

按条件极值法组成极值函数

$$\Phi = \boldsymbol{V}^{\mathrm{T}}\boldsymbol{PV} + 2\boldsymbol{K}^{\mathrm{T}}(\boldsymbol{C}_x\hat{\boldsymbol{x}} + \boldsymbol{W}_x) = \min$$

式中：$\boldsymbol{K}$ 是对应于限制条件方程的联系数向量。

为满足 Φ 极小，将极值函数对 $\hat{\boldsymbol{x}}$ 求一阶导数并令其等于零，则有

$$\frac{\mathrm{d}\Phi}{\mathrm{d}\hat{\boldsymbol{x}}} = \frac{\mathrm{d}\Phi}{\mathrm{d}\boldsymbol{V}}\frac{\mathrm{d}\boldsymbol{V}}{\mathrm{d}\hat{\boldsymbol{x}}} = 2\boldsymbol{V}^{\mathrm{T}}\boldsymbol{PB} + 2\boldsymbol{K}^{\mathrm{T}}\boldsymbol{C}_x = \boldsymbol{0}$$

转置后得

$$\boldsymbol{B}^{\mathrm{T}}\boldsymbol{PV} + \boldsymbol{C}_x^{\mathrm{T}}\boldsymbol{K} = \boldsymbol{0} \tag{5.3.6}$$

将式(5.3.4)代入上式得

$$\boldsymbol{B}^{\mathrm{T}}\boldsymbol{P}(\boldsymbol{B}\hat{\boldsymbol{x}} - \boldsymbol{l}) + \boldsymbol{C}_x^{\mathrm{T}}\boldsymbol{K} = \boldsymbol{0}$$

上式整理后与式(5.3.5)联立，则得到附有限制条件间接平差的法方程为

$$\begin{cases} \boldsymbol{B}^{\mathrm{T}}\boldsymbol{PB}\hat{\boldsymbol{x}} + \boldsymbol{C}_x^{\mathrm{T}}\boldsymbol{K} - \boldsymbol{B}^{\mathrm{T}}\boldsymbol{Pl} = \boldsymbol{0} \\ \boldsymbol{C}_x\hat{\boldsymbol{x}} + \boldsymbol{W}_x = \boldsymbol{0} \end{cases} \tag{5.3.7}$$

令

$$\boldsymbol{N}_{BB}=\boldsymbol{B}^{\mathrm{T}}\boldsymbol{P}\boldsymbol{B},\quad \boldsymbol{W}=\boldsymbol{B}^{\mathrm{T}}\boldsymbol{P}\boldsymbol{l}$$

则式(5.3.7)可写为

$$\begin{bmatrix}\boldsymbol{N}_{BB} & \boldsymbol{C}_x^{\mathrm{T}}\\ \boldsymbol{C}_x & \boldsymbol{0}\end{bmatrix}\begin{bmatrix}\hat{\boldsymbol{x}}\\ \boldsymbol{K}\end{bmatrix}+\begin{bmatrix}-\boldsymbol{W}\\ \boldsymbol{W}_x\end{bmatrix}=\begin{bmatrix}\boldsymbol{0}\\ \boldsymbol{0}\end{bmatrix} \tag{5.3.8}$$

令

$$\begin{bmatrix}\boldsymbol{N}_{BB} & \boldsymbol{C}_x^{\mathrm{T}}\\ \boldsymbol{C}_x & \boldsymbol{0}\end{bmatrix}^{-1}=\begin{bmatrix}\boldsymbol{Q}_{11} & \boldsymbol{Q}_{12}\\ \boldsymbol{Q}_{21} & \boldsymbol{Q}_{22}\end{bmatrix}$$

则可得到基础方程的解为

$$\begin{bmatrix}\hat{\boldsymbol{x}}\\ \boldsymbol{K}\end{bmatrix}=-\begin{bmatrix}\boldsymbol{Q}_{11} & \boldsymbol{Q}_{12}\\ \boldsymbol{Q}_{21} & \boldsymbol{Q}_{22}\end{bmatrix}\begin{bmatrix}-\boldsymbol{W}\\ \boldsymbol{W}_x\end{bmatrix}=\begin{bmatrix}\boldsymbol{Q}_{11}\boldsymbol{W}-\boldsymbol{Q}_{12}\boldsymbol{W}_x\\ \boldsymbol{Q}_{21}\boldsymbol{W}-\boldsymbol{Q}_{22}\boldsymbol{W}_x\end{bmatrix} \tag{5.3.9}$$

其中,各子块 $\boldsymbol{Q}_{11}$、$\boldsymbol{Q}_{12}$、$\boldsymbol{Q}_{21}$、$\boldsymbol{Q}_{22}$ 可通过式(5.3.8)的系数矩阵直接求逆获得,也可按分块求逆公式计算。

$\hat{\boldsymbol{x}}$ 及 $\boldsymbol{K}$ 的求解公式亦可由式(5.3.7)直接得出。由式(5.3.7)第一式,可得

$$\hat{\boldsymbol{x}}=-\boldsymbol{N}_{BB}^{-1}(\boldsymbol{C}_x^{\mathrm{T}}\boldsymbol{K}-\boldsymbol{W}) \tag{5.3.10}$$

将此式代入式(5.3.7)第二式,可得

$$\boldsymbol{K}=(\boldsymbol{C}_x\boldsymbol{N}_{BB}^{-1}\boldsymbol{C}_x^{\mathrm{T}})^{-1}(\boldsymbol{W}_x+\boldsymbol{C}_x\boldsymbol{N}_{BB}^{-1}\boldsymbol{W}) \tag{5.3.11}$$

令 $\boldsymbol{N}_{CC}=\boldsymbol{C}_x\boldsymbol{N}_{BB}^{-1}\boldsymbol{C}_x^{\mathrm{T}}$,则有

$$\boldsymbol{K}=\boldsymbol{N}_{CC}^{-1}(\boldsymbol{W}_x+\boldsymbol{C}_x\boldsymbol{N}_{BB}^{-1}\boldsymbol{W}) \tag{5.3.12}$$

$$\begin{aligned}\hat{\boldsymbol{x}}&=-\boldsymbol{N}_{BB}^{-1}[\boldsymbol{C}_x^{\mathrm{T}}\boldsymbol{N}_{CC}^{-1}(\boldsymbol{W}_x+\boldsymbol{C}_x\boldsymbol{N}_{BB}^{-1}\boldsymbol{W})-\boldsymbol{W}]\\&=-\boldsymbol{N}_{BB}^{-1}\boldsymbol{C}_x^{\mathrm{T}}\boldsymbol{N}_{CC}^{-1}\boldsymbol{W}_x-\boldsymbol{N}_{BB}^{-1}\boldsymbol{C}_x^{\mathrm{T}}\boldsymbol{N}_{CC}^{-1}\boldsymbol{C}_x\boldsymbol{N}_{BB}^{-1}\boldsymbol{W}+\boldsymbol{N}_{BB}^{-1}\boldsymbol{W}\\&=(\boldsymbol{N}_{BB}^{-1}-\boldsymbol{N}_{BB}^{-1}\boldsymbol{C}_x^{\mathrm{T}}\boldsymbol{N}_{CC}^{-1}\boldsymbol{C}_x\boldsymbol{N}_{BB}^{-1})\boldsymbol{W}-\boldsymbol{N}_{BB}^{-1}\boldsymbol{C}_x^{\mathrm{T}}\boldsymbol{N}_{CC}^{-1}\boldsymbol{W}_x\end{aligned} \tag{5.3.13}$$

5.3.3 附有限制条件的间接平差平差值计算步骤

综上所述,附有限制条件的间接平差平差值计算步骤如下:

(1)根据实际问题性质及观测量个数,确定所选参数。需要注意的是所选的 u 个参数中必须包含 t 个独立参数。依据所选的参数列出间接平差误差方程及限制条件的方程。

(2)由限制条件方程及误差方程式,组成法方程[式(5.3.8)]。

(3)解算法方程,求出参数 $\hat{\boldsymbol{x}}$ 及联系数 $\boldsymbol{K}$[式(5.3.9)或式(5.3.12)、式(5.3.13)]。

(4)将 $\boldsymbol{K}$ 代入改正数方程式,求出 $\boldsymbol{V}$ 值,并求观测值的最或然值 $\hat{\boldsymbol{L}}=\boldsymbol{L}+\boldsymbol{V}$。

(5)为检验平差计算的正确性,将各最或然值 $\hat{\boldsymbol{L}}_i$ 代入原条件方程式,检验其是否满足方程。

5.4 附有限制条件的间接平差精度评定

5.4.1 单位权中误差和 $\boldsymbol{V}^{\mathrm{T}}\boldsymbol{P}\boldsymbol{V}$ 的计算

附有限制条件的间接平差的单位权方差估值仍是 $\boldsymbol{V}^{\mathrm{T}}\boldsymbol{P}\boldsymbol{V}$ 除以自由度,即

$$\hat{\sigma}_0=\pm\sqrt{\frac{\boldsymbol{V}^{\mathrm{T}}\boldsymbol{PV}}{n-t}} \tag{5.4.1}$$

此处多余观测数 $r=n-u+s$，其中 $u-s=t$ 为必要的独立参数个数。

$\boldsymbol{V}^{\mathrm{T}}\boldsymbol{PV}$ 的计算，除了通过式(5.4.1)直接计算外，也可以通过以下导出公式计算：

$$\begin{aligned}\boldsymbol{V}^{\mathrm{T}}\boldsymbol{PV}&=\boldsymbol{V}^{\mathrm{T}}\boldsymbol{P}(\boldsymbol{B}\hat{\boldsymbol{x}}-\boldsymbol{l})=\boldsymbol{V}^{\mathrm{T}}\boldsymbol{PB}\hat{\boldsymbol{x}}-\boldsymbol{V}^{\mathrm{T}}\boldsymbol{Pl}=-\boldsymbol{K}^{\mathrm{T}}\boldsymbol{C}_x\hat{\boldsymbol{x}}-\boldsymbol{V}^{\mathrm{T}}\boldsymbol{Pl}\\&=\boldsymbol{K}^{\mathrm{T}}\boldsymbol{W}_x-(\boldsymbol{B}\hat{\boldsymbol{x}}-\boldsymbol{l})^{\mathrm{T}}\boldsymbol{Pl}=\boldsymbol{K}^{\mathrm{T}}\boldsymbol{W}_x-\hat{\boldsymbol{x}}^{\mathrm{T}}\boldsymbol{B}^{\mathrm{T}}\boldsymbol{Pl}+\boldsymbol{l}^{\mathrm{T}}\boldsymbol{Pl}\\&=\boldsymbol{l}^{\mathrm{T}}\boldsymbol{Pl}-\boldsymbol{W}^{\mathrm{T}}\hat{\boldsymbol{x}}+\boldsymbol{W}_x{}^{\mathrm{T}}\boldsymbol{K}=\boldsymbol{l}^{\mathrm{T}}\boldsymbol{Pl}-\begin{bmatrix}\boldsymbol{W}^{\mathrm{T}} & -\boldsymbol{W}_x{}^{\mathrm{T}}\end{bmatrix}\begin{bmatrix}\hat{\boldsymbol{x}}\\ \boldsymbol{K}\end{bmatrix}\end{aligned} \tag{5.4.2}$$

考虑式(5.3.8)，$\boldsymbol{V}^{\mathrm{T}}\boldsymbol{PV}$ 也可由下式计算

$$\boldsymbol{V}^{\mathrm{T}}\boldsymbol{PV}=\boldsymbol{l}^{\mathrm{T}}\boldsymbol{Pl}-\begin{bmatrix}\boldsymbol{W}^{\mathrm{T}} & -\boldsymbol{W}_x^{\mathrm{T}}\end{bmatrix}\begin{bmatrix}\boldsymbol{N}_{BB} & \boldsymbol{C}_x^{\mathrm{T}}\\ \boldsymbol{C}_x & \boldsymbol{0}\end{bmatrix}^{-1}\begin{bmatrix}\boldsymbol{W}\\ -\boldsymbol{W}_x\end{bmatrix}$$

5.4.2　协因数矩阵

在附有限制条件的间接平差中，基本向量为 $\boldsymbol{L}$、$\hat{\boldsymbol{X}}$、$\boldsymbol{W}$、$\boldsymbol{K}$、$\boldsymbol{V}$ 和 $\hat{\boldsymbol{L}}$。顾及 $\boldsymbol{Q}_{LL}=\boldsymbol{Q}$，即可推求各基本向量的自协因数阵以及两两向量之间的互协因数阵。

因为平差的形式是 $\hat{\boldsymbol{L}}=F(\hat{\boldsymbol{X}})$，而误差方程的常数项 $\boldsymbol{l}=\boldsymbol{L}-F(\boldsymbol{X}^0)$，其中 $F(\boldsymbol{X}^0)$ 为常量，对精度计算无影响，故有

$$\boldsymbol{W}=\boldsymbol{B}^{\mathrm{T}}\boldsymbol{Pl}=\boldsymbol{B}^{\mathrm{T}}\boldsymbol{PL}+\boldsymbol{W}^0 \tag{5.4.3}$$

其中，$\boldsymbol{W}^0=\boldsymbol{B}^{\mathrm{T}}\boldsymbol{P}F(\boldsymbol{X}^0)$，为常数向量。于是基本向量的表达式为

$$\begin{gathered}\boldsymbol{L}=\boldsymbol{L}\\ \boldsymbol{W}=\boldsymbol{B}^{\mathrm{T}}\boldsymbol{PL}+\boldsymbol{W}^0\\ \hat{\boldsymbol{X}}=\boldsymbol{X}^0+\hat{\boldsymbol{x}}=\boldsymbol{X}^0+(\boldsymbol{N}_{BB}^{-1}-\boldsymbol{N}_{BB}^{-1}\boldsymbol{C}_x^{\mathrm{T}}\boldsymbol{N}_{CC}^{-1}\boldsymbol{C}_x\boldsymbol{N}_{BB}^{-1})\boldsymbol{W}-\boldsymbol{N}_{BB}^{-1}\boldsymbol{C}_x^{\mathrm{T}}\boldsymbol{N}_{CC}^{-1}\boldsymbol{W}_x\\ \boldsymbol{K}=\boldsymbol{N}_{CC}^{-1}(\boldsymbol{W}_x+\boldsymbol{C}_x\boldsymbol{N}_{BB}^{-1}\boldsymbol{W})\\ \boldsymbol{V}=\boldsymbol{B}\hat{\boldsymbol{x}}-\boldsymbol{l}\\ \hat{\boldsymbol{L}}=\boldsymbol{L}+\boldsymbol{V}\end{gathered}$$

由以上各表达式，按协因数传播律可得

$$\begin{aligned}&\boldsymbol{Q}_{LL}=\boldsymbol{Q}\\&\boldsymbol{Q}_{WW}=\boldsymbol{B}^{\mathrm{T}}\boldsymbol{PQPB}=\boldsymbol{B}^{\mathrm{T}}\boldsymbol{PB}=\boldsymbol{N}_{BB}\\&\boldsymbol{Q}_{WL}=\boldsymbol{B}^{\mathrm{T}}\boldsymbol{PQ}=\boldsymbol{B}^{\mathrm{T}}\\&\boldsymbol{Q}_{KK}=\boldsymbol{N}_{CC}^{-1}\boldsymbol{CN}_{BB}^{-1}\boldsymbol{Q}_{WW}\boldsymbol{N}_{BB}^{-1}\boldsymbol{C}^{\mathrm{T}}\boldsymbol{N}_{CC}^{-1}=\boldsymbol{N}_{CC}^{-1}\boldsymbol{CN}_{BB}^{-1}\boldsymbol{N}_{BB}\boldsymbol{N}_{BB}^{-1}\boldsymbol{C}^{\mathrm{T}}\boldsymbol{N}_{CC}^{-1}\\&\qquad=\boldsymbol{N}_{CC}^{-1}\boldsymbol{CN}_{BB}^{-1}\boldsymbol{C}^{\mathrm{T}}\boldsymbol{N}_{CC}^{-1}=\boldsymbol{N}_{CC}^{-1}\boldsymbol{N}_{CC}\boldsymbol{N}_{CC}^{-1}=\boldsymbol{N}_{CC}^{-1}\\&\boldsymbol{Q}_{KL}=\boldsymbol{N}_{CC}^{-1}\boldsymbol{CN}_{BB}^{-1}\boldsymbol{Q}_{WL}=\boldsymbol{N}_{CC}^{-1}\boldsymbol{CN}_{BB}^{-1}\boldsymbol{B}^{\mathrm{T}}\\&\boldsymbol{Q}_{KW}=\boldsymbol{N}_{CC}^{-1}\boldsymbol{CN}_{BB}^{-1}\boldsymbol{Q}_{WW}=\boldsymbol{N}_{CC}^{-1}\boldsymbol{CN}_{BB}^{-1}\boldsymbol{N}_{BB}=\boldsymbol{N}_{CC}^{-1}\boldsymbol{C}\\&\boldsymbol{Q}_{\hat{X}\hat{X}}=(\boldsymbol{N}_{BB}^{-1}-\boldsymbol{N}_{BB}^{-1}\boldsymbol{C}^{\mathrm{T}}\boldsymbol{N}_{CC}^{-1}\boldsymbol{CN}_{BB}^{-1})\boldsymbol{Q}_{WW}(\boldsymbol{N}_{BB}^{-1}-\boldsymbol{N}_{BB}^{-1}\boldsymbol{C}^{\mathrm{T}}\boldsymbol{N}_{CC}^{-1}\boldsymbol{CN}_{BB}^{-1})^{\mathrm{T}}\\&\qquad=(\boldsymbol{N}_{BB}^{-1}-\boldsymbol{N}_{BB}^{-1}\boldsymbol{C}^{\mathrm{T}}\boldsymbol{N}_{CC}^{-1}\boldsymbol{CN}_{BB}^{-1})\boldsymbol{N}_{BB}(\boldsymbol{N}_{BB}^{-1}-\boldsymbol{N}_{BB}^{-1}\boldsymbol{C}^{\mathrm{T}}\boldsymbol{N}_{CC}^{-1}\boldsymbol{CN}_{BB}^{-1})^{\mathrm{T}}\\&\qquad=\boldsymbol{N}_{BB}^{-1}-\boldsymbol{N}_{BB}^{-1}\boldsymbol{C}^{\mathrm{T}}\boldsymbol{N}_{CC}^{-1}\boldsymbol{CN}_{BB}^{-1}\\&\boldsymbol{Q}_{\hat{X}L}=(\boldsymbol{N}_{BB}^{-1}-\boldsymbol{N}_{BB}^{-1}\boldsymbol{C}^{\mathrm{T}}\boldsymbol{N}_{CC}^{-1}\boldsymbol{CN}_{BB}^{-1})\boldsymbol{Q}_{WL}=\boldsymbol{Q}_{\hat{X}\hat{X}}\boldsymbol{B}^{\mathrm{T}}\end{aligned}$$

$$Q_{\hat{X}W}=(N_{BB}^{-1}-N_{BB}^{-1}C^{\mathrm{T}}N_{CC}^{-1}CN_{BB}^{-1})Q_{WW}=Q_{\hat{X}\hat{X}}N_{BB}$$

$$Q_{\hat{X}K}=(N_{BB}^{-1}-N_{BB}^{-1}C^{\mathrm{T}}N_{CC}^{-1}CN_{BB}^{-1})Q_{WW}(N_{CC}^{-1}CN_{BB}^{-1})^{\mathrm{T}}$$

$$=Q_{\hat{X}\hat{X}}N_{BB}N_{BB}^{-1}C^{\mathrm{T}}N_{CC}^{-1}=Q_{\hat{X}\hat{X}}C^{\mathrm{T}}N_{CC}=0$$

$$Q_{VV}=BQ_{\hat{X}\hat{X}}B^{\mathrm{T}}-BQ_{\hat{X}L}-Q_{L\hat{X}}B^{\mathrm{T}}+Q$$

$$=BQ_{\hat{X}\hat{X}}B^{\mathrm{T}}-BQ_{\hat{X}\hat{X}}B^{\mathrm{T}}-BQ_{\hat{X}\hat{X}}B^{\mathrm{T}}+Q=Q-BQ_{\hat{X}\hat{X}}B^{\mathrm{T}}$$

$$Q_{VL}=BQ_{\hat{X}L}-Q_{LL}=BQ_{\hat{X}\hat{X}}B^{\mathrm{T}}-Q=-Q_{VV}$$

$$Q_{VW}=BQ_{\hat{X}W}-Q_{LW}=BQ_{\hat{X}\hat{X}}N_{BB}-Q_{LW}=BQ_{\hat{X}\hat{X}}N_{BB}-B=B(Q_{\hat{X}\hat{X}}N_{BB}-I)$$

$$Q_{V\hat{X}}=BQ_{\hat{X}\hat{X}}-Q_{L\hat{X}}=BQ_{\hat{X}\hat{X}}-BQ_{\hat{X}\hat{X}}=0$$

$$Q_{VK}=BQ_{\hat{X}K}-Q_{LK}=-Q_{LW}N_{BB}^{-1}C^{\mathrm{T}}N_{CC}^{-1}=-BN_{BB}^{-1}C^{\mathrm{T}}N_{CC}^{-1}$$

$$Q_{\hat{L}\hat{L}}=Q-Q_{VV}$$

$$Q_{\hat{L}L}=Q_{LL}+Q_{VL}=Q-Q_{VV}$$

$$Q_{\hat{L}W}=Q_{LW}+Q_{VW}=B+BQ_{\hat{X}\hat{X}}N_{BB}-B=BQ_{\hat{X}\hat{X}}N_{BB}$$

$$Q_{\hat{L}\hat{X}}=Q_{L\hat{X}}+Q_{V\hat{X}}=BQ_{\hat{X}\hat{X}}$$

$$Q_{\hat{L}K}=Q_{LK}+Q_{VK}=Q_{LW}N_{BB}^{-1}C^{\mathrm{T}}N_{CC}^{-1}-BN_{BB}^{-1}C^{\mathrm{T}}N_{CC}^{-1}=0$$

$$Q_{\hat{L}V}=Q_{LV}+Q_{VV}=0$$

将以上导出的协因数阵计算公式列于表 5.4.1，以便查用。

表 5.4.1　各向量协因数阵

	L	W	K	$\hat{X}$	V	$\hat{L}$
L	Q	B	$BN_{BB}^{-1}C^{\mathrm{T}}N_{CC}^{-1}$	$BQ_{\hat{x}\hat{x}}$	$-Q_{VV}$	$Q-Q_{VV}$
W	B^{T}	N_{BB}	$C^{\mathrm{T}}N_{CC}^{-1}$	$N_{BB}Q_{\hat{x}\hat{x}}$	$(Q_{\hat{x}\hat{x}}N_{BB}-I)^{\mathrm{T}}B^{\mathrm{T}}$	$N_{BB}Q_{\hat{x}\hat{x}}B^{\mathrm{T}}$
K	$N_{CC}^{-1}CN_{BB}^{-1}B^{\mathrm{T}}$	$N_{CC}^{-1}C$	N_{CC}^{-1}	0	$-N_{CC}^{-1}CN_{BB}^{-1}B^{\mathrm{T}}$	0
$\hat{X}$	$Q_{\hat{x}\hat{x}}B^{\mathrm{T}}$	$Q_{\hat{x}\hat{x}}N_{BB}$	0	$N_{BB}^{-1}-N_{BB}^{-1}C^{\mathrm{T}}N_{CC}^{-1}CN_{BB}^{-1}$	0	$Q_{\hat{x}\hat{x}}B^{\mathrm{T}}$
V	$-Q_{VV}$	$B(Q_{\hat{x}\hat{x}}N_{BB}-I)$	$-BN_{BB}^{-1}C^{\mathrm{T}}N_{CC}^{-1}$	0	$Q-BQ_{\hat{x}\hat{x}}B^{\mathrm{T}}$	0
$\hat{L}$	$Q-Q_{VV}$	$BQ_{\hat{x}\hat{x}}N_{BB}$	0	$BQ_{\hat{x}\hat{x}}$	0	$Q-Q_{VV}$

注：$N_{BB}=B^{\mathrm{T}}PB$，$N_{CC}=CN_{BB}^{-1}C^{\mathrm{T}}$。

5.4.3　平差参数函数的协因数

在附有限制条件的间接平差中，因在 u 个参数中包含了 t 个独立参数，故平差中所求任一量都能表达成这 u 个参数的函数。设某个量的平差值 $\hat{\varphi}$ 为

$$\hat{\varphi}=\Phi(\hat{X}) \tag{5.4.4}$$

对其全微分，得权函数式为

$$\mathrm{d}\hat{\varphi}=\left(\frac{\mathrm{d}\Phi}{\mathrm{d}\hat{X}}\right)_0\mathrm{d}\hat{X}=F^{\mathrm{T}}\mathrm{d}\hat{X} \tag{5.4.5}$$

式中：

$$F^{\mathrm{T}}=\begin{bmatrix}\dfrac{\partial\Phi}{\partial\hat{X}_1} & \dfrac{\partial\Phi}{\partial\hat{X}_2} & \cdots & \dfrac{\partial\Phi}{\partial\hat{X}_u}\end{bmatrix}_0 \tag{5.4.6}$$

用 $\boldsymbol{X}^0$ 代入各偏导数中，即得各偏导数值，然后按下式计算其协因数

$$\boldsymbol{Q}_{\hat{\varphi}\hat{\varphi}}=\boldsymbol{F}^{\mathrm{T}}\boldsymbol{Q}_{\hat{X}\hat{X}}\boldsymbol{F} \tag{5.4.7}$$

其中 $Q_{\hat{X}\hat{X}}$ 可按表 5.4.1 中给出的公式计算。于是函数 $\hat{\varphi}$ 的中误差为

$$\hat{\sigma}_{\hat{\varphi}}=\hat{\sigma}_0\sqrt{\boldsymbol{Q}_{\hat{\varphi}\hat{\varphi}}} \tag{5.4.8}$$

【例 5.4.1】 如图 5.4.1 所示，独立等精度观测各角，各角观测值为

$$\begin{bmatrix}L_1\\L_2\\L_3\end{bmatrix}=\begin{bmatrix}23°\ 15'\ 18''\\58°\ 43'\ 56''\\81°\ 59'\ 20''\end{bmatrix}$$

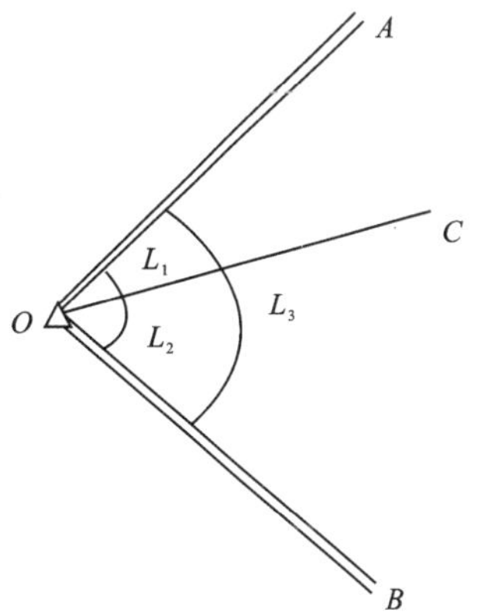

图 5.4.1　固定角观测

已知 $\angle AOB=81°59'24''$。试用附有约束条件的参数平差法平差计算。

解：独立参数应只有一个，若选两个参数，则产生一个条件，取参数 $\hat{X}_1$，$\hat{X}_2$ 为

$$\hat{X}_1=\angle AOC,\hat{X}_2=\angle COB$$

并取相应的观测值为近似值，即 $X_1^0=23°\ 15'\ 18''$，$X_2^0=58°43'56''$，则误差方程及约束方程为

$$\begin{bmatrix}v_1\\v_2\\v_3\end{bmatrix}=\begin{bmatrix}1&0\\0&1\\1&1\end{bmatrix}\begin{bmatrix}\hat{x}_1\\\hat{x}_2\end{bmatrix}-\begin{bmatrix}0\\0\\6\end{bmatrix}$$

$$\begin{bmatrix}1&1\end{bmatrix}\begin{bmatrix}\hat{x}_1\\\hat{x}_2\end{bmatrix}-10=0$$

法方程为

$$\begin{bmatrix}2&1&1\\1&2&1\\1&1&0\end{bmatrix}\begin{bmatrix}\hat{x}_1\\\hat{x}_2\\k\end{bmatrix}+\begin{bmatrix}-6\\-6\\-10\end{bmatrix}=0$$

解法方程得未知参数及联系数项为

$$\begin{bmatrix}\hat{x}_1\\\hat{x}_2\\k\end{bmatrix}=-\frac{1}{2}\begin{bmatrix}1&-1&1\\-1&1&1\\1&1&-3\end{bmatrix}\begin{bmatrix}-6\\-6\\-10\end{bmatrix}=\begin{bmatrix}5\\5\\-9\end{bmatrix}('')$$

权逆阵为

$$\boldsymbol{Q}_{\hat{x}\hat{x}}=\boldsymbol{Q}_{\hat{X}\hat{X}}=\boldsymbol{Q}_{11}=\frac{1}{2}\begin{bmatrix}1&-1\\-1&1\end{bmatrix}$$

$$\boldsymbol{Q}_{kk}=-\boldsymbol{Q}_{22}=\frac{3}{2}$$

$$\boldsymbol{Q}_{\hat{L}\hat{L}}=\boldsymbol{B}\boldsymbol{Q}_{11}\boldsymbol{B}^{\mathrm{T}}=\frac{1}{2}\begin{bmatrix}1&0\\0&1\\1&1\end{bmatrix}\begin{bmatrix}1&-1\\-1&1\end{bmatrix}\begin{bmatrix}1&0&1\\0&1&1\end{bmatrix}=\frac{1}{2}\begin{bmatrix}1&-1&0\\-1&1&0\\0&0&0\end{bmatrix}$$

$$Q_{VV}=Q-Q_{\hat{L}\hat{L}}=\begin{bmatrix}1&&\\&1&\\&&1\end{bmatrix}-\frac{1}{2}\begin{bmatrix}1&-1&0\\-1&1&0\\0&0&0\end{bmatrix}=\frac{1}{2}\begin{bmatrix}1&1&0\\1&1&0\\0&0&2\end{bmatrix}$$

5.5　平差结果的统计性质

在最小二乘原则下进行平差计算时，得到的平差值和参数估值均是最优无偏估计量，但前提是下列情况成立：一是假定观测值中仅含有偶然误差，因此，可视观测值为服从正态分布的随机变量，其数学期望等于真值；二是在平差前确定观测值的权时，假定母体的方差已知。如果上述两个条件不能成立，则最小二乘平差得到的平差值和参数估值不是最优无偏估计量。

下面以间接平差模型为例，证明按最小二乘原理进行平差计算所求得的结果具有参数估计的最优性质，即无偏性、有效性和一致性。

5.5.1　估计量的无偏性

测量平差中，估计量的无偏性是指参数估计量 $\hat{\boldsymbol{X}}$、改正数 $\boldsymbol{V}$、观测值估计量 $\hat{\boldsymbol{L}}$ 和单位权方差 $\hat{\sigma}_0^2$ 的无偏性，即

$$E(\hat{\boldsymbol{X}})=\boldsymbol{X}\tag{5.5.1}$$

$$E(\boldsymbol{V})=0\tag{5.5.2}$$

$$E(\hat{\boldsymbol{L}})=E(\boldsymbol{L})=\tilde{\boldsymbol{L}}\tag{5.5.3}$$

$$E(\hat{\sigma}_0^2)=\frac{E(\boldsymbol{V}^{\mathrm{T}}\boldsymbol{P}\boldsymbol{V})}{r}=\sigma_0^2\tag{5.5.4}$$

1. $\hat{\boldsymbol{X}}$ 的无偏性

将推证中用到的间接平差函数模型回顾如下：

$$\boldsymbol{\Delta}=\boldsymbol{B}\tilde{\boldsymbol{x}}-\boldsymbol{l},\boldsymbol{l}=-(\boldsymbol{B}\boldsymbol{X}^0+\boldsymbol{d}-\boldsymbol{L})$$

式中：$\boldsymbol{X}^0$ 是参数近似值；$\boldsymbol{l}$ 为自由常数向量。

由于 $E(\boldsymbol{\Delta})=0$，则由上式可得

$$E(\boldsymbol{l})=\boldsymbol{B}\tilde{\boldsymbol{x}}\tag{5.5.5}$$

由式(5.1.11)，$\hat{\boldsymbol{x}}=\boldsymbol{N}_{BB}^{-1}\boldsymbol{W},\boldsymbol{W}=\boldsymbol{B}^{\mathrm{T}}\boldsymbol{P}\boldsymbol{l}$，则有

$$E(\hat{\boldsymbol{x}})=\boldsymbol{N}_{BB}^{-1}E(\boldsymbol{W})=\boldsymbol{N}_{BB}^{-1}\boldsymbol{B}^{\mathrm{T}}\boldsymbol{P}E(\boldsymbol{l})=\boldsymbol{N}_{BB}^{-1}\boldsymbol{B}^{\mathrm{T}}\boldsymbol{P}\boldsymbol{B}\tilde{\boldsymbol{x}}=\tilde{\boldsymbol{x}}\tag{5.5.6}$$

因而

$$E(\hat{\boldsymbol{X}})=\boldsymbol{X}^0+E(\hat{\boldsymbol{x}})=\boldsymbol{X}^0+\tilde{\boldsymbol{x}}=\tilde{\boldsymbol{X}}\tag{5.5.7}$$

即参数平差值 $\hat{\boldsymbol{X}}$ 具有无偏性。

2. $\boldsymbol{V}$ 的无偏性

由于 $\boldsymbol{V}=\boldsymbol{B}\hat{\boldsymbol{x}}-\boldsymbol{l}$，则有

$$E(\boldsymbol{V})=\boldsymbol{B}E(\hat{\boldsymbol{x}})-E(\boldsymbol{l})=\boldsymbol{B}\tilde{\boldsymbol{x}}-\boldsymbol{B}\tilde{\boldsymbol{x}}=0\tag{5.5.8}$$

即残差的数学期望为 0。

3. $\hat{L}$ 的无偏性

由 $\hat{L}=L+V$，有

$$E(\hat{\boldsymbol{L}})=E(\boldsymbol{L})+E(\boldsymbol{V})=E(\boldsymbol{L})=\tilde{\boldsymbol{L}} \tag{5.5.9}$$

即证明了 $\hat{L}$ 是 $\tilde{L}$ 无偏估计量。

4. $\hat{\sigma}_0^2$ 的无偏性

由数理统计学知，若有服从任意分布的 n 维随机向量 $\boldsymbol{Y}$，其数学期望是 $E(\boldsymbol{Y})=\eta$，协方差矩阵是 $\boldsymbol{D}_{YY}$，则 n 维随机向量 $\boldsymbol{Y}$ 的任一二次型的数学期望是

$$E(\boldsymbol{Y}^{\mathrm{T}}\boldsymbol{M}\boldsymbol{Y})=\mathrm{tr}(\boldsymbol{M}\boldsymbol{D}_{YY})+\boldsymbol{\eta}^{\mathrm{T}}\boldsymbol{M}\boldsymbol{\eta} \tag{5.5.10}$$

式中：$\boldsymbol{M}$ 是任一 n 维对称可逆方阵；tr(·)表示矩阵的迹。

现在用残差向量 $\boldsymbol{V}$ 代替 $\boldsymbol{Y}$，权矩阵 $\boldsymbol{P}$ 代替 $\boldsymbol{M}$，则有

$$E(\boldsymbol{V}^{\mathrm{T}}\boldsymbol{P}\boldsymbol{V})=\mathrm{tr}(\boldsymbol{P}\boldsymbol{D}_{VV})+E(\boldsymbol{V})^{\mathrm{T}}\boldsymbol{P}E(\boldsymbol{V})$$

由于 $E(\boldsymbol{V})=0$，且

$$\boldsymbol{D}_{VV}=\sigma_0^2\boldsymbol{Q}_{VV}=\sigma_0^2(\boldsymbol{Q}-\boldsymbol{B}\boldsymbol{N}_{BB}^{-1}\boldsymbol{B}^{\mathrm{T}}) \tag{5.5.11}$$

所以有

$$\begin{aligned}
E(\boldsymbol{V}^{\mathrm{T}}\boldsymbol{P}\boldsymbol{V}) &= \mathrm{tr}(\boldsymbol{P}\boldsymbol{D}_{VV}) \\
&= \sigma_0^2\,\mathrm{tr}[\boldsymbol{P}(\boldsymbol{Q}-\boldsymbol{B}\boldsymbol{N}_{BB}^{-1}\boldsymbol{B}^{\mathrm{T}})] \\
&= \sigma_0^2\,\mathrm{tr}(\boldsymbol{I}_n-\boldsymbol{P}\boldsymbol{B}\boldsymbol{N}_{BB}^{-1}\boldsymbol{B}^{\mathrm{T}}) \\
&= \sigma_0^2\,\mathrm{tr}(\boldsymbol{I}_n)-\sigma_0^2\,\mathrm{tr}(\boldsymbol{P}\boldsymbol{B}\boldsymbol{N}_{BB}^{-1}\boldsymbol{B}^{\mathrm{T}}) \\
&= \sigma_0^2 n-\sigma_0^2\,\mathrm{tr}(\boldsymbol{B}^{\mathrm{T}}\boldsymbol{P}\boldsymbol{B}\boldsymbol{N}_{BB}^{-1}) \\
&= \sigma_0^2 n-\sigma_0^2\,\mathrm{tr}(\boldsymbol{N}_{BB}\boldsymbol{N}_{BB}^{-1}) \\
&= \sigma_0^2 n-\sigma_0^2\,\mathrm{tr}(\boldsymbol{I}_t) \\
&= \sigma_0^2(n-t) \\
&= \sigma_0^2 r
\end{aligned}$$

于是有

$$E(\hat{\sigma}_0^2)=E\left(\frac{\boldsymbol{V}^{\mathrm{T}}\boldsymbol{P}\boldsymbol{V}}{r}\right)=\frac{E(\boldsymbol{V}^{\mathrm{T}}\boldsymbol{P}\boldsymbol{V})}{r}=\sigma_0^2 \tag{5.5.12}$$

因此，$\hat{\sigma}_0^2$ 是 σ_0^2 的无偏估计。

以上关于间接平差结果的无偏性，对于其他 3 种基本平差方法同样成立（条件平差中不包含 $\tilde{X}$ 的无偏性）。

5.5.2 线性方差最小性

线性方差最小性主要指 $\hat{X}$、$\hat{L}$ 的有效性，即

$$\mathrm{tr}(\boldsymbol{D}_{\hat{X}\hat{X}})=\min \tag{5.5.13}$$

$$\mathrm{tr}(\boldsymbol{D}_{\hat{L}\hat{L}})=\min \tag{5.5.14}$$

由于 $\boldsymbol{D}=\sigma_0^2\boldsymbol{Q}$，$\sigma_0^2$ 为常数，以上两式也等价于

$$\mathrm{tr}(\boldsymbol{Q}_{\hat{X}\hat{X}})=\min \tag{5.5.15}$$

$$\mathrm{tr}(\boldsymbol{Q}_{\hat{L}\hat{L}}) = \min \tag{5.5.16}$$

1. 估计量 $\hat{\boldsymbol{X}}$ 具有最小方差性(有效性)

由于参数的估计量为

$$\hat{\boldsymbol{x}} = \boldsymbol{N}_{BB}^{-1}\boldsymbol{W} = \boldsymbol{Q}_{\hat{X}\hat{X}}\boldsymbol{B}^{\mathrm{T}}\boldsymbol{P}\boldsymbol{l} \tag{5.5.17}$$

因此,可设有另一个参数估计向量 $\hat{\boldsymbol{X}}' = \boldsymbol{X}^0 + \hat{\boldsymbol{x}}'$,其中,$\hat{\boldsymbol{x}}'$的表达式是

$$\hat{\boldsymbol{x}}' = \underset{t\times n}{\boldsymbol{H}}\boldsymbol{l} \tag{5.5.18}$$

令 $\hat{\boldsymbol{x}}'$满足无偏性,即

$$E(\hat{\boldsymbol{x}}') = \boldsymbol{H}E(\boldsymbol{l}) = \boldsymbol{H}\boldsymbol{B}\tilde{\boldsymbol{x}} = \tilde{\boldsymbol{x}}$$

则有

$$\boldsymbol{H}\boldsymbol{B} - \boldsymbol{I} = 0$$

式中:$\boldsymbol{I}$ 为单位矩阵。

参数估值向量 $\hat{\boldsymbol{x}}'$方差矩阵是

$$\boldsymbol{Q}_{\hat{X}'\hat{X}'} = \boldsymbol{H}\boldsymbol{Q}\boldsymbol{H}^{\mathrm{T}}$$

如果要满足 $\boldsymbol{H}\boldsymbol{B} - \boldsymbol{I} = 0$,并使 $\boldsymbol{Q}_{\hat{X}'\hat{X}'}$ 的迹达到最小,必须使得下列条件极值函数成立,即

$$\Phi = \mathrm{tr}(\boldsymbol{H}\boldsymbol{Q}\boldsymbol{H}^{\mathrm{T}}) + \mathrm{tr}[2(\boldsymbol{H}\boldsymbol{B} - \boldsymbol{I})\boldsymbol{K}] = \min$$

式中:$\boldsymbol{K}$ 是联系数矩阵。

为求 Φ 极小,需将上式对 $\boldsymbol{H}$ 和 $\boldsymbol{K}$ 分别求偏导数,并令其为零矩阵。即

$$\frac{\partial \Phi}{\partial \boldsymbol{H}} = 2\boldsymbol{H}\boldsymbol{Q} - 2\boldsymbol{K}^{\mathrm{T}}\boldsymbol{B}^{\mathrm{T}} = \boldsymbol{0}$$

$$\frac{\partial \Phi}{\partial \boldsymbol{K}} = 2(\boldsymbol{H}\boldsymbol{B} - \boldsymbol{I}) = \boldsymbol{0}$$

由上两式可解得

$$\boldsymbol{K} = \boldsymbol{N}_{BB}^{-1} = \boldsymbol{Q}_{\hat{X}\hat{X}}$$

$$\boldsymbol{H} = \boldsymbol{K}^{\mathrm{T}}\boldsymbol{B}^{\mathrm{T}}\boldsymbol{P} = \boldsymbol{Q}_{\hat{X}\hat{X}}\boldsymbol{B}^{\mathrm{T}}\boldsymbol{P}$$

因此,参数估值向量 $\hat{\boldsymbol{x}}'$的表达式是

$$\hat{\boldsymbol{x}}' = \boldsymbol{H}\boldsymbol{l} = \boldsymbol{Q}_{\hat{X}\hat{X}}\boldsymbol{B}^{\mathrm{T}}\boldsymbol{P}\boldsymbol{l} \tag{5.5.19}$$

上式与利用最小二乘原理求出的结果 $\hat{\boldsymbol{x}}$ 完全相同,而 $\hat{\boldsymbol{x}}'$是在无偏性和方差最小条件下导出的,因此表明 $\hat{\boldsymbol{x}}$ 是无偏估计,且方差最小(有效性),故 $\hat{\boldsymbol{X}} = \boldsymbol{X}^0 + \hat{\boldsymbol{x}}$ 是最优线性无偏估计。

2. 估计量 $\hat{\boldsymbol{L}}$ 具有最小方差性(有效性)

利用最小二乘原理求得的观测值平差值向量为

$$\hat{\boldsymbol{L}} = \boldsymbol{L} + \boldsymbol{V} = \boldsymbol{L} + \boldsymbol{B}\hat{\boldsymbol{x}} - \boldsymbol{l} = \boldsymbol{L} + (\boldsymbol{B}\boldsymbol{N}_{BB}^{-1}\boldsymbol{B}\boldsymbol{P} - \boldsymbol{I})\boldsymbol{l} \tag{5.5.20}$$

可设有另一个估值向量 $\hat{\boldsymbol{L}}'$是 $\tilde{\boldsymbol{L}}$ 的无偏和最小方差估计量,其表达式为

$$\hat{\boldsymbol{L}}' = \boldsymbol{L} + \boldsymbol{G}\boldsymbol{l} = (\boldsymbol{I} + \boldsymbol{G})\boldsymbol{L} + \text{常数} \tag{5.5.21}$$

对上式等号两边取数学期望,顾及 $E(\boldsymbol{l}) = \boldsymbol{B}\tilde{x}$,有

$$E(\hat{\boldsymbol{L}}') = E(\boldsymbol{L}) + \boldsymbol{G}E(\boldsymbol{l}) = \tilde{\boldsymbol{L}} + \boldsymbol{G}\boldsymbol{B}\tilde{\boldsymbol{x}} \tag{5.5.22}$$

因此,若 $\hat{\boldsymbol{L}}$ 满足无偏性,上式必须满足

$$GB=0$$

另外，$\hat{L}'$的协因数矩阵为

$$Q_{L'L'}=(I+G)Q(I+G)^T=Q+QG^T+GQ+GQG^T$$

如果要求 $\hat{L}'$具有最小方差性，且满足无偏性，那么必须使得下式成立，即

$$\Phi=\mathrm{tr}(Q+QG^T+GQ+GQG^T)+\mathrm{tr}[2(GB)K]=\min$$

式中：K 为联系系数矩阵。

为求 Φ 极小，需将上式对 G 和 K 求偏导数，并令其为零矩阵，即

$$\frac{\partial\Phi}{\partial G}=2Q+2GQ+2K^TB^T=0$$

$$\left(\frac{\partial\Phi}{\partial K}\right)^T=2GB=0$$

由以上两式可解得

$$G=(BN_{BB}^{-1}BP-I)$$

$$K^T=-BN_{BB}^{-1}$$

因此，观测值的平差值向量 $\hat{L}'$的表达式为

$$\hat{L}'=L+(BN_{BB}^{-1}BP-I)l \tag{5.5.23}$$

上式与最小二乘原理求出的结果完全相同，表明最小二乘估计求得的 $\hat{L}$ 也是无偏估计，且有最小的方差，即是最优无偏估计。

以上关于间接平差结果的线性方差最小性，对于其他 3 种基本平差方法同样成立（条件平差中不包含 $\tilde{X}$ 的线性方差最小性）。参数具有无偏性与有效性，其也具有一致性。

5.6　应用实例

5.6.1　水准网间接平差

【例 5.6.1】　如图 5.6.1 所示的水准网，A、B、C 已知水准点，P_1、P_2、P_3 为待定点，已知水准点的高程、各水准路线的长度及观测高差列入表 5.6.1。

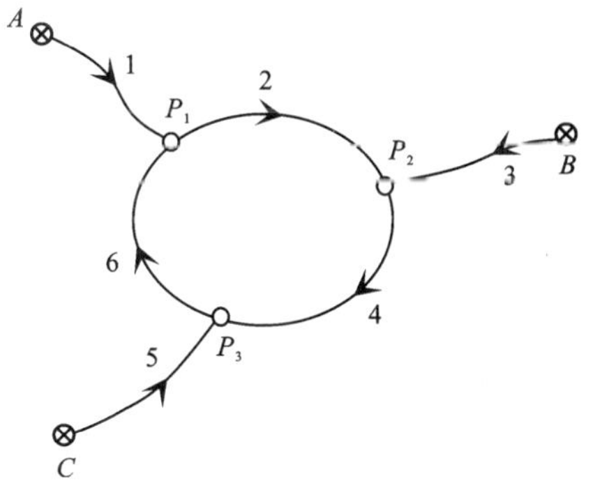

图 5.6.1　水准网

表 5.6.1　观测值与已知数据

路线号	观测高差/m	水准路线长度/km	已知高程/m
1	1.652	4.5	$H_A=34.788$
2	−0.418	3.1	
3	0.714	3.4	$H_B=35.259$
4	1.234	3.8	
5	−0.577	4.2	$H_C=37.825$
6	−0.766	2.5	

按间接平差求：

(1)各待定点的高程平差值。

(2)待定点 P_1、P_2、P_3 点高程平差值的中误差。

解：

1)列误差方程

设 P_1、P_2、P_3 点高程平差值为 $\hat{X}_1$、$\hat{X}_2$ 和 $\hat{X}_3$，相应的近似值取为

$$X_1^0 = H_A + h_1 = 34.788 + 1.652 = 36.440 \text{ m}$$

$$X_2^0 = H_B + h_3 = 35.259 + 0.714 = 35.973 \text{ m}$$

$$X_3^0 = H_C + h_5 = 37.825 - 0.577 = 37.248 \text{ m}$$

按图 5.6.1 列出观测方程后，将有关观测数据代入即得误差方程为

$$\begin{bmatrix} v_1 \\ v_2 \\ v_3 \\ v_4 \\ v_5 \\ v_6 \end{bmatrix} = \begin{bmatrix} 1 & 0 & 0 \\ -1 & 1 & 0 \\ 0 & 1 & 0 \\ 0 & -1 & 1 \\ 0 & 0 & 1 \\ 1 & 0 & -1 \end{bmatrix} \begin{bmatrix} \hat{x}_1 \\ \hat{x}_2 \\ \hat{x}_3 \end{bmatrix} - \begin{bmatrix} 0 \\ 49 \\ 0 \\ -32 \\ 0 \\ 22 \end{bmatrix}$$

式中：常数项以 mm 为单位。

2)组成法方程

以 1km 水准测量的观测高差为单位权观测值，各观测值互相独立，以 $p_i = 1/S_i$ 确定各观测值向量的权阵

$$\boldsymbol{P} = \begin{bmatrix} 0.22 & & & & & \\ & 0.32 & & & & \\ & & 0.29 & & & \\ & & & 0.26 & & \\ & & & & 0.23 & \\ & & & & & 0.40 \end{bmatrix}$$

由此组成法方程为

$$\boldsymbol{B}^{\mathrm{T}} \boldsymbol{P} \boldsymbol{B} \hat{\boldsymbol{x}} - \boldsymbol{B}^{\mathrm{T}} \boldsymbol{P} \boldsymbol{l} = \begin{bmatrix} 0.94 & -0.32 & -0.40 \\ -0.32 & 0.87 & -0.26 \\ -0.40 & -0.26 & 0.89 \end{bmatrix} \begin{bmatrix} \hat{x}_1 \\ \hat{x}_2 \\ \hat{x}_3 \end{bmatrix} - \begin{bmatrix} -6.88 \\ 24.00 \\ -17.12 \end{bmatrix} = 0$$

解得

$$\begin{bmatrix} \hat{x}_1 \\ \hat{x}_2 \\ \hat{x}_3 \end{bmatrix} = \boldsymbol{N}^{-1} \boldsymbol{W} = \begin{bmatrix} 1.9235 & 1.0582 & 1.1736 \\ 1.0582 & 1.8416 & 1.0136 \\ 1.1736 & 1.0136 & 1.9472 \end{bmatrix} \begin{bmatrix} -6.88 \\ 24.00 \\ -17.12 \end{bmatrix} = \begin{bmatrix} -7.9 \\ 19.6 \\ -17.1 \end{bmatrix} \text{mm}$$

$$\begin{bmatrix}\hat{X}_1\\ \hat{X}_2\\ \hat{X}_3\end{bmatrix}=\begin{bmatrix}X_1^0\\ X_2^0\\ X_3^0\end{bmatrix}+\begin{bmatrix}\hat{x}_1\\ \hat{x}_2\\ \hat{x}_3\end{bmatrix}=\begin{bmatrix}36.440\\ 35.973\\ 37.248\end{bmatrix}+\begin{bmatrix}-0.0079\\ 0.0196\\ -0.0171\end{bmatrix}=\begin{bmatrix}36.4321\\ 35.6626\\ 37.2309\end{bmatrix}\text{m}$$

3)计算 $\boldsymbol{V}$ 和 $\hat{\boldsymbol{L}}$

$$\boldsymbol{V}=\begin{bmatrix}v_1\\ v_2\\ v_3\\ v_4\\ v_5\\ v_6\end{bmatrix}=\begin{bmatrix}-7.9\\ -21.5\\ 19.6\\ -4.7\\ -17.1\\ -12.8\end{bmatrix}\text{mm}$$

由此得平差值为

$$\hat{\boldsymbol{L}}=\begin{bmatrix}\hat{h}_1\\ \hat{h}_2\\ \hat{h}_3\\ \hat{h}_4\\ \hat{h}_5\\ \hat{h}_6\end{bmatrix}=\begin{bmatrix}1.652\\ -0.418\\ 0.714\\ 1.243\\ -0.577\\ -0.786\end{bmatrix}+\begin{bmatrix}-7.9\\ -21.5\\ 19.6\\ -4.7\\ -17.1\\ -12.8\end{bmatrix}/1000=\begin{bmatrix}1.6441\\ -0.4395\\ 0.7336\\ 1.2383\\ -0.5941\\ -0.7988\end{bmatrix}\text{m}$$

4)精度评定

计算单位权中误差

$$\hat{\sigma}_0=\pm\sqrt{\frac{\boldsymbol{V}^{\mathrm{T}}\boldsymbol{PV}}{r}}=\pm\sqrt{\frac{65.54}{3}}=4.67\text{mm}$$

计算未知参数的协因数矩阵

$$\boldsymbol{Q}_{\hat{x}\hat{x}}=(\boldsymbol{B}^{\mathrm{T}}\boldsymbol{P}\hat{\boldsymbol{B}})^{-1}=\begin{bmatrix}1.9235 & 1.0582 & 1.1736\\ 1.0582 & 1.8416 & 1.0136\\ 1.1736 & 1.0136 & 1.9472\end{bmatrix}$$

故 P_1、P_2、P_3 点高程平差值中误差为

$$\begin{bmatrix}\hat{\sigma}_{\hat{H}_{P_1}}\\ \hat{\sigma}_{\hat{H}_{P_2}}\\ \hat{\sigma}_{\hat{H}_{P_3}}\end{bmatrix}=\begin{bmatrix}4.67\sqrt{1.9235}\\ 4.67\sqrt{1.8416}\\ 4.67\sqrt{1.9472}\end{bmatrix}=\begin{bmatrix}6.48\\ 6.34\\ 6.51\end{bmatrix}\text{mm}$$

5.6.2 边角网间接平差

【例 5.6.2】 如图 5.6.2 所示的边角网，起算数据列于表 5.6.2 中，方向观测值和边长观测值列于表 5.6.3 中。已知先验测方向中误差 $\sigma_\beta=\pm1.8''$，测边标称精度 $a=2\text{mm}$，$b=2\times10^{-6}$。

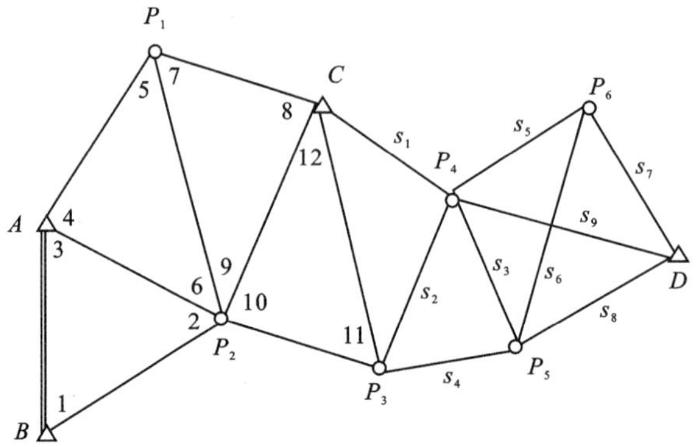

图 5.6.2 边角网

表 5.6.2 起算数据

点名	已知坐标/m		已知边长 S/m	已知坐标方位角 α
	x	y		
A	49441.954	61340.516	3302.716	178°54′12.748″
B	46139.843	61403.716		
C	50565.525	64761.617		
D	47927.175	70492.427		

表 5.6.3 观测数据

类别	编号	观测值	编号	观测值	编号	观测值
方向观测值 L	A-P_1	00°00′00.00″	C-P_3	00°00′00.00″	P_2-B	00°00′00.00″
	A-P_2	69°16′21.07″	C-P_2	53°54′57.25″	P_2-A	66°57′06.99″
	A-B	142°42′20.08″	C-P_1	159°34′25.35″	P_2-P_1	138°50′39.69″
					P_2-C	176°30′30.34″
					P_2-P_3	241°39′44.68″
	B-A	00°00′00.00″	P_1-C	00°00′00.00″	P_3-P_2	00°00′00.00″
	B-P_2	39°36′55.81″	P_1-P_2	36°40′46.12″	P_3-C	60°55′48.80″
			P_1-A	75°30′48.81″		
边长观测值 S/m	s_1	2123.045	s_4	2907.419	s_7	2286.058
	s_2	1771.429	s_5	3610.452	s_8	2155.620
	s_3	2389.608	s_6	2962.494	s_9	4187.840

解:设全部待定点的坐标为未知参数,按坐标平差的实施步骤,根据先验精度计算观测值的权,计算待定点的坐标近似值,形成误差方程,组成法方程,解算法方程,最后计算平差值和评定精度。

(1)根据先验精度确定观测值的权。

取单位权方差 $\sigma_0^2=\sigma_\beta^2$，观测方向的权为 1。依题意给定的测边标称精度，计算观测边 s_i 的先验中误差，即

$$\sigma_{s_i}=(0.2+2\times s_i\times 10^{-4})$$

式中：s_i 单位为 m；σ_{s_i} 单位为 cm。

由式 $Q_{s_is_i}=\sigma_{s_i}^2/\sigma_\beta^2$ 计算各观测边长的权 p_{s_i} $(i=1,\cdots,9)$，得 8.1920、10.4112、6.9507、5.2263、3.7511、5.0818、7.3970、8.0231、2.9611。

(2)利用已知点坐标和观测值计算待定点近似坐标(取至 dm 级)，结果列入表 5.6.4。

表 5.6.4　待定点近似坐标

坐标	P_1	P_2	P_3	P_4	P_5	P_6
X^0/m	52241.4	48831.6	48485.5	49744.5	47986.2	50205.2
Y^0/m	63389.1	63546.1	65473.4	66719.4	68337.6	70300.3

(3)计算误差方程系数和常数项。按式(5.1.26)、式(5.1.27)计算方向系数 a、b，按式(5.1.49)计算测边误差方程系数，并令 $a_s=\Delta X_{jk}^0/S_{jk}^0$，$b_s=\Delta Y_{jk}^0/S_{jk}^0$。计算得 a、b、a_s、b_s 均列入表 5.6.5。

表 5.6.5　误差方程系数

类别		Δx^0/m	Δy^0/m	s^0/m	α^0	$a/('')\cdot cm^{-1}$	$b/('')\cdot cm^{-1}$
方向	P_1-C	−1675.898	1372.51	2166.2	140°41′0.803″	0.6033	0.7367
	P_1-P_2	−3409.857	157.014	3413.5	177°21′48.809″	0.0278	0.6036
	P_1-A	−2799.469	−2048.591	3469.0	36°11 45.097″	−0.3511	0.4798
	P_2-B	2691.728	−2142.405	3440.2	38°31′1.555″	−0.3734	0.4691
	P_2-A	610.388	−2205.605	2288.5	285°28′8.794″	−0.8687	−0.2404
	P_2-C	1733.959	1215.496	2117.6	215°1′48.902″	0.5591	−0.7976
	P_2-P_3	−346.104	1927.233	1958.1	100°10′51.579″	1.0368	0.1862
	P_3-C	2080.063	−711.737	2198.5	341°6′37.968″	−0.3037	−0.8877
边长	P_3-P_4	1259.082	1246.014	11771.4	44°42′4.016″	−0.7108	−0.7034
	P_3-P_5	−499.257	2864.268	2907.5	279°53′15.427″	0.1717	−0.9851
	P_4-C	820.981	−1957.751	2122.9	112°45′2.530″	−0.3867	0.9222
	P_4-P_5	−1758.339	1618.254	2389.7	317°22′32.421″	0.7358	−0.6772
	P_4-D	−1817.369	3773.059	4187.9	295°43′7.366″	0.4340	−0.9009
	P_4-P_6	460.647	3580.929	3610.4	82°40′11.232″	−0.1276	−0.9918
	P_5-P_6	2218.986	1962.675	2962.4	41°29′32.989″	−0.7490	−0.6625
	P_5-D	−59.030	2154.805	2155.6	271°34′9.101″	0.0274	−0.9996
	P_6-D	−2278.016	192.130	2286.1	355°10′44.480″	0.9965	−0.084

按式(5.1.31)和式(5.1.48)计算误差方程常数项，列入表 5.6.6。

表 5.6.6　误差方程常数项

方向	α^0	L	$-l=\alpha^0-L-Z^0$	边	$-l_s(=s^0-s)$/cm
A-P_1	216°11′45.097″	0°00′00.00″	0	C-P_4	−12.277
A-P_2	285°28′08.794″	69°16′21.30″	2.397	P_3-P_4	−3.453
A-B	358°54′12.748″	142°42′20.08″	7.571	P_4-P_5	5.768
				P_3-P_5	3.499
B-A	178°54′12.748″	0°00′00.00″	0	P_4-D	9.557
B-P_2	218°31′01.555″	39°36′55.81″	−7.003	P_5-D	−0.660
				P_4-P_6	−1.599
C-P_3	161°06′37.968″	0°00′00.00″	0	D-P_6	4.585
C-P_2	215°01′48.902″	53°54′57.25″	13.684	P_5-P_6	−6.391
C-P_1	320°41′00.803″	159°34′25.35″	−2.515		
P_1-C	140°41′00.803″	0°00′00.00″	0		
P_1-P_2	177°21′48.809″	36°40′46.12″	1.866		
P_1-A	216°11′45.097″	75°30′48.81″	−4.516		
P_2-B	218°31′01.555″	0°00′00.00″	0		
P_2-A	285°28′08.794″	66°57′06.99″	0.249		
P_2-P_1	357°21′48.809″	138°50′39.69″	7.564		
P_2-C	35°01′48.902″	176°30′30.34″	17.007		
P_2-P_3	100°10′51.579″	241°39′44.68″	5.344		
P_3-P_2	280°10′51.579″	0°00′00.00″	0		
P_3-C	341°06′379680″	60°55′48.80″	−2.411		

(4)由表 5.6.5、表 5.6.6 取系数和常数项，分别按式(5.1.30)、式(5.1.49)写出方向误差方程和边误差方程，其中方向误差方程只有P_1、P_2、P_3点的坐标参数，边误差方程只有P_3、P_4、P_5、P_6点的坐标参数。误差方程结果列于表 5.6.7 中。

(5)组成和解算法方程，解得未知参数，即待定点坐标改正数 $\hat{x}$ 以及待定点坐标平差值 $\hat{X}$ 列于表 5.6.8。未知参数的协因数阵列于表 5.6.9。

(6)计算观测值改正数和平差值。将解得的未知参数 $\hat{x}$ 代入误方程差式，计算观测值改正数 $\boldsymbol{V}$，列于表 5.6.7 中 v 列。观测值与改正数相加即可得到观测值的平差值 $\hat{\boldsymbol{L}}$。

(7) 精度评定。由改正数 $\boldsymbol{V}$ 计算单位权中误差，即

$$\hat{\sigma}_0=\pm\sqrt{\frac{\boldsymbol{V}^{\mathrm{T}}\boldsymbol{P}\boldsymbol{V}}{r}}=2.55''$$

由表 5.6.9 中坐标参数的协因数及 $\hat{\sigma}_0$ 计算坐标参数中误差，列于表 5.6.8 中“坐标参数中误差”列。

表 5.6.7 方向和距离观测值的误差方程

类别		$\hat{Z}$	$\hat{x}_5$	$\hat{y}_5$	$\hat{x}_6$	$\hat{y}_6$	$\hat{x}_7$	$\hat{y}_7$	$\hat{x}_8$	$\hat{y}_8$	$\hat{x}_9$	$\hat{y}_9$	$\hat{x}_{10}$	$\hat{y}_{10}$	$-l/('')$	$v/('')$
方向	A-P_1	−1	−0.3511	0.4798											0	−0.7005
	A-P_2	−1			−0.8687	−0.2404									2.397	0.3920
	A-B	−1													7.571	0.3085
	B-A	−1													0	−0.2249
	B-P_2	−1			−0.3734	0.4691									−7.003	0.2248
	C-P_3	−1					−0.3037	−0.8877							0	−0.8070
	C-P_2	−1			0.55916	−0.7976									13.684	1.4120
	C-P_1	−1	0.6033	0.7367											−2.515	−0.6049
	P_1-C	−1	0.6033	0.7367											0	0.2074
	P_1-P_2	−1	0.0278	0.6036	−0.5976	0.0275									1.866	−0.3016
	P_1-A	−1	−0.3511	0.4798											−4.516	0.0941
	P_2-B	−1			−0.3734	0.4691									0	1.3931
	P_2-A	−1			−0.8687	−0.2404									0.249	−0.5531
	P_2-P_1	−1	0.0278	0.6036	−0.0278	−0.6036									7.564	1.2687
	P_2-C	−1			0.5591	−0.7976									17.007	−1.0754
	P_2-P_3	−1			1.0368	0.1862	−1.0368	−0.1862							5.344	−1.0333
	P_3-P_2	−1			1.0368	0.1862	−1.0368	−0.1862							0	1.3255
	P_3-C	−1					−0.3037	−0.8877							−2.411	−1.3256

续表 5.6.7

类别		$\hat{Z}$	$\hat{x}_5$	$\hat{y}_5$	$\hat{x}_6$	$\hat{y}_6$	$\hat{x}_7$	$\hat{y}_7$	$\hat{x}_8$	$\hat{y}_8$	$\hat{x}_9$	$\hat{y}_9$	$\hat{x}_{10}$	$\hat{y}_{10}$	$-l/('')$	$v/('')$
边	C-P_4								−0.3867	0.9222					−12.277	−1.5505
	P_3-P_4						−0.7108	−0.7034	0.7108	0.7034					−3.453	0.0766
	P_4-P_5								0.7358	−0.6772	−0.7358	0.6772			5.768	−0.8256
	P_3-P_5						0.1717	−0.9851			−0.1717	0.9851			3.499	0.2481
	P_4-P_6								−0.1276	−0.9918			0.1276	0.9918	−1.599	−0.9879
	P_5-P_6										−0.7490	−0.6625	0.7490	0.6625	−6.391	1.0076
	P_6-D												0.9965	−0.0840	4.585	−0.4561
	P_5-D										0.0274	−0.9996			−0.660	−0.7482
	P_4-D								0.0340	−0.9009					9.557	−1.3459

表 5.6.8　待定点坐标平差值

点名	未知点坐标参数改正数/cm		未知点坐标平差值/m		坐标参数中误差/cm	
	$\hat{x}_i$	$\hat{y}_i$	$\hat{X}_i$	$\hat{Y}_i$	$\hat{\sigma}_{x_i}$	$\hat{\sigma}_{y_i}$
P_1	−6.9295	8.6058	52241.354	63389.193	1.83	1.87
P_2	−8.5626	9.0715	48831.480	63546.212	1.97	2.45
P_3	−7.1811	3.0852	48485.390	65473.385	1.63	2.72
P_4	−7.5428	8.4686	49744.469	66719.453	3.19	3.18
P_5	−6.4576	−0.0888	47986.140	68337.621	2.00	2.25
P_6V	−4.3279	8.6711	50205.148	70300.384	3.74	1.22

表 5.6.9 坐标参数的协因数阵

	$\hat{x}_5$	$\hat{y}_5$	$\hat{x}_6$	$\hat{y}_6$	$\hat{x}_7$	$\hat{y}_7$	$\hat{x}_8$	$\hat{y}_8$	$\hat{x}_9$	$\hat{y}_9$	$\hat{x}_{10}$	$\hat{y}_{10}$
P_1	1.5659	−0.5987	0.1093	−0.0994	0.0766	−0.0376	0.0326	0.0088	0.0197	−0.0151	−0.0001	0.0108
P_1	−0.5987	1.5514	−0.2072	−0.1285	−0.5192	−0.0822	−0.4127	−0.1878	−0.2391	−0.0120	−0.0238	−0.2448
P_2	0.1093	−0.2072	0.616	0.3163	0.8394	0.0322	0.6100	0.2655	0.3549	−0.0147	0.0311	0.3445
P_2	−0.0994	−0.1285	0.3163	0.7787	0.7304	0.0753	0.5576	0.2489	0.3237	0.0032	0.0305	0.3238
P_3	0.0766	−0.5192	0.8394	0.7304	2.1524	0.1408	1.5973	0.7029	0.9284	−0.018	0.0841	0.9130
P_3	−0.0376	−0.0822	0.0322	0.0753	0.1408	0.2305	0.2300	0.1299	0.1301	0.0739	0.0218	0.1724
P_4	0.0326	−0.4127	0.6100	0.5576	1.5973	0.2300	1.3837	0.5724	0.8167	0.0227	0.0859	0.7827
P_4	0.0088	−0.1878	0.2655	0.2489	0.7029	0.1299	0.5724	0.3184	0.3164	0.0339	0.0269	0.3777
P_5	0.0197	−0.2391	0.3549	0.3237	0.9284	0.1301	0.8167	0.3164	0.6999	0.0486	0.1024	0.5333
P_5	−0.0151	−0.0120	−0.0147	0.0032	−0.0180	0.0739	0.0227	0.0339	0.0486	0.0935	0.0221	0.0694
P_6	−0.0001	−0.0238	0.0311	0.0305	0.0841	0.0218	0.0859	0.0269	0.1024	0.0221	0.1275	0.0242
P_6	0.0108	−0.2448	0.3445	0.3238	0.9130	0.1724	0.7827	0.3777	0.5333	0.0694	0.0242	0.7045

5.6.3 导线网平差

【例 5.6.3】 如图 5.6.3 所示的导线网，其中 A、B 点为已知点，已知 AC、BD 边的坐标方位角，有 12 个角度观测值和 8 个距离观测值，起算数据列于表 5.6.10，观测数据列于表 5.6.11中。设测角中误差为 $\sigma_\beta=3''$，测距中误差计算公式为 $\sigma_{S_i}=(2+2S_i\times10^{-6})$(mm)($S_i$ 以 km 为单位)。试按间接平差法求出待定点的坐标平差值，并评定精度。

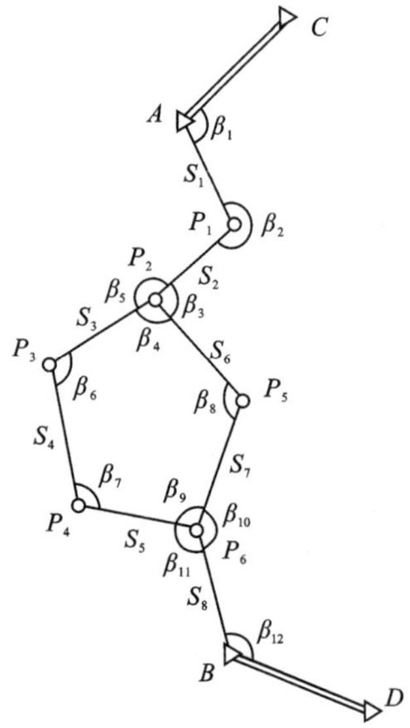

图 5.6.3 导线网

表 5.6.10 起算数据

点名	坐标/m		方位角
	X	Y	
A	21972.653	3032.189	$\alpha_{AC}=51°34'23''$
B	2004.294	2706.176	$\alpha_{BD}=131°17'58''$

表 5.6.11 观测数据

角号	角度观测值	角号	角度观测值	边号	边长观测值/m	边号	边长观测值/m
β_1	128°23′39.7″	β_7	129°52′27.5″	S_1	2738.283	S_7	7302.178
β_2	220°34′46.4″	β_8	115°06′37.3″	S_2	4214.471	S_8	3204.012
β_3	91°51′21.7″	β_9	69°57′03.9″	S_3	3683.042		
β_4	78°29′39.6″	β_{10}	156°31′45.9″	S_4	4829.393		
β_5	189°38′58.7″	β_{11}	133°31′10.2″	S_5	4710.470		
β_6	146°34′12.5″	β_{12}	137°28′39.4″	S_6	5739.042		

解：本例中有 6 个待定点，必要观测数 $t=12$，观测值 $n=12+8=20$，故应列出 20 个误差方程，其中有 12 个角度误差方程，8 个边长误差方程。现选取待定点坐标平差值为参数，即

$$\hat{\boldsymbol{X}}=[\hat{X}_1\quad \hat{Y}_1\quad \hat{X}_2\quad \hat{Y}_2\quad \hat{X}_3\quad \hat{Y}_3\quad \hat{X}_4\quad \hat{Y}_4\quad \hat{X}_5\quad \hat{Y}_5\quad \hat{X}_6\quad \hat{Y}_6]$$

(1)计算各点的近似坐标，结果见表 5.6.12。

表 5.6.12 近似坐标

点名	坐标/m	
	X	Y
P_1	19234.371	3033.742
P_2	16031.911	294.031
P_3	12871.537	−1597.220
P_4	8046.860	−1383.833
P_5	12161.833	4531.849
P_6	5189.634	2361.134

(2)计算各边近似坐标方位角和近似边长，结果见表 5.6.13。

表 5.6.13　近似坐标方位角、近似坐标和近似边长

点名	观测角 β_i	坐标方位角 α^0	观测边长 S/m	近似坐标		近似边长 S^0/m	$(S-S^0)$/m
				X^0/m	Y^0/m		
C							
		231°34′23.3″					
$A(\beta_1)$	128°23′39.7″			21972.653	3032.189		
		179°58′03.0″	2738.2828			2738.2828	0
$P_1(\beta_2)$	220°34′46.4″			19234.371	3033.742		
		220°32′49.4″	4214.4707			4214.4707	0
$P_2\begin{pmatrix}\beta_3\\ \beta_4\end{pmatrix}$	91°51′21.7″ 78°29′39.6″			16031.911	294.031		
		210°53′50.7″	3683.0420			3683.0420	
$P_3(\beta_6)$	146°34′12.5″			12871.537	−1597.220		
		177°28′03.2″	4829.3927			4829.3927	0
$P_4(\beta_7)$	129°52′27.5″			8046.860	−1383.833		
		127°20′30.7″	4710.4695			4710.4695	0
$P_6\begin{pmatrix}\beta_9\\ \beta_{10}\end{pmatrix}$	69°57′03.9″ 156°31′45.9″			5189.634	2361.134		
		173°49′20.5″	3204.0118			3203.9734	0.0384
$B(\beta_{12})$	137°28′39.4″			2004.294	2706.177		
P_1							
$P_2(\beta_3)$	91°51′21.7″			16031.911	294.031		
		220°32′49.4″	5739.0421			5739.0421	0
$P_5(\beta_8)$	115°06′37.3″			12161.833	4531.849		
						7302.2989	−0.1205
P_6				5189.634	2361.134		

(3)计算角度和边长误差方程系数和常数项，结果见表 5.6.14，表中每一行表示一个误差方程。表中 **V** 列为角度和边长改正数，在解出坐标改正数 $\hat{x}$ 后给出。

(4)确定角和边的权。设测角中误差为单位权中误差，则各角度观测值的权 p_{β_i}、距离观测值的权 p_{S_i} 分别为

$$p_{\beta_i}=\frac{\sigma_0^2}{\sigma_\beta^2}=1\ ,\ p_{S_i}=\frac{\sigma_\beta^2}{\sigma_{S_i}^2}=\frac{3^2}{2+2S_i\times10^{-6}}\ (″)^2/\mathrm{mm}^2$$

式中：S_i 为边长观测值，以 km 为单位代入计算。

各观测值的权列于表 5.6.14 中 p 列。

(5)法方程的组成和解算。由表 5.6.14 中取得误差方程的系数项 $\boldsymbol{B}$、常数项 $\boldsymbol{l}$，组成法方程的系数项 $\boldsymbol{N}_{BB}=\boldsymbol{B}^{\mathrm{T}}\boldsymbol{PB}$、常数项 $\boldsymbol{W}=\boldsymbol{B}^{\mathrm{T}}\boldsymbol{Pl}$，由 $\hat{\boldsymbol{x}}=\boldsymbol{N}_{BB}^{-1}\boldsymbol{B}^{\mathrm{T}}\boldsymbol{Pl}$ 算得参数改正数 $\hat{\boldsymbol{x}}$ 列于表 5.6.14 中 $\hat{\boldsymbol{x}}$ 行。

表 5.6.14 误差方程

		$\hat{x}_1$	$\hat{y}_1$	$\hat{x}_2$	$\hat{y}_2$	$\hat{x}_3$	$\hat{y}_3$	$\hat{x}_4$	$\hat{y}_4$	$\hat{x}_5$	$\hat{y}_5$	$\hat{x}_6$	$\hat{y}_6$	l	p	V
角度	β_1	-0.043	-75.326												1	-0.3″
	β_2	-31.177	112.516	31.816	-37.190										1	-0.3″
	β_3	31.816	-37.190	-5.277	61.426					-26.539	-24.236				1	-0.1″
	β_4			-55.298	23.820	28.758	-48.056			26.539	24.236				1	-0.1″
	β_5	-31.816	37.190	60.574	-85.246	-28.758	48.056								1	0.2″
	β_6			28.758	-48.056	-26.871	90.725	-1.887	-42.669						1	-0.3″
	β_7					-1.887	-42.669	36.700	69.230			-34.813	-26.561		1	-0.3″
	β_8			26.539	24.236					-18.143	-51.206	-8.397	26.970	-2.4	1	0
	β_9							-34.813	-26.561	-8.397	26.970	43.210	-0.409	+1.6	1	-0.1″
	β_{10}									8.397	-26.970	-1.464	90.973	-18.3	1	-0.1″
	β_{11}							34.813	26.561			-41.746	-90.564	+16.7	1	0.2″
	β_{12}											-6.933	-64.004	+15.1	1	-0.2″
边长	S_1	-1.000	0.001												2.237	0.013m
	S_2	0.760	0.650	-0.760	-0.650										2.231	-0.085m
	S_3			0.858	0.514	-0.858	-0.514								2.234	-0.083m
	S_4					0.999	-0.044	-0.999	0.044						2.228	-0.014m
	S_5							0.607	-0.795			-0.607	0.795		2.229	0.090m
	S_6			-0.738	0.674					-0.674	0.738				2.224	0.035m
	S_7									0.955	0.297	-0.955	-0.297	-0.120	2.218	0.026m
	S_8											0.994	-0.108	0.038	2.236	0.029m
$\hat{x}$/m		-0.0132	0.0030	0.0453	0.0660	0.1102	0.1188	0.1250	0.1405	0.0329	0.1028	0.0924	0.2295			
$\hat{X}$/m		19234.358	3033.745	16031.956	294.097	12871.647	-1597.101	8046.985	-1383.692	12161.866	4531.952	5189.726	2361.364			
$\hat{\sigma}_{\hat{x}}$/m		0.0142	0.0000	0.0141	0.0034	0.0142	0.0035	0.0117	0.0039	0.0174	0.0013	0.0134	0.0002			

(6)平差值计算。将上述参数 $\hat{x}$ 代入误差方程，可计算得到各观测值的改正数 $\boldsymbol{V}=[V_\beta \quad V_S]^{\mathrm{T}}$，各观测值的改正数列于表 5.6.14 中 $\boldsymbol{V}$ 列。各待定点近似坐标加参数改正数 $\hat{x}$，得到各待定点坐标平差值。待定点平差后的坐标列于表 5.6.14 中 $\hat{X}$ 行。

(7)精度评定。单位权中误差估值为

$$\hat{\sigma}_0=\sqrt{\frac{\boldsymbol{V}^{\mathrm{T}}\boldsymbol{P}\boldsymbol{V}}{n-t}}=0.2''$$

计算待定点坐标平差值的协因数阵 $\boldsymbol{Q}_{\hat{x}\hat{x}}=\boldsymbol{N}_{BB}^{-1}$，由 $\boldsymbol{D}_{\hat{x}\hat{x}}=\sigma_0^2\boldsymbol{Q}_{\hat{x}\hat{x}}$ 计算得到各待定点坐标方差-协方差阵。待定点坐标平差值的中误差列于表 5.6.14 中 $\hat{\sigma}_{\hat{x}}$ 行。

一般导线网的观测量主要为距离和方向(角度)观测量，但是如果观测网比较大，则可以考虑在距离已知边长和已知方位角比较远的位置加测高精度的基线边和天文方位角，加测的高精度边长和方位角可作为先验的已知量，这时对应点的坐标之间形成限制条件，此时采用附有限制条件的参数平差方法比较方便。例如，图 5.6.3 所示的三角网中，若加测了 P_3、P_4 点间的边长 $S_{3\text{-}4}$，则在 P_3、P_4 点之间形成一个已知边长限制条件，即

$$\sqrt{(\hat{X}_3-\hat{X}_4)^2+(\hat{Y}_3-\hat{Y}_4)^2}-S_{3\text{-}4}=0 \tag{5.6.1}$$

根据 5.3 节附有限制条件间接平差函数模型的解算方法，上式所示限制条件线性化后，与表 5.6.14 所示的误差方程联立求解，即可得到附有限制条件间接平差法的平差结果。

5.6.4　坐标转换平差模型

在实际测量工程中，由于地球本身的形状和椭球体模型的差异，不同坐标系之间存在一定的差异，有时需将某一坐标系中的测量成果转换至另一坐标系中，此时需要进行不同坐标系成果的转换。四参数与七参数是坐标转换中常用的参数化模型。当需要在 2 个不同二维平面直角坐标系之间转换测量成果时可采用四参数模型，四参数模型需要至少 2 个公共已知点即能进行转换，适合于小范围测区的坐标转换。当需要在 2 个不同空间直角坐标系之间转换测量成果时可采用七参数模型，七参数模型转换时需要至少 3 个公共已知点，适合于大范围测区的空间坐标转换。

1. 四参数模型

如图 5.6.4 所示，在进行平面直角坐标系坐标转换时，假设 2 个坐标系原点的平移参数为 (x_0, y_0)，尺度比参数为 K，坐标轴旋转角为 α，同名点 P 在原坐标系和新坐标系下的坐标分别为 (x, y) 和 (x', y')，则坐标转换模型是一个非线性公式，即

$$\begin{cases}x'=x_0+xK\cos\alpha-yK\sin\alpha\\ y'=y_0+xK\sin\alpha+yK\cos\alpha\end{cases} \tag{5.6.2}$$

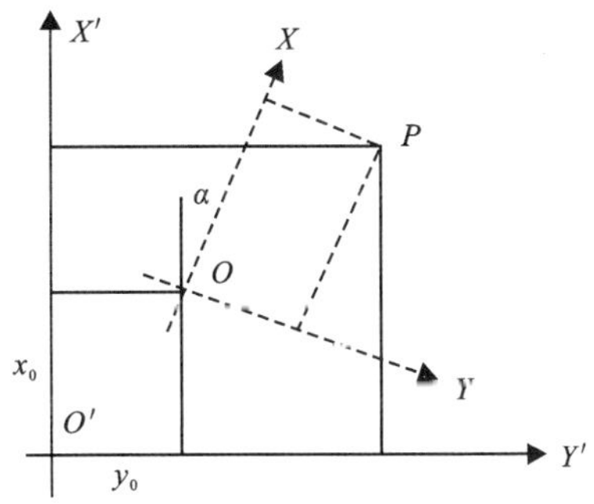

图 5.6.4　二维坐标转换示意图

令 $P=K\cos\alpha$，$Q=K\sin\alpha$，则 $K=\sqrt{P^2+Q^2}$，$\alpha=\arctan\dfrac{Q}{P}$，于是式(5.6.2)变为线性模型

$$\begin{cases}x'=x_0+xP-yQ\\ y'=y_0+xQ+yP\end{cases} \tag{5.6.3}$$

为求解上式 4 个坐标转换参数(x_0, y_0, P, Q)，需要已知至少 2 个公共点的坐标，设有 $n(n>2)$ 个重合点，可建立间接平差模型为

$$\boldsymbol{V}=\boldsymbol{A}\hat{\boldsymbol{X}}-\boldsymbol{L} \tag{5.6.4}$$

其中

$$\hat{\boldsymbol{X}}=\begin{pmatrix} x_0 \\ y_0 \\ P \\ Q \end{pmatrix}, \boldsymbol{L}=\begin{pmatrix} x'_1 \\ y'_1 \\ \cdots \\ x'_n \\ y'_n \end{pmatrix}, \boldsymbol{A}=\begin{bmatrix} 1 & 0 & x_1 & -y_1 \\ 0 & 1 & y_1 & x_1 \\ & & \vdots & \\ 1 & 0 & x_n & -y_n \\ 0 & 1 & -y_n & x_n \end{bmatrix} \tag{5.6.5}$$

一般设观测权阵 $\boldsymbol{P}_L$ 为单位阵，则采用最小二乘准则，可得

$$\hat{\boldsymbol{X}}=(\boldsymbol{A}^{\mathrm{T}}\boldsymbol{P}_L\boldsymbol{A})^{-1}\boldsymbol{A}^{\mathrm{T}}\boldsymbol{P}_L\boldsymbol{L}=(\boldsymbol{A}^{\mathrm{T}}\boldsymbol{A})^{-1}\boldsymbol{A}^{\mathrm{T}}\boldsymbol{L} \tag{5.6.6}$$

单位权中误差为 $\hat{\sigma}_0=\sqrt{\dfrac{\boldsymbol{V}^{\mathrm{T}}\boldsymbol{P}\boldsymbol{V}}{f}}$，其中 $f=2n-4$，为自由度，n 为已知公共点的个数。未知参数协因数阵为 $\boldsymbol{Q}_{\hat{X}\hat{X}}=(\boldsymbol{A}^{\mathrm{T}}\boldsymbol{A})^{-1}$。

由此，即可对 XOY 坐标系下的其他坐标进行批量转换

$$\hat{\boldsymbol{L}}=\boldsymbol{A}\hat{\boldsymbol{X}} \tag{5.6.7}$$

上式中符号含义可参考式(5.6.5)。

对式(5.6.7)利用协因数传播律可计算转换后坐标的协因数阵

$$\boldsymbol{Q}_{\hat{L}\hat{L}}=\boldsymbol{A}\boldsymbol{Q}_{\hat{X}\hat{X}}\boldsymbol{A}^{\mathrm{T}} \tag{5.6.8}$$

2. 七参数模型

三维空间直角坐标系转换可由七参数模型实现，具体包括 3 个平移参数、3 个旋转参数和 1 个尺度比参数，即

$$\begin{pmatrix} X \\ Y \\ Z \end{pmatrix}_2=\lambda\boldsymbol{R}\begin{pmatrix} X \\ Y \\ Z \end{pmatrix}_1+\begin{bmatrix} \Delta X \\ \Delta Y \\ \Delta Z \end{bmatrix} \tag{5.6.9}$$

式中：ΔX、ΔY、ΔZ 为 3 个平移参数；λ 为尺度比参数；$\boldsymbol{R}$ 为旋转矩阵，分别由绕 X 轴、Y 轴和 Z 轴顺时针旋转的 3 个角度 ω_X、ω_Y、ω_Z 的旋转矩阵连续相乘所得，可表示为

$$\boldsymbol{R}=\begin{bmatrix} \cos\omega_Y\cos\omega_Z & \cos\omega_X\sin\omega_Z+\sin\omega_X\sin\omega_Y\cos\omega_Z & \sin\omega_X\sin\omega_Z-\cos\omega_X\sin\omega_Y\cos\omega_Z \\ -\cos\omega_Y\sin\omega_Z & \cos\omega_X\cos\omega_Z-\sin\omega_Y\sin\omega_Y\sin\omega_Z & \sin\omega_X\cos\omega_Z+\cos\omega_X\sin\omega_Y\sin\omega_Z \\ \sin\omega_Y & -\sin\omega_X\cos\omega_Y & \cos\omega_X\cos\omega_Y \end{bmatrix} \tag{5.6.10}$$

该模型是非线性函数，为解算其转换参数，需要先对其进行线性化。选定 7 个转换参数的初值为 ΔX^0、ΔY^0、ΔZ^0、ω_X^0、ω_Y^0、ω_Z^0 和 λ^0，泰勒级数展开至一次项可得

$$\begin{pmatrix} X \\ Y \\ Z \end{pmatrix}_2=\begin{pmatrix} \Delta X^0 \\ \Delta Y^0 \\ \Delta Z^0 \end{pmatrix}+\begin{pmatrix} \mathrm{d}\Delta X \\ \mathrm{d}\Delta Y \\ \mathrm{d}\Delta Z \end{pmatrix}+\lambda^0 R^0\begin{pmatrix} X \\ Y \\ Z \end{pmatrix}_1+R^0\begin{pmatrix} X \\ Y \\ Z \end{pmatrix}_1\mathrm{d}\lambda+\lambda^0\begin{pmatrix} X \\ Y \\ Z \end{pmatrix}_1\mathrm{d}\boldsymbol{R} \tag{5.6.11}$$

式中：

$$
\mathrm{d}\boldsymbol{R}=\begin{pmatrix}
\begin{array}{c}-\sin\omega_Z\cos\omega_Y\,\mathrm{d}\omega_Z-\\ \cos\omega_Z\sin\omega_Y\,\mathrm{d}\omega_Y\end{array} &
\begin{array}{c}(\cos\omega_Z\cos\omega_X-\sin\omega_Z\sin\omega_Y\sin\omega_X)\,\mathrm{d}\omega_Z+\\ \cos\omega_Z\cos\omega_Y\sin\omega_X\,\mathrm{d}\omega_Y+\\ (\cos\omega_Z\sin\omega_Y\cos\omega_X-\sin\omega_Z\sin\omega_X)\,\mathrm{d}\omega_X\end{array} &
\begin{array}{c}(\cos\omega_Z\sin\omega_X+\sin\omega_Z\sin\omega_Y\cos\omega_X)\,\mathrm{d}\omega_Z-\\ \cos\omega_Z\cos\omega_Y\cos\omega_X\,\mathrm{d}\omega_Y+\\ (\sin\omega_Z\cos\omega_X+\cos\omega_Z\sin\omega_Y\sin\omega_X)\,\mathrm{d}\omega_X\end{array}\\
\begin{array}{c}-\cos\omega_Z\cos\omega_Y\,\mathrm{d}\omega_Z+\\ \sin\omega_Z\sin\omega_Y\,\mathrm{d}\omega_Y\end{array} &
\begin{array}{c}-(\sin\omega_Z\cos\omega_X+\cos\omega_Z\sin\omega_Y\sin\omega_X)\,\mathrm{d}\omega_Z-\\ \sin\omega_Z\cos\omega_Y\sin\omega_X\,\mathrm{d}\omega_Y-\\ (\cos\omega_Z\sin\omega_X+\sin\omega_Z\sin\omega_Y\cos\omega_X)\,\mathrm{d}\omega_X\end{array} &
\begin{array}{c}(\cos\omega_Z\sin\omega_Y\cos\omega_X-\sin\omega_Z\sin\omega_X)\,\mathrm{d}\omega_Z+\\ \sin\omega_Z\cos\omega_Y\cos\omega_X\,\mathrm{d}\omega_Y+\\ (\cos\omega_Z\sin\omega_X-\sin\omega_Z\sin\omega_Y\sin\omega_X)\,\mathrm{d}\omega_X\end{array}\\
\cos\omega_Y\,\mathrm{d}\omega_Y &
\begin{array}{c}\sin\omega_Y\sin\omega_X\,\mathrm{d}\omega_Y-\\ \cos\omega_Y\cos\omega_X\,\mathrm{d}\omega_X\end{array} &
\begin{array}{c}-\sin\omega_Y\cos\omega_X\,\mathrm{d}\omega_Y-\\ \cos\omega_Y\sin\omega_X\,\mathrm{d}\omega_X\end{array}
\end{pmatrix}
\tag{5.6.12}
$$

该式是旋转矩阵 $\boldsymbol{R}$ 关于 3 个旋转角的全微分，对式(5.6.11)整理可得

$$
\boldsymbol{X}_2=\boldsymbol{R}'\boldsymbol{x}-\boldsymbol{l}
\tag{5.6.13}
$$

式中：

$$
\underset{3\times1}{\boldsymbol{X}_2}=\begin{pmatrix}X\\Y\\Z\end{pmatrix}_2,\quad \underset{3\times7}{\boldsymbol{R}'}=\begin{bmatrix}\underset{3\times3}{I} & \lambda^0\underset{3\times3}{\boldsymbol{M}} & \underset{3\times1}{\boldsymbol{N}}\end{bmatrix}
$$

$$
\hat{\boldsymbol{x}}=\begin{bmatrix}\mathrm{d}\Delta X & \mathrm{d}\Delta Y & \mathrm{d}\Delta Z & \mathrm{d}\omega_Z & \mathrm{d}\omega_Y & \mathrm{d}\omega_X & \mathrm{d}\lambda\end{bmatrix}^{\mathrm{T}}
$$

$$
\underset{3\times1}{\boldsymbol{N}}=\underset{3\times3}{\boldsymbol{R}^0}\begin{pmatrix}X\\Y\\Z\end{pmatrix}_1,\quad \boldsymbol{l}=-\begin{pmatrix}\Delta X^0\\ \Delta Y^0\\ \Delta Z^0\end{pmatrix}-\lambda^0\boldsymbol{R}^0\begin{pmatrix}X\\Y\\Z\end{pmatrix}_1
$$

$$
\underset{3\times3}{\boldsymbol{M}}=\begin{bmatrix}
\begin{array}{l}\cos\omega_Z(Y\cos\omega_X+Z\sin\omega_X)-X\sin\omega_Z\cos\omega_Y+\\ \sin\omega_Z\sin\omega_Y(Z\cos\omega_X-Y\sin\omega_X)\end{array} &
\begin{array}{l}\cos\omega_Z\cos\omega_Y(Y\sin\omega_X-Z\cos\omega_X)-\\ X\cos\omega_Z\sin\omega_Y\end{array} &
\begin{array}{l}\cos\omega_Z\sin\omega_Y(Y\cos\omega_X+Z\sin\omega_X)+\\ \sin\omega_Z(Z\cos\omega_X-Y\sin\omega_X)\end{array}\\
\begin{array}{l}-\sin\omega_Z(Z\sin\omega_X+Y\cos\omega_X)-X\cos\omega_Z\cos\omega_Y+\\ \cos\omega_Z\sin\omega_Y(Z\cos\omega_X-Y\sin\omega_X)\end{array} &
\begin{array}{l}\sin\omega_Z\cos\omega_Y(Z\cos\omega_X-Y\sin\omega_X)+\\ X\sin\omega_Z\sin\omega_Y\end{array} &
\begin{array}{l}-\sin\omega_Z\sin\omega_Y(Y\cos\omega_X+Z\sin\omega_X)+\\ \cos\omega_Z(Z\cos\omega_X-Y\sin\omega_X)\end{array}\\
0 & \sin\omega_Y(Y\sin\omega_X-Z\cos\omega_X)+X\cos\omega_Y & -\cos\omega_Y(Y\cos\omega_X+Z\sin\omega_X)
\end{bmatrix}
\tag{5.6.14}
$$

误差方程为

$$
\boldsymbol{V}=\boldsymbol{R}'\hat{\boldsymbol{x}}-(\boldsymbol{l}+\boldsymbol{X}_2)
\tag{5.6.15}
$$

式中：$\hat{\boldsymbol{x}}$ 为 7 个转换参数的改正数，利用 3 个或以上的重合点，通过最小二乘准则可得

$$
\hat{\boldsymbol{x}}=(\boldsymbol{R}'^{\mathrm{T}}\boldsymbol{R}')^{-1}\boldsymbol{R}'^{\mathrm{T}}(\boldsymbol{l}+\boldsymbol{X}_2)
\tag{5.6.16}
$$

$$
\boldsymbol{Q}_{\hat{x}\hat{x}}=(\boldsymbol{R}'^{\mathrm{T}}\boldsymbol{R}')^{-1}
\tag{5.6.17}
$$

单位权中误差为 $\hat{\sigma}_0=\sqrt{\dfrac{\boldsymbol{V}^{\mathrm{T}}\boldsymbol{P}\boldsymbol{V}}{f}}$，其中 $f=3n-7$，为自由度，n 为已知重合点的个数。

一般对三维坐标转换七参数估计需要迭代计算，主要包括以下 4 步：

(1)选取 7 个参数的初值，将长度缩放因子的近似值 λ^0 设为 1，其余参数的近似值均设为 0。

(2)将参数初值代入式(5.6.14)计算矩阵$\boldsymbol{R}'$和$\boldsymbol{l}$,组成式(5.6.15)的误差方程。若有n个重合点,则误差方程个数为$3n$。

(3)利用最小二乘法求取第k次转换参数的改正数$\hat{x}^k$(k表示迭代次数)。

(4)检验转换参数的改正数是否小于给定的限差,若不符合限差条件,则将$\hat{X}^{(k)}=\hat{X}^{(k-1)}+\hat{x}^{(k)}$作为新的初值,重复步骤(1)～(4);若符合限差,迭代结束,将$\hat{X}^{(k)}$作为最佳参数估值。

特殊地,当两个坐标系之间的旋转欧拉角ω_X、ω_Y、ω_Z非常小时,式(5.6.10)的旋转矩阵可简化为$\boldsymbol{R}=\begin{bmatrix}1 & \omega_Z+\omega_X\omega_Y & \omega_X\omega_Z-\omega_Y\\ -\omega_Z & 1-\omega_X\omega_Y\omega_Z & \omega_X+\omega_Y\omega_Z\\ \omega_Y & -\omega_X & 1\end{bmatrix}$,则七参数模型可简化为

$$\begin{pmatrix}X\\Y\\Z\end{pmatrix}_2=\begin{pmatrix}X\\Y\\Z\end{pmatrix}_1+\begin{pmatrix}1 & 0 & 0 & 0 & -Z_1 & Y_1 & X_1\\ 0 & 1 & 0 & Z_1 & 0 & -X_1 & Y_1\\ 0 & 0 & 1 & -Y_1 & X_1 & 0 & Z_1\end{pmatrix}\begin{pmatrix}\Delta X\\ \Delta Y\\ \Delta Z\\ \omega_X\\ \omega_Y\\ \omega_Z\\ m\end{pmatrix} \tag{5.6.17}$$

式中:$m=\lambda-1$。

建立误差方程$\boldsymbol{V}=\boldsymbol{B}'\hat{\boldsymbol{X}}-\boldsymbol{l}'$,其中

$$\boldsymbol{B}'=\begin{pmatrix}1 & 0 & 0 & 0 & -Z_1 & Y_1 & X_1\\ 0 & 1 & 0 & Z_1 & 0 & X_1 & Y_1\\ 0 & 0 & 1 & Y_1 & X_1 & 0 & Z_1\end{pmatrix}$$

$$\hat{\boldsymbol{X}}=[\Delta X\quad \Delta Y\quad \Delta Z\quad \omega_Z\quad \omega_Y\quad \omega_X\quad m]^{\mathrm{T}}$$

$$\boldsymbol{l}'=\begin{pmatrix}X\\Y\\Z\end{pmatrix}_1-\begin{pmatrix}X\\Y\\Z\end{pmatrix}_2$$

当重合点$n>3$个,则可建立误差方程为

$$\underset{3n\times1}{\boldsymbol{V}}=\underset{3n\times7}{\boldsymbol{B}}\ \underset{7\times1}{\hat{\boldsymbol{X}}}-\underset{3n\times1}{\boldsymbol{l}} \tag{5.6.18}$$

由于各点的坐标可视为同精度独立观测值,选取$P=I$。采用最小二乘准则,可得七参数估值为$\hat{\boldsymbol{X}}=(\boldsymbol{B}^{\mathrm{T}}\boldsymbol{B})^{-1}\boldsymbol{B}^{\mathrm{T}}\boldsymbol{l}$。

5.6.5 GNSS 网平差

GNSS 定位包括基线平差与网平差两个步骤,基线平差输出的参数为基线向量及其协方差阵,而 GNSS 网平差的输出为待定点的三维空间坐标。

设 GNSS 网中各待定点的空间直角坐标平差值为参数,参数的纯量形式记为

$$\begin{bmatrix}\hat{x}_i\\ \hat{y}_i\\ \hat{z}_i\end{bmatrix}=\begin{bmatrix}x_i^0\\ y_i^0\\ z_i^0\end{bmatrix}+\begin{bmatrix}\delta\hat{x}_i\\ \delta\hat{y}_i\\ \delta\hat{z}_i\end{bmatrix} \tag{5.6.19}$$

而 GNSS 网平差的观测值为基线向量($\Delta\hat{x}_{ij}$,$\Delta\hat{y}_{ij}$,$\Delta\hat{z}_{ij}$),$\Delta\hat{x}_{ij}=\hat{x}_j-\hat{x}_i$,$\Delta\hat{y}_{ij}=\hat{y}_j-\hat{y}_i$,$\Delta\hat{z}_{ij}=\hat{z}_j-\hat{z}_i$,则基线向量的观测方程为

$$\begin{bmatrix}\Delta\hat{x}_{ij}\\ \Delta\hat{y}_{ij}\\ \Delta\hat{z}_{ij}\end{bmatrix}=\begin{bmatrix}\hat{x}_j\\ \hat{y}_j\\ \hat{z}_j\end{bmatrix}-\begin{bmatrix}\hat{x}_i\\ \hat{y}_i\\ \hat{z}_i\end{bmatrix}=\begin{bmatrix}\Delta x_{ij}+v_{x_{ij}}\\ \Delta y_{ij}+v_{y_{ij}}\\ \Delta z_{ij}+v_{z_{ij}}\end{bmatrix} \tag{5.6.20}$$

将式(5.6.19)代入上式,整理可得误差方程为

$$\begin{bmatrix}v_{x_{ij}}\\ v_{y_{ij}}\\ v_{z_{ij}}\end{bmatrix}=\begin{bmatrix}\delta\hat{x}_j\\ \delta\hat{y}_j\\ \delta\hat{z}_j\end{bmatrix}-\begin{bmatrix}\delta\hat{x}_i\\ \delta\hat{y}_i\\ \delta\hat{z}_i\end{bmatrix}+\begin{bmatrix}x_j^0-x_i^0-\Delta x_{ij}\\ y_j^0-y_i^0-\Delta y_{ij}\\ z_j^0-z_i^0-\Delta z_{ij}\end{bmatrix} \tag{5.6.21}$$

令

$$\boldsymbol{V}_k=\begin{bmatrix}v_{x_{ij}}\\ v_{y_{ij}}\\ v_{z_{ij}}\end{bmatrix},\boldsymbol{X}_i^0=\begin{bmatrix}x_i^0\\ y_i^0\\ z_i^0\end{bmatrix},\delta\hat{\boldsymbol{X}}_i=\begin{bmatrix}\delta\hat{x}_i\\ \delta\hat{y}_i\\ \delta\hat{z}_i\end{bmatrix},\delta\hat{\boldsymbol{X}}_j=\begin{bmatrix}\delta\hat{x}_j\\ \delta\hat{y}_j\\ \delta\hat{z}_j\end{bmatrix},\Delta\boldsymbol{X}_{ij}=\begin{bmatrix}\Delta x_{ij}\\ \Delta y_{ij}\\ \Delta z_{ij}\end{bmatrix} \tag{5.6.22}$$

则编号为 k 的基线向量的误差方程为

$$\underset{3\times1}{\boldsymbol{V}_k}=\delta\underset{3\times1}{\hat{\boldsymbol{X}}_j}-\delta\underset{3\times1}{\hat{\boldsymbol{X}}_i}-\underset{3\times1}{\boldsymbol{l}_k} \tag{5.6.23}$$

式中:

$$\underset{3\times1}{\boldsymbol{l}_k}=\underset{3\times1}{\Delta\boldsymbol{X}_{ij}}-(\underset{3\times1}{\boldsymbol{X}_j^0}-\underset{3\times1}{\boldsymbol{X}_i^0})$$

当网中有 m 个待定点和 n 条基线向量时,则 GNSS 网的误差方程为

$$\underset{3n\times1}{\boldsymbol{V}}=\underset{3n\times3m}{\boldsymbol{A}}\,\delta\underset{3m\times1}{\hat{\boldsymbol{X}}}-\underset{3n\times1}{\boldsymbol{l}} \tag{5.6.24}$$

观测值权阵为

$$\boldsymbol{P}=\sigma_0^2\boldsymbol{D}^{-1} \tag{5.6.25}$$

单位权方差 σ_0^2 可任意选定,一般为了使权阵中各元素不太大,可适当选取 σ_0^2。根据最小二乘准则,可得参数改正数的估值为

$$\delta\hat{\boldsymbol{X}}=(\boldsymbol{A}^{\mathrm{T}}\boldsymbol{PA})^{-1}\boldsymbol{A}^{\mathrm{T}}\boldsymbol{Pl} \tag{5.6.26}$$

顾及式(5.6.19),可得参数最佳估值为

$$\hat{\boldsymbol{X}}=\boldsymbol{X}^0+\delta\hat{\boldsymbol{X}} \tag{5.6.27}$$

5.6.6　遥感影像几何校正

遥感图像在生成过程中,受到各种因素影响可能会导致生成的图像几何失真,如图 5.6.5 所示。因此,在进行定量分析前,需要对遥感图像先进行几何校正,以免影响后期分析精度。图像几何校正通常包括两个环节:一是将图像坐标转变为地图或地面坐标,即像素空间的坐标变换;二是对坐标变换后的像素亮度值进行重采样。这里主要讨论第一个环节,即如何利用间接平差的理论知识实现像素的空间坐标变换。

在几何纠正的实际工作中,通常均是以一幅图像或一组控制点为基准,去校正另一幅几何失真的图像。设两幅图像坐标系统之间的几何畸变可用以下函数表示:

$$\begin{cases} x = h_1(u,v) \\ y = h_2(u,v) \end{cases} \tag{5.6.28}$$

式中：(u,v)为畸变图像像素点坐标；(x,y)为对应的同名点在基准图像上的坐标；函数 h_1 和 h_2 为纠正函数，常用的有多项式函数、共线方程和有理函数等。

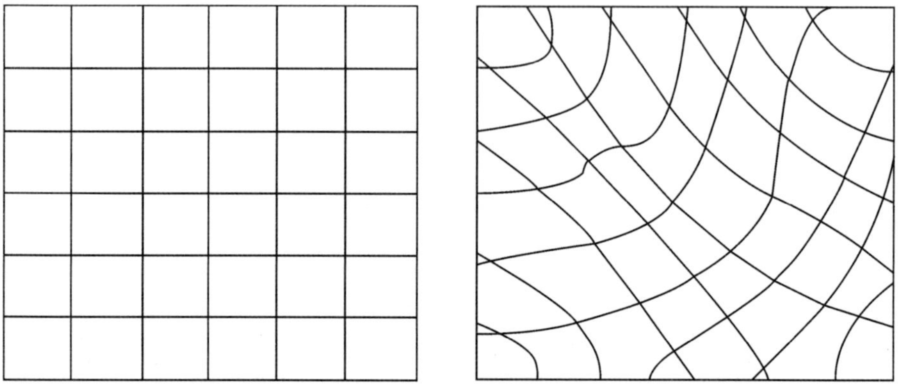

(a)基准图像　　(b)失真图像

图 5.6.5　几何畸变

下面以一次多项式为例，简要介绍几何纠正过程中空间坐标的转换，实际工作则需要结合畸变特征和纠正的要求选择合适的纠正函数作为平差数学模型。

假定共有 $n(n\geqslant 3)$对同名点坐标，分别将其代入下列方程

$$\begin{cases} x = a_0 + a_1 u + a_2 v \\ y = b_0 + b_1 u + b_2 v \end{cases} \tag{5.6.29}$$

式中：a_i、$b_i(i=0,1,2)$为待定系数。

于是，可得误差方程

$$\boldsymbol{V}=\boldsymbol{A}\hat{\boldsymbol{X}}-\boldsymbol{l} \tag{5.6.30}$$

式中：

$$\boldsymbol{V} = \begin{bmatrix} v_{x_1} & v_{y_1} & \cdots & v_{x_n} & v_{y_n} \end{bmatrix}^{\mathrm{T}}$$

$$\boldsymbol{A} = \begin{bmatrix} 1 & 0 & u_1 & 0 & v_1 & 0 \\ 0 & 1 & 0 & u_1 & 0 & v_1 \\ \vdots & & & & & \vdots \\ 1 & 0 & u_n & 0 & v_n & 0 \\ 0 & 1 & 0 & u_n & 0 & v_n \end{bmatrix}$$

$$\hat{\boldsymbol{X}} = \begin{bmatrix} a_0 & b_0 & a_1 & b_1 & a_2 & b_2 \end{bmatrix}^{\mathrm{T}}$$

$$\boldsymbol{l} = \begin{bmatrix} x_1 & y_1 & \cdots & x_n & y_n \end{bmatrix}^{\mathrm{T}}$$

依据最小二乘平差原理，有

$$\hat{\boldsymbol{X}}=(\boldsymbol{A}^{\mathrm{T}}\boldsymbol{A})^{-1}\boldsymbol{A}^{\mathrm{T}}\boldsymbol{l} \tag{5.6.31}$$

$$\boldsymbol{V}=\boldsymbol{A}\hat{\boldsymbol{X}}-\boldsymbol{l} \tag{5.6.32}$$

$$\sigma_x=\pm\sqrt{\frac{[\boldsymbol{V}_x^{\mathrm{T}}\boldsymbol{V}_x]}{n-t}}=\pm\sqrt{\frac{[\boldsymbol{V}_x^{\mathrm{T}}\boldsymbol{V}_x]}{n-3}} \tag{5.6.33}$$

$$\sigma_y=\pm\sqrt{\frac{[\boldsymbol{V}_y^{\mathrm{T}}\boldsymbol{V}_y]}{n-t}}=\pm\sqrt{\frac{[\boldsymbol{V}_y^{\mathrm{T}}\boldsymbol{V}_y]}{n-3}} \tag{5.6.34}$$

其中 $\boldsymbol{V}_x=[v_{x_1}\quad\cdots\quad v_{x_n}]^{\mathrm{T}}$，$\boldsymbol{V}_y=[v_{y_1}\quad\cdots\quad v_{y_n}]^{\mathrm{T}}$。

利用上述计算获得的变换参数即可对遥感图像进行逐像素几何纠正。然而由于图像存在几何畸变，纠正前规则分布的像素在经过纠正后不再规则，出现像素挤压、疏密不均等现象；并且区域范围也可能会发生变化，不再呈现出规则的区域边界（图 5.6.6），无法满足实际要求。因此，最后还需要对不规则图像通过灰度内插的方法生成规则的栅格图像，具体内插方法可参考相关教材。

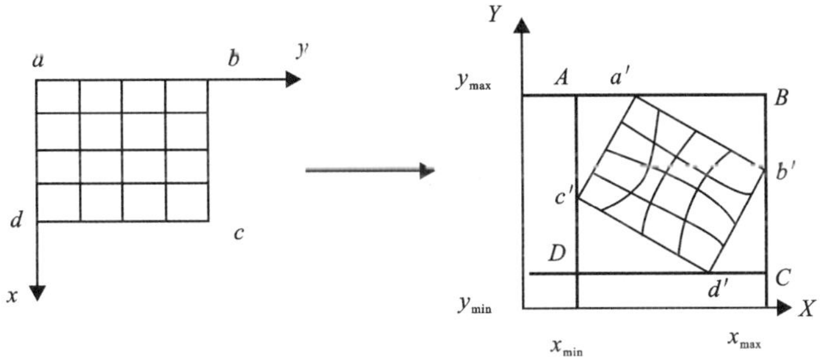

图 5.6.6　遥感图像坐标变换前后变化

5.6.7　空间数据插值

现实世界中，有很多地理属性呈现出连续分布的特征，如气温、地形等。但实际工作中对上述特征的获取多是通过一些离散点的观测信息，由此带来的问题就是如何利用有限个采样点去合理描述连续分布的属性。解决该类问题的基本思想是结合该地理属性的特点，选择一个合适的拟合函数，利用采样点的实际观测值，并基于最小二乘平差理论建立拟合模型，利用该模型即可获取任意点的属性值。

1. 间接平差在空间数据插值中的应用

如图 5.6.7 所示，现假定已采集获得 n 个采样点，为了计算任意点的属性，通常采用二元高次多项式 $z=f(x,y)=\sum_{i=0}^{m}\sum_{j=0}^{m}a_{ij}x^iy^{m-i}$ 进行曲面拟合（m 为多项式的次数）。当采样点个数 n 大于多项式项数 $\frac{(m+1)(m+2)}{2}$ 时，将各采样点代入多项式函数，以多项式系数为未知参数，即可列出 n 个误差方程，即

$$\boldsymbol{V}=\boldsymbol{A}\hat{\boldsymbol{X}}-\boldsymbol{Z} \tag{5.6.35}$$

式中：

$$\boldsymbol{V}=[v_1\quad v_2\quad\cdots\quad v_n]^{\mathrm{T}}$$

$$A=\begin{bmatrix}1 & x_1 & y_1 & x_1y_1 & x_1^2 & y_1^2 & \cdots \\ 1 & x_2 & y_2 & x_2y_2 & x_2^2 & y_2^2 & \cdots \\ \vdots & \vdots & \vdots & \vdots & \vdots & \vdots & \\ 1 & x_n & y_n & x_ny_n & x_n^2 & y_n^2 & \cdots\end{bmatrix}$$

$$\hat{X}=[a_{00} \quad a_{10} \quad a_{01} \quad a_{11} \quad a_{20} \quad a_{02} \quad \cdots]^{\mathrm{T}}$$

$$Z=[z_1 \quad z_2 \quad \cdots \quad z_n]^{\mathrm{T}}$$

z_i 为各采样点的属性值，如高程、气温等。

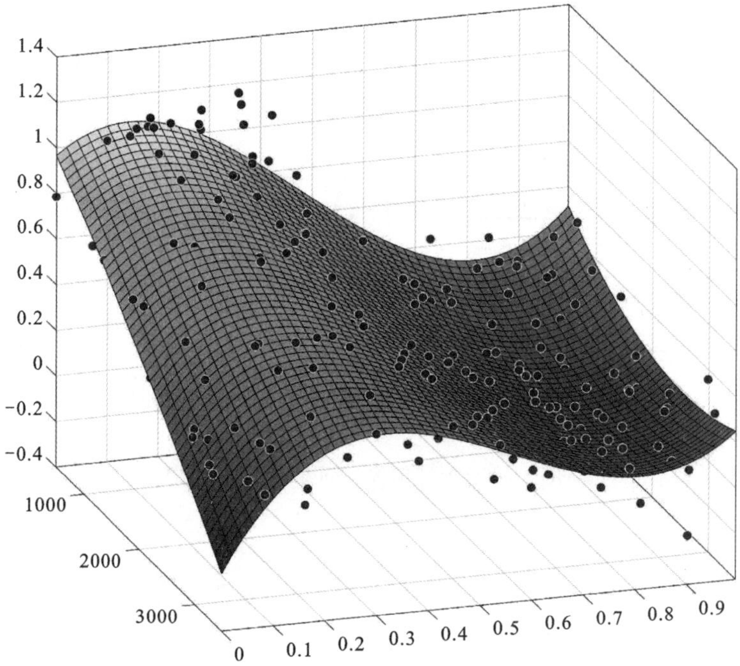

图 5.6.7　空间数据插值

按最小二乘平差原理$[VV]=\min$，可解算出多项式 $t[=(m+1)(m+2)/2]$个系数，即

$$\hat{X}=(A^{\mathrm{T}}A)^{-1}A^{\mathrm{T}}Z \tag{5.6.36}$$

将解算得到的系数代入二元高次多项式 $z=f(x,y)$，利用区域内任意点的坐标(x,y)，即可求得对应的属性值。

只要有足够采样点，利用任意次项多项式，理论上均可以通过上述方法拟合出一个光滑的曲面，进而可以插求任意点的属性值。显然，采用不同次数的多项式，拟合得到的曲面不同，内插获取的任意点属性值也不同。因此，选择合适的多项式次数或者拟合模型是关键。与水准网、三角网等确定函数模型的精度评价不同，对于这种拟合模型，更需要关注的是所选模型的合理性，通常采用式(5.6.37)所示的检查点均方根误差(RMSE)来评价此类拟合模型的精度

$$\mathrm{RMSE}=\sqrt{\frac{\sum_{i=1}^{m}(z_i^{\mathrm{obj}}-z_i^{\mathrm{model}})^2}{m}} \tag{5.6.37}$$

式中：m 为检查点（不参与模型拟合计算的采样点）个数；z_i^{obj} 为实际采样值；z_i^{model} 为利用拟合模型计算得到的属性值。

2. 附有限制条件的间接平差在空间插值中的应用

当研究区域较大，且所关注的地理属性起伏变化较复杂时，利用一个曲面函数拟合整个区域很难保证精度，因此分区拟合是一种可选的方式。如图 5.6.8 所示，假定把研究区域分成 A、B 两部分，可利用前述原理分别利用各自区域内的采样点通过拟合计算即可获得曲面函数 $f_1(x,y)$、$f_2(x,y)$。

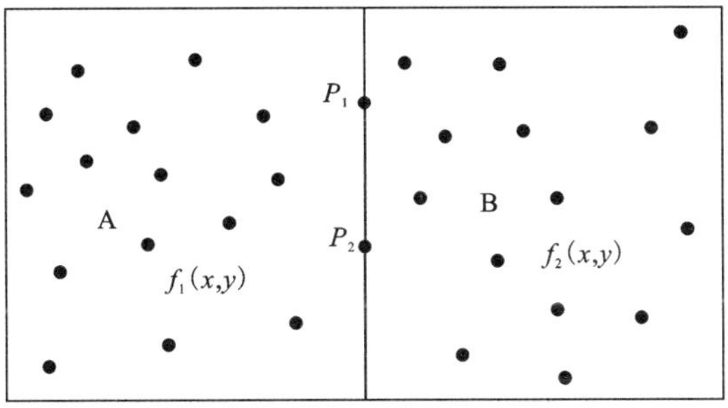

图 5.6.8　分区拟合

假定 P_1、P_2 是位于 A、B 区域边界线上的两点，根据平差理论，当存在多余观测时，函数 $f_1(x,y)$ 和 $f_2(x,y)$ 均不一定通过采样点 $P_1(x_{p_1},y_{p_1})$、$P_2(x_{p_2},y_{p_2})$，即利用两个不同的函数，分别计算同一个点的拟合值可能不同，这就导致了拟合得到的地理属性在分区边界线上出现不连续现象，与实际不匹配。为了保证连续性，可以增加限制条件，如

$$f_1(x_{p_1},y_{p_1})=f_2(x_{p_1},y_{p_1})$$

此时，可采用附有限制条件的间接平差方法处理。

为便于描述，这里以二次多项式为例列示函数模型，令

$$\text{A 区域：}f_1(x,y)=a_0+a_1x+a_2y+a_3xy+a_4x^2+a_5y^2$$

$$\text{B 区域：}f_2(x,y)=b_0+b_1x+b_2y+b_3xy+b_4x^2+b_5y^2$$

假定 A 区域有 n_1 个采用点，其坐标用 $x_{1i},y_{1i}(i=1,2,3,\cdots,n_1)$ 表示；B 区域有 n_2 个采样点，其坐标用 $x_{2i},y_{2i}(i=1,2,3,\cdots,n_2)$ 表示。于是，可建立误差方程

$$\underset{(n_1+n_2)\times 1}{\boldsymbol{V}}=\begin{pmatrix}\underset{n_1\times 1}{\boldsymbol{V}_1}\\ \underset{n_2\times 1}{\boldsymbol{V}_2}\end{pmatrix}=\underset{(n_1+n_2)\times 12}{\boldsymbol{A}}\ \underset{12\times 1}{\hat{\boldsymbol{X}}}-\underset{(n_1+n_2)\times 1}{\boldsymbol{Z}}=\begin{pmatrix}\underset{n_1\times 6}{\boldsymbol{A}_1} & \underset{n_1\times 6}{\boldsymbol{0}}\\ \underset{n_2\times 6}{\boldsymbol{0}} & \underset{n_2\times 6}{\boldsymbol{A}_2}\end{pmatrix}\begin{pmatrix}\underset{6\times 1}{\hat{\boldsymbol{X}}_1}\\ \underset{6\times 1}{\hat{\boldsymbol{X}}_2}\end{pmatrix}-\begin{pmatrix}\underset{n_1\times 1}{\boldsymbol{Z}_1}\\ \underset{n_2\times 1}{\boldsymbol{Z}_2}\end{pmatrix}\tag{5.6.38}$$

约束条件方程为

$$\underset{2\times 6}{\boldsymbol{C}}\ \underset{6\times 1}{\hat{\boldsymbol{X}}_1}=\underset{2\times 6}{\boldsymbol{C}}\ \underset{6\times 1}{\hat{\boldsymbol{X}}_2}\ \text{或}\ (\underset{2\times 6}{\boldsymbol{C}}-\underset{2\times 6}{\boldsymbol{C}})\begin{pmatrix}\underset{6\times 1}{\hat{\boldsymbol{X}}_1}\\ \underset{6\times 1}{\hat{\boldsymbol{X}}_2}\end{pmatrix}=0\tag{5.6.39}$$

式(5.6.38)、式(5.6.39)中：

$$\boldsymbol{A}_1 = \begin{pmatrix} 1 & x_{11} & y_{11} & x_{11}y_{11} & x_{11}^2 & y_{11}^2 \\ & & & \vdots & & \\ 1 & x_{1n_1} & y_{1n_1} & x_{1n_1}y_{1n_1} & x_{1n_1}^2 & y_{1n_1}^2 \end{pmatrix}$$

$$\boldsymbol{A}_2 = \begin{pmatrix} 1 & x_{21} & y_{21} & x_{21}y_{21} & x_{21}^2 & y_{21}^2 \\ & & & \vdots & & \\ 1 & x_{2n_2} & y_{2n_2} & x_{2n_2}y_{2n_2} & x_{2n_2}^2 & y_{2n_2}^2 \end{pmatrix}$$

$$\hat{\boldsymbol{X}} = \begin{bmatrix} \hat{X}_1 & \hat{X}_2 \end{bmatrix}^{\mathrm{T}} = \begin{bmatrix} a_0 & a_1 & a_2 & a_3 & a_4 & a_5 & b_0 & b_1 & b_2 & b_3 & b_4 & b_5 \end{bmatrix}^{\mathrm{T}}$$

$$\boldsymbol{C} = \begin{bmatrix} 1 & x_{p_1} & y_{p_1} & x_{p_1}y_{p_1} & x_{p_1}^2 & y_{p_1}^2 \\ 1 & x_{p_2} & y_{p_2} & x_{p_2}y_{p_2} & x_{p_2}^2 & y_{p_2}^2 \end{bmatrix}$$

假定各采样点独立且等精度,利用最小二乘原理可构成法方程

$$\begin{bmatrix} \boldsymbol{A}^{\mathrm{T}}\boldsymbol{A} & \boldsymbol{C}^{\mathrm{T}} \\ \boldsymbol{C} & 0 \end{bmatrix} \begin{bmatrix} \hat{\boldsymbol{X}} \\ \boldsymbol{K} \end{bmatrix} = \begin{bmatrix} \boldsymbol{A}^{\mathrm{T}}\boldsymbol{Z} \\ 0 \end{bmatrix} \tag{5.6.40}$$

或

$$\begin{bmatrix} \boldsymbol{A}_1^{\mathrm{T}}\boldsymbol{A}_1 & \boldsymbol{0} & \boldsymbol{C}^{\mathrm{T}} \\ \boldsymbol{0} & \boldsymbol{A}_2^{\mathrm{T}}\boldsymbol{A}_2 & -\boldsymbol{C}^{\mathrm{T}} \\ \boldsymbol{C} & -\boldsymbol{C} & \boldsymbol{0} \end{bmatrix} \begin{bmatrix} \hat{\boldsymbol{X}}_1 \\ \hat{\boldsymbol{X}}_2 \\ \boldsymbol{k} \end{bmatrix} = \begin{bmatrix} \boldsymbol{A}_1^{\mathrm{T}}\boldsymbol{Z}_1 \\ \boldsymbol{A}_2^{\mathrm{T}}\boldsymbol{Z}_2 \\ \boldsymbol{0} \end{bmatrix} \tag{5.6.41}$$

于是可解得未知参数 $\hat{X}_1$、$\hat{X}_2$,即

$$\begin{bmatrix} \hat{\boldsymbol{X}}_1 \\ \hat{\boldsymbol{X}}_2 \\ \boldsymbol{k} \end{bmatrix} = \begin{bmatrix} \boldsymbol{A}_1^{\mathrm{T}}\boldsymbol{A}_1 & \boldsymbol{0} & \boldsymbol{C}^{\mathrm{T}} \\ \boldsymbol{0} & \boldsymbol{A}_2^{\mathrm{T}}\boldsymbol{A}_2 & -\boldsymbol{C}^{\mathrm{T}} \\ \boldsymbol{C} & -\boldsymbol{C} & \boldsymbol{0} \end{bmatrix}^{-1} \begin{bmatrix} \boldsymbol{A}_1^{\mathrm{T}}\boldsymbol{Z}_1 \\ \boldsymbol{A}_2^{\mathrm{T}}\boldsymbol{Z}_2 \\ \boldsymbol{0} \end{bmatrix} \tag{5.6.42}$$

实际工作中,也可以在分区时使左右区域有一定的重叠度。进行分区拟合后,再将重叠区域中计算得到的不同值进行加权平均,以保证地理属性的连续性。

6 误差椭圆

实际测量工作中，除了需要掌握待定点的点位精度外，往往还需要关注在不同方向上的误差分布情况，尤其某些特定点在特定方向上的误差。因此，本章讨论点位误差分布和计算方法，并在此基础上进一步拓宽至线要素的误差分布。

6.1 点位中误差

6.1.1 点位中误差定义

如图 6.1.1 所示，假定待定点 P，理论坐标为($\widetilde{x}$，$\widetilde{y}$)。对该点进行测量并通过平差计算后的坐标为($\hat{x}$，$\hat{y}$)，分别对应图上的 P 和 P' 点。由于平差后获取的是待定点坐标的平差值，与其真位置点 P 之间存有一定的偏差。令

$$\left.\begin{aligned}\Delta x &= \widetilde{x}-\hat{x}\\ \Delta y &= \widetilde{y}-\hat{y}\end{aligned}\right\}\tag{6.1.1}$$

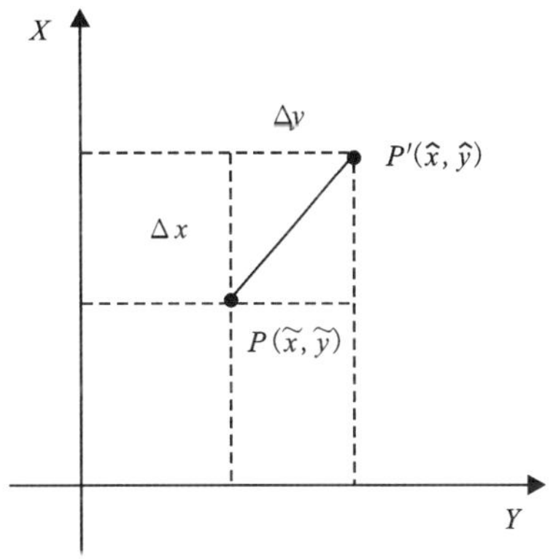

图 6.1.1 点位真误差

则称因 Δx 和 Δy 的存在而产生的距离 Δp 为 P 点的点位真误差。由图 6.1.1 知

$$\Delta p^2 = \Delta x^2 + \Delta y^2\tag{6.1.2}$$

对上式两边取数学期望，得

$$E(\Delta p^2) = E(\Delta x^2) + E(\Delta y^2) = \sigma_x^2 + \sigma_y^2\tag{6.1.3}$$

式中：$E(\Delta p^2)$为 P 点真误差平方的理论平均值，定义其为 P 点的点位方差，记为 σ_P^2，则式(6.1.3)可写为

$$\sigma_P^2 = \sigma_x^2 + \sigma_y^2\tag{6.1.4}$$

即 σ_P^2 为该点在纵、横坐标方向上的方差之和。通常称σ_P为点位中误差，σ_x、σ_y为纵、横坐标 x、y 方向上的中误差，也称为 x、y 方向上的位差。在测量中，常用式(6.1.4)评定点位精度。

将图 6.1.1 中坐标系旋转某一角度，此时真位置点在新坐标系中的点位坐标为 $P(\widetilde{x}',\widetilde{y}')$，经测量得到的点位坐标为 $P'(\hat{x}',\hat{y}')$，如图 6.1.2 所示。可以看出，在新坐标系中，坐标值不同，对应的坐标真误差 $\Delta x'$、$\Delta y'$也不同，但 ΔP 的大小不会改变，仍然是 $\Delta P^2=\Delta x'^2+\Delta y'^2$。可以看出，点位方差可以表示为该点在任意两个相互垂直方向上的方差之和。

特别地，把 P 点的点位误差 ΔP 投影到 AP 及与 AP 垂直的方向上（A 为已知起算点），如图 6.1.2，则可得到纵向误差 Δs 和横向误差 Δu，并有

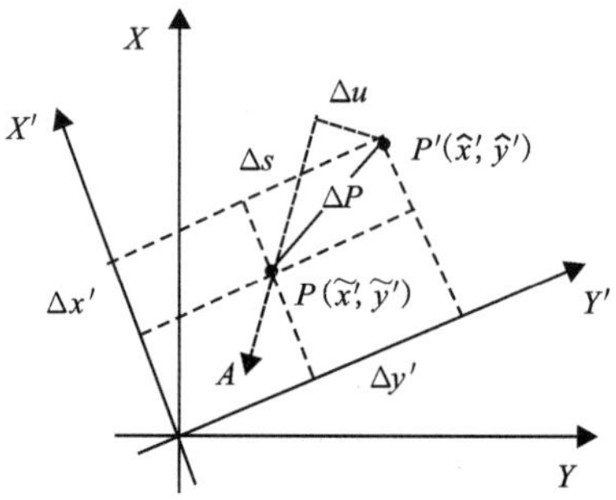

图 6.1.2　点位方差与坐标系无关

$$\Delta P^2 = \Delta u^2 + \Delta s^2 \tag{6.1.5}$$

仿照式(6.1.3)，可得

$$\sigma_p^2 = \sigma_{\hat{x}'}^2 + \sigma_{\hat{y}'}^2 = \sigma_u^2 + \sigma_s^2 \tag{6.1.6}$$

式中：$\sigma_{\hat{x}'}$、$\sigma_{\hat{y}'}$ 为 P 点在新坐标系中 X'、Y' 方向上的位差；同样 σ_u、σ_s 是 P 点在 AP 边纵、横方向上的位差。

由上述讨论可知：

(1)点位方差 σ_p^2 的大小与选用的坐标系无关。

(2)对于不同的坐标系，$\Delta P^2 = \Delta\hat{x}^2 + \Delta\hat{y}^2 = (\Delta\hat{x}')^2 + (\Delta\hat{y}')^2 = \Delta u^2 + \Delta s^2$，但 $\Delta\hat{x} \neq \Delta\hat{x}' \neq \Delta u$，$\Delta\hat{y} \neq \Delta\hat{y}' \neq \Delta s$，故 $\sigma_{\hat{x}}^2 \neq \sigma_{\hat{x}'}^2 \neq \sigma_u^2$，$\sigma_{\hat{y}}^2 \neq \sigma_{\hat{y}'}^2 \neq \sigma_s^2$，这就是说，不同方向上的位差大小不同。

(3)尽管不同方向上的位差不同，但点位方差总等于任意两个相互垂直方向上的坐标方差分量之和。

6.1.2　点位中误差计算

从前面的章节可知，通过平差计算，可以获得未知参数 $\hat{\boldsymbol{X}}$ 的纵、横坐标协因数阵 $Q_{\hat{X}\hat{X}}$、$Q_{\hat{Y}\hat{Y}}$。例如在间接平差中，当只有一个待定点时，有

$$\boldsymbol{Q}_{\hat{X}\hat{X}} = (\boldsymbol{B}^{\mathrm{T}}\boldsymbol{PB})^{-1} = \begin{bmatrix} Q_{\hat{x}\hat{x}} & Q_{\hat{x}\hat{y}} \\ Q_{\hat{y}\hat{x}} & Q_{\hat{y}\hat{y}} \end{bmatrix} \tag{6.1.7}$$

即未知参数 $\hat{\boldsymbol{X}}$ 的纵、横坐标协因数阵为法方程系数阵逆矩阵的两主对角线元素。如果有 t 个待定点，则未知参数的协因数阵可表示为

$$\boldsymbol{Q}_{\hat{X}\hat{X}} = (\boldsymbol{B}^{\mathrm{T}}\boldsymbol{PB})^{-1} = \begin{bmatrix} Q_{\hat{x}_1\hat{x}_1} & Q_{\hat{x}_1\hat{y}_1} & \cdots & Q_{\hat{x}_1\hat{x}_i} & Q_{\hat{x}_1\hat{y}_i} & \cdots & Q_{\hat{x}_1\hat{x}_t} & Q_{\hat{x}_1\hat{y}_t} \\ Q_{\hat{y}_1\hat{x}_1} & Q_{\hat{y}_1\hat{y}_1} & \cdots & Q_{\hat{y}_1\hat{x}_i} & Q_{\hat{y}_1\hat{y}_i} & \cdots & Q_{\hat{y}_1\hat{x}_t} & Q_{\hat{y}_1\hat{y}_t} \\ \vdots & \vdots & & \vdots & \vdots & & \vdots & \vdots \\ Q_{\hat{x}_t\hat{x}_1} & Q_{\hat{x}_t\hat{y}_1} & \cdots & Q_{\hat{x}_t\hat{x}_i} & Q_{\hat{x}_t\hat{y}_i} & \cdots & Q_{\hat{x}_t\hat{x}_t} & Q_{\hat{x}_t\hat{y}_t} \\ Q_{\hat{y}_t\hat{x}_1} & Q_{\hat{y}_t\hat{y}_1} & \cdots & Q_{\hat{y}_t\hat{x}_i} & Q_{\hat{y}_t\hat{y}_i} & \cdots & Q_{\hat{y}_t\hat{x}_t} & Q_{\hat{y}_t\hat{y}_t} \end{bmatrix} \tag{6.1.8}$$

此时待定点 P_i 坐标的协因数为相应的主对角线元素 $Q_{\hat{x}_i\hat{x}_i}$、$Q_{\hat{y}_i\hat{y}_i}$。

由方差与权倒数，即协因数之间的关系可知

$$\left.\begin{aligned}\sigma_{\hat{x}}^2 &= \hat{\sigma}_0^2 \frac{1}{P_{\hat{x}}} = \hat{\sigma}_0^2 Q_{\hat{x}\hat{x}} \\ \sigma_{\hat{y}}^2 &= \hat{\sigma}_0^2 \frac{1}{P_{\hat{y}}} = \hat{\sigma}_0^2 Q_{\hat{y}\hat{y}}\end{aligned}\right\} \tag{6.1.9}$$

于是根据式(6.1.4)即可计算出各待定点的点位方差为

$$\sigma_p^2 = \hat{\sigma}_0^2 (Q_{\hat{x}\hat{x}} + Q_{\hat{y}\hat{y}}) \tag{6.1.10}$$

式中：$\hat{\sigma}_0$ 为单位权方差估计值。

因此，无论采用何种平差方法，均可以根据式(6.1.10)计算待定点点位方差，由此可评定待定点的点位精度。

6.2 误差曲线与误差椭圆

6.2.1 误差曲线

尽管点位中误差 σ_p 可以评定待定点的点位精度，但它不能反映该点在任意方向上的位差大小。在实际工程应用中，往往需要关注点位中误差在特定方向上的大小，或了解最大误差的方向等。例如，在隧道贯通、桥梁合龙中，特别关注垂直于隧道或桥梁走线方向上的中误差(横向误差)。因此，有必要讨论如何计算任意方向上的位差大小。

1. 任意方向 φ 上的位差

为了确定待定点 P 在某一方向 φ 上的位差，需首先分析待定点 P 在 φ 方向上的真误差 $\Delta\varphi$ 与纵、横坐标真误差 Δx、Δy 之间的函数关系，然后基于坐标的协因数阵，根据协因数传播律求出该方向的协因数，进而计算出该方向的位差。如图 6.2.1 所示，P 点在 φ 方向上的真误差 PP'' 实际是 P 点点位真误差 ΔP 在 φ 方向上的投影。过 P' 点向 Y 轴引垂线交 Y 轴于 Q' 点，自 Q' 点向 PP'' 作垂线交 PP'' 于 Q'' 点，再自 P' 点向 $Q'Q''$ 作垂线交 $Q'Q''$ 于 Q 点。由图 6.2.1 可以看出

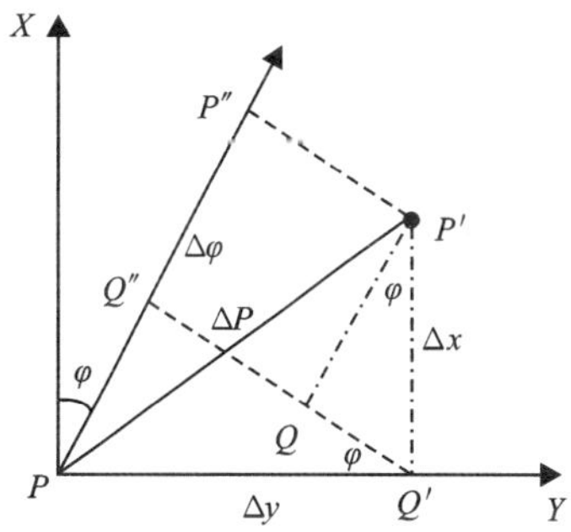

图 6.2.1 任意方向 φ 上真位差与纵横方向真误差之间的关系

$$\Delta\varphi = PP'' = PQ'' + Q'P'' = \Delta y\sin\varphi + \Delta x\cos\varphi = \begin{bmatrix}\cos\varphi & \sin\varphi\end{bmatrix}\begin{bmatrix}\Delta x \\ \Delta y\end{bmatrix} = \boldsymbol{s}^{\mathrm{T}}\Delta\boldsymbol{X} \tag{6.2.1}$$

式中：

$$\boldsymbol{s}^{\mathrm{T}} = [\cos\varphi \quad \sin\varphi] \tag{6.2.2}$$

$$\Delta\boldsymbol{X}^{\mathrm{T}} = [\Delta x \quad \Delta y] \tag{6.2.3}$$

根据协因数传播律，可得

$$\boldsymbol{Q}_{\varphi\varphi} = \boldsymbol{s}^{\mathrm{T}}\boldsymbol{Q}_{\hat{X}\hat{X}}\boldsymbol{s} = Q_{\hat{x}\hat{x}}\cos^2\varphi + Q_{\hat{x}\hat{y}}\sin 2\varphi + Q_{\hat{y}\hat{y}}\sin^2\varphi \tag{6.2.4}$$

式中：$\boldsymbol{Q}_{\varphi\varphi}$ 即为所求 φ 方向上的协因数。

将上式两边各乘以 $\hat{\sigma}_0^2$，即可得任意方向 φ 上的方差 σ_φ^2

$$\sigma_\varphi^2 = \hat{\sigma}_0^2 \boldsymbol{Q}_{\varphi\varphi} = \hat{\sigma}_0^2 (Q_{\hat{x}\hat{x}} \cos^2\varphi + Q_{\hat{x}\hat{y}} \sin 2\varphi + Q_{\hat{y}\hat{y}} \sin^2\varphi) \tag{6.2.5}$$

式中：单位权方差估值 $\hat{\sigma}_0^2$ 为一常量。

因此，任意方向 φ 上的方差 σ_φ^2 与协因数 $\boldsymbol{Q}_{\varphi\varphi}$ 有关，它是任意方向角 φ 的函数。

假设存有另一个与 φ 相垂直的方向 φ'，即 $\varphi'=\varphi+90°$，将其代入上式并整理可得

$$\sigma_{\varphi'}^2 = \hat{\sigma}_0^2 \boldsymbol{Q}_{\varphi'\varphi'} = \hat{\sigma}_0^2 (Q_{\hat{x}\hat{x}} \sin^2\varphi - Q_{\hat{x}\hat{y}} \sin 2\varphi + Q_{\hat{y}\hat{y}} \cos^2\varphi) \tag{6.2.6}$$

将两个相互垂直方向上的方差相加，则有

$$\sigma_\varphi^2 + \sigma_{\varphi'}^2 = \hat{\sigma}_0^2 (Q_{\hat{x}\hat{x}} + Q_{\hat{y}\hat{y}}) = \sigma_{\hat{x}}^2 + \sigma_{\hat{y}}^2 = \sigma_P^2 \tag{6.2.7}$$

上式再次证明了两个相互垂直方向的方差之和等于点位方差。因此，若某方向的方差最大，由于点位方差 σ_P^2 不变，故与其相垂直方向上的方差必为最小。

2.位差的极值

由式(6.2.4)与式(6.2.5)知，Q_φ 或者 σ_φ^2 均与方向 φ 有关。为了确定位差的极值方向，只需令 $\frac{\mathrm{d}Q_\varphi}{\mathrm{d}\varphi}=0$ 或者 $\frac{\mathrm{d}\sigma_\varphi^2}{\mathrm{d}\varphi}=0$，于是有

$$\frac{\mathrm{d}\,Q_\varphi}{\mathrm{d}\varphi} = -Q_{\hat{x}\hat{x}} \sin 2\varphi + 2\,Q_{\hat{x}\hat{y}} \cos 2\varphi + Q_{\hat{y}\hat{y}} \sin 2\varphi = 0 \tag{6.2.8}$$

上式可表示为

$$-(Q_{\hat{x}\hat{x}} - Q_{\hat{y}\hat{y}}) \sin 2\varphi + 2\,Q_{\hat{x}\hat{y}} \cos 2\varphi = 0 \tag{6.2.9}$$

设 $\varphi=\varphi_0$ 为位差的极值方向，则有

$$\tan 2\varphi_0 = \tan(2\varphi_0 + 180°) = \frac{2\,Q_{\hat{x}\hat{y}}}{Q_{\hat{x}\hat{x}} - Q_{\hat{y}\hat{y}}} \tag{6.2.10}$$

可以看出，$2\varphi_0$ 和 $2\varphi_0+180°$ 都是上式的解。因而不难确定 φ_0 和 $\varphi_0+90°$ 是两个极值方向，其中一个是极大值方向，另一个则是极小值方向，且这两个极值方向相互正交。相应的协因数分别为

$$Q_{\varphi_0} = Q_{\hat{x}\hat{x}} \cos^2\varphi_0 + Q_{\hat{y}\hat{y}} \sin^2\varphi_0 + Q_{\hat{x}\hat{y}} \sin 2\varphi \tag{6.2.11}$$

$$Q_{\varphi_0+90°} = Q_{\hat{x}\hat{x}} \cos^2(\varphi_0 + 90°) + Q_{\hat{y}\hat{y}} \sin^2(\varphi_0 + 90°) + Q_{\hat{x}\hat{y}} \sin 2(\varphi_0 + 90°) \tag{6.2.12}$$

上式可进一步简化为

$$Q_{\varphi_0+90°} = Q_{\hat{x}\hat{x}} \sin^2\varphi_0 + Q_{\hat{y}\hat{y}} \cos^2\varphi_0 - Q_{\hat{x}\hat{y}} \sin 2\,\varphi_0 \tag{6.2.13}$$

由于 $Q_{\hat{x}\hat{x}} \cos^2\varphi_0 + Q_{\hat{y}\hat{y}} \sin^2\varphi_0$ 和 $Q_{\hat{x}\hat{x}} \sin^2\varphi_0 + Q_{\hat{y}\hat{y}} \cos^2\varphi_0$ 恒大于零，因此当 $Q_{\hat{x}\hat{y}}$ 与 $\sin 2\varphi_0$ 同号时，Q_{φ_0} 为极大值，$Q_{\varphi_0+90°}$ 为极小值；相反，当 $Q_{\hat{x}\hat{y}}$ 与 $\sin 2\varphi_0$ 异号时，Q_{φ_0} 为极小值，$Q_{\varphi_0+90°}$ 为极大值。特别地，当 $Q_{\hat{x}\hat{y}}=0$ 时，若 $Q_{\hat{x}\hat{x}} > Q_{\hat{y}\hat{y}}$，则 $\varphi_E=0°$，$\varphi_F=90°$；若 $Q_{\hat{x}\hat{x}} < Q_{\hat{y}\hat{y}}$，则 $\varphi_E=90°$，$\varphi_F=0°$；若 $Q_{\hat{x}\hat{x}} = Q_{\hat{y}\hat{y}}$，则任何方向位差都相等。

将式(6.2.11)作进一步处理，考虑到 $\cos^2\varphi_0 = \frac{1+\cos 2\varphi_0}{2}$，$\sin^2\varphi_0 = \frac{1-\cos 2\varphi}{2}$，$\sin 2\varphi_0 = \pm\frac{1}{\sqrt{1+\cot^2 2\varphi_0}}$，于是有

$$
\begin{aligned}
Q_{\varphi_0} &= Q_{\hat{x}\hat{x}}\frac{1+\cos 2\varphi_0}{2}+Q_{\hat{y}\hat{y}}\frac{1-\cos 2\varphi_0}{2}+Q_{\hat{x}\hat{y}}\sin 2\varphi_0 \\
&= \frac{1}{2}\{(Q_{\hat{x}\hat{x}}+Q_{\hat{y}\hat{y}})+(Q_{\hat{x}\hat{x}}-Q_{\hat{y}\hat{y}})\cos 2\varphi_0+2Q_{\hat{x}\hat{y}}\sin 2\varphi_0\}
\end{aligned}
\tag{6.2.14}
$$

由 $\tan 2\varphi_0=\dfrac{2Q_{\hat{x}\hat{y}}}{Q_{\hat{x}\hat{x}}-Q_{\hat{y}\hat{y}}}$ 知 $Q_{\hat{x}\hat{x}}-Q_{\hat{y}\hat{y}}=\dfrac{2Q_{\hat{x}\hat{y}}}{\tan 2\varphi_0}$，将其代入上式，有

$$
\begin{aligned}
Q_{\varphi_0} &= \frac{1}{2}\left\{(Q_{\hat{x}\hat{x}}+Q_{\hat{y}\hat{y}})+\frac{2Q_{\hat{x}\hat{y}}}{\tan 2\varphi_0}\cos 2\varphi_0+2Q_{\hat{x}\hat{y}}\sin 2\varphi_0\right\} \\
&= \frac{1}{2}\left\{(Q_{\hat{x}\hat{x}}+Q_{\hat{y}\hat{y}})+\frac{2Q_{\hat{x}\hat{y}}}{\sin 2\varphi_0}(\cos^2 2\varphi_0+\sin^2 2\varphi_0)\right\} \\
&= \frac{1}{2}\left\{(Q_{\hat{x}\hat{x}}+Q_{\hat{y}\hat{y}})+\frac{2Q_{\hat{x}\hat{y}}}{\sin 2\varphi_0}\right\} \\
&= \frac{1}{2}\left\{(Q_{\hat{x}\hat{x}}+Q_{\hat{y}\hat{y}})\pm 2Q_{\hat{x}\hat{y}}\sqrt{1+\cot^2 2\varphi_0}\right\}
\end{aligned}
\tag{6.2.15}
$$

因为 $\cot 2\varphi_0=\dfrac{Q_{\hat{x}\hat{x}}-Q_{\hat{y}\hat{y}}}{2Q_{\hat{x}\hat{y}}}$，故 $\sqrt{1+\cot^2 2\varphi_0}=\sqrt{1+\left(\dfrac{Q_{\hat{x}\hat{x}}-Q_{\hat{y}\hat{y}}}{2Q_{\hat{x}\hat{y}}}\right)^2}=\dfrac{\sqrt{(Q_{\hat{x}\hat{x}}-Q_{\hat{y}\hat{y}})^2+4Q_{\hat{x}\hat{y}}^2}}{2Q_{\hat{x}\hat{y}}}$。令 $k=\sqrt{(Q_{\hat{x}\hat{x}}-Q_{\hat{y}\hat{y}})^2+4Q_{\hat{x}\hat{y}}^2}$，显然 $k\geqslant 0$，式(6.2.15)可简化为

$$
Q_{\varphi_0}=\frac{1}{2}\{Q_{\hat{x}\hat{x}}+Q_{\hat{y}\hat{y}}\pm k\}
\tag{6.2.16}
$$

分别令 Q_E、Q_F 为极大值、极小值方向的协因数阵，于是有

$$
\left.
\begin{aligned}
Q_E &= \frac{1}{2}(Q_{\hat{x}\hat{x}}+Q_{\hat{y}\hat{y}}+k) \\
Q_F &= \frac{1}{2}(Q_{\hat{x}\hat{x}}+Q_{\hat{y}\hat{y}}-k)
\end{aligned}
\right\}
\tag{6.2.17}
$$

记 E 和 F 分别为位差的极大值和极小值，则位差的极值计算公式分别为

$$
E^2=\frac{1}{2}\sigma_0^2(Q_{\hat{x}\hat{x}}+Q_{\hat{y}\hat{y}}+k)
\tag{6.2.18}
$$

$$
F^2=\frac{1}{2}\sigma_0^2(Q_{\hat{x}\hat{x}}+Q_{\hat{y}\hat{y}}-k)
\tag{6.2.19}
$$

显然

$$
\sigma_p^2=\sigma_0^2(Q_{\hat{x}\hat{x}}+Q_{\hat{y}\hat{y}})=E^2+F^2
\tag{6.2.20}
$$

下面给出另一种解法。

由式(6.2.2)知，$\boldsymbol{s}$ 是由待求方向 φ 的正、余弦函数构成的向量，即待求的方向向量。顾及 $\boldsymbol{s}^{\mathrm{T}}\boldsymbol{s}=1$，于是式(6.2.4)的极值也可通过构造如下函数进行解算：

$$
\Phi=\boldsymbol{s}^{\mathrm{T}}\boldsymbol{Q}_{\hat{X}\hat{X}}\boldsymbol{s}-\lambda(\boldsymbol{s}^{\mathrm{T}}\boldsymbol{s}-1)
\tag{6.2.21}
$$

式中：λ 为未知的联系数。

令

$$
\frac{\partial\Phi}{\partial\boldsymbol{s}}=2\boldsymbol{s}^{\mathrm{T}}\boldsymbol{Q}_{\hat{X}\hat{X}}-2\lambda\boldsymbol{s}^{\mathrm{T}}=0
$$

可得

$$(\boldsymbol{Q}_{\hat{X}\hat{X}} - \lambda \boldsymbol{I})\boldsymbol{s} = 0 \tag{6.2.22}$$

左乘$\boldsymbol{s}^{\mathrm{T}}$，得

$$\boldsymbol{Q}_{\varphi\varphi} = \boldsymbol{s}^{\mathrm{T}} \boldsymbol{Q}_{\hat{X}\hat{X}} \boldsymbol{s} = \lambda \tag{6.2.23}$$

上式表明与位差极值对应的$\boldsymbol{Q}_{\varphi\varphi}$就是联系数$\lambda$。

根据线性代数，由式(6.2.22)可知，λ 即为$\boldsymbol{Q}_{\hat{X}\hat{X}}$的特征值，而 $\boldsymbol{s}$ 就是与 λ 对应的特征向量。于是有

$$|\boldsymbol{Q}_{\hat{X}\hat{X}} - \lambda \boldsymbol{I}| = 0 \tag{6.2.24}$$

将 $\boldsymbol{Q}_{\hat{X}\hat{X}} = \begin{bmatrix} Q_{\hat{x}\hat{x}} & Q_{\hat{x}\hat{y}} \\ Q_{\hat{x}\hat{y}} & Q_{\hat{y}\hat{y}} \end{bmatrix}$代入上式并展开，可解得

$$\lambda = \frac{1}{2}\left(Q_{\hat{x}\hat{x}} + Q_{\hat{y}\hat{y}} \pm \sqrt{(Q_{\hat{x}\hat{x}} - Q_{\hat{y}\hat{y}})^2 + 4Q_{\hat{x}\hat{y}}^2}\right) \tag{6.2.25}$$

令

$$K = \sqrt{(Q_{\hat{x}\hat{x}} - Q_{\hat{y}\hat{y}})^2 + 4Q_{\hat{x}\hat{y}}^2} \tag{6.2.26}$$

$$\lambda_1 = \frac{1}{2}(Q_{\hat{x}\hat{x}} + Q_{\hat{y}\hat{y}} + K) \tag{6.2.27}$$

$$\lambda_2 = \frac{1}{2}(Q_{\hat{x}\hat{x}} + Q_{\hat{y}\hat{y}} - K) \tag{6.2.28}$$

对比式(6.2.17)知，$\lambda_1 = Q_E$，$\lambda_2 = Q_F$，它们分别就是位差最大值和最小值对应方向的协因数。将 λ_1、λ_2 回代入式(6.2.22)，并顾及式(6.2.2)，于是可解得两极值方向为

$$\tan\varphi_E = \frac{Q_E - Q_{\hat{x}\hat{x}}}{Q_{\hat{x}\hat{y}}} = \frac{Q_{\hat{x}\hat{y}}}{Q_E - Q_{\hat{y}\hat{y}}} \tag{6.2.29}$$

$$\tan\varphi_F = \frac{Q_F - Q_{\hat{x}\hat{x}}}{Q_{\hat{x}\hat{y}}} = \frac{Q_{\hat{x}\hat{y}}}{Q_F - Q_{\hat{y}\hat{y}}} \tag{6.2.30}$$

由式(6.2.29)、式(6.2.30)可以导出 $\tan 2\varphi_E = \tan 2\varphi_F = \dfrac{2Q_{\hat{x}\hat{y}}}{Q_{\hat{x}\hat{x}} - Q_{\hat{y}\hat{y}}}$，与式(6.2.10)一致。

令 $\boldsymbol{S}$ 为由特征向量 $\boldsymbol{s}_1$、$\boldsymbol{s}_2$ 构成的方向向量矩阵，于是有

$$\boldsymbol{S} = [\boldsymbol{s}_1 \quad \boldsymbol{s}_2] = \begin{bmatrix} \cos\varphi_E & \cos\varphi_F \\ \sin\varphi_E & \sin\varphi_F \end{bmatrix} \tag{6.2.31}$$

考虑到 $\varphi_F = \varphi_E + 90°$，于是 $\boldsymbol{S}$ 还可以表示为

$$\boldsymbol{S} = [\boldsymbol{s}_1 \quad \boldsymbol{s}_2] = \begin{bmatrix} \cos\varphi_E & -\sin\varphi_E \\ \sin\varphi_E & \cos\varphi_E \end{bmatrix} \tag{6.2.32}$$

显然，方向向量矩阵 $\boldsymbol{S}$ 即为两坐标系的转换矩阵，它是一个正交矩阵，且有

$$\boldsymbol{S}^{\mathrm{T}} \boldsymbol{Q}_{\varphi\varphi} \boldsymbol{S} = \begin{bmatrix} \lambda_1 & \\ & \lambda_2 \end{bmatrix} \tag{6.2.33}$$

或者

$$\boldsymbol{S}^{\mathrm{T}} \boldsymbol{Q}_{\varphi\varphi}^{-1} \boldsymbol{S} = \begin{bmatrix} 1/\lambda_1 & \\ & 1/\lambda_2 \end{bmatrix} \tag{6.2.34}$$

按照上述思路，可以将其扩展到三维观测向量极值的解算。

【例 6.2.1】 已知某平面控制网，经过平差计算，求得 $\sigma_0=\pm1$，待定点 P 的协因数为

$$Q_{\hat{x}\hat{x}}=\begin{bmatrix}1.285 & -0.317\\ -0.317 & 1.248\end{bmatrix}$$

试计算极值 E、F 和极值方向 φ_E。

解：

$$k=\sqrt{(Q_{xx}-Q_{yy})^2+4Q_{xy}^2}=0.635$$

$$Q_E=\frac{1}{2}(Q_{xx}+Q_{yy}+k)=1.584$$

$$Q_F=\frac{1}{2}(Q_{xx}+Q_{yy}-k)=0.949$$

$$E=\sigma_0\sqrt{Q_E}=\pm1.258\text{cm}$$

$$F=\sigma_0\sqrt{Q_F}=\pm0.974\text{cm}$$

$$\tan\varphi_E=\frac{Q_{xy}}{Q_{EE}-Q_{yy}}=-0.9434$$

于是可得极大值方向 $\varphi_E=136°40'$ 或 $316°40'$；极小值方向 $\varphi_F=46°40'$ 或 $226°40'$。

3. 用极值表示的任意方向的位差

为了计算和使用上的方便，通常需要建立任意方向 ψ（以极大值方向 φ_E 为起算方向）与极大值、极小值之间的关系，如图 6.2.2 所示。按照前述思路，以 E、F 为坐标轴，可以得到误差 $\Delta\psi$ 与 ΔE 和 ΔF 之间的关系，即

$$\Delta\psi=\Delta E\cos\psi+\Delta F\sin\psi=\begin{bmatrix}\cos\psi & \sin\psi\end{bmatrix}\begin{bmatrix}\Delta E\\ \Delta F\end{bmatrix} \tag{6.2.35}$$

式中：$\psi=\varphi-\varphi_E$。

利用协因数传播律，可得

$$Q_{\psi\psi}=Q_{EE}\cos^2\psi+2Q_{EF}\cos\psi\sin\psi+Q_{FF}\sin^2\psi \tag{6.2.36}$$

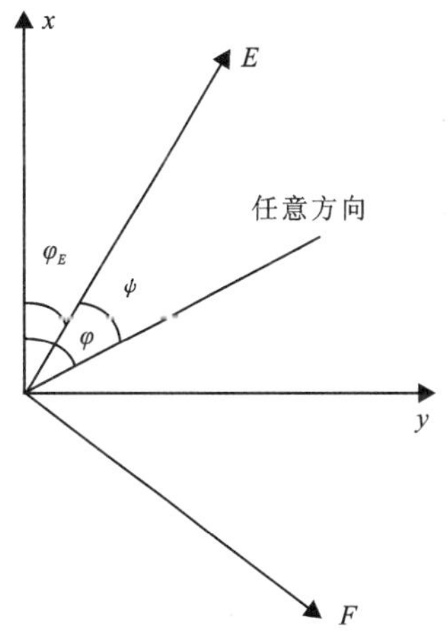

图 6.2.2　任意方向与极大值之间的关系

由式(6.2.1)并顾及 $\varphi_E=\varphi_F+90°$ 可知

$$\begin{bmatrix}\Delta E\\ \Delta F\end{bmatrix}=\begin{bmatrix}\cos\varphi_E & \sin\varphi_E\\ \cos\varphi_F & \sin\varphi_F\end{bmatrix}\begin{bmatrix}\Delta\hat{x}\\ \Delta\hat{y}\end{bmatrix}=\begin{bmatrix}\cos\varphi_E & \sin\varphi_E\\ -\sin\varphi_E & \cos\varphi_F\end{bmatrix}\begin{bmatrix}\Delta\hat{x}\\ \Delta\hat{y}\end{bmatrix} \tag{6.2.37}$$

利用协因数传播律，并顾及 ΔE 和 ΔF 的互协因数，可求得

$$\begin{aligned}Q_{EF}&=-\cos\varphi_E\sin\varphi_E Q_{\hat{x}\hat{x}}+\cos\varphi_E\sin\varphi_E Q_{\hat{y}\hat{y}}+(\cos^2\varphi_E-\sin^2\varphi_E)Q_{\hat{x}\hat{y}}\\ &=-\frac{1}{2}\sin2\varphi_E(Q_{\hat{x}\hat{x}}-Q_{\hat{y}\hat{y}})+\cos2\varphi_E Q_{\hat{x}\hat{y}}\end{aligned} \tag{6.2.38}$$

由式(6.2.10)知

$$\tan 2\varphi_E = \frac{2Q_{\hat{x}\hat{y}}}{Q_{\hat{x}\hat{x}} - Q_{\hat{y}\hat{y}}} = \frac{\sin 2\varphi_E}{\cos 2\varphi_E} \tag{6.2.39}$$

将上式代入式(6.2.38),即可得

$$Q_{EF} = 0 \tag{6.2.40}$$

于是式(6.2.36)可写出

$$Q_{\psi\psi} = Q_{EE}\cos^2\psi + Q_{FF}\sin^2\psi \tag{6.2.41}$$

由此,以极值 E、F 表示的任意方向 ψ 上的方差计算公式为

$$\sigma_\psi^2 = E^2\cos_\psi^2 + F^2\sin_\psi^2 \tag{6.2.42}$$

【例 6.2.2】 数据同例【例 6.2.1】,试计算当 $\psi=16°$时的位差。

解:由例 6.2.1 计算知 $E^2=1.584$,$F^2=0.949$,于是

$$\sigma_\psi^2 = 1.584\times\cos^2 16° + 0.949\times\sin^2 16° = 1.5358$$

故 $\psi=16°$时的位差为 $\sigma_\psi=\pm 1.239$。

4.误差曲线

以一个点在不同方向 φ 和该方向上位差 σ_φ 为极坐标的点的轨迹形成的闭合曲线,称其为该点的点位误差曲线(或点位精度曲线)。曲线呈现“8”字形,且以 E、F 轴为对称轴,如图 6.2.3 所示。

在工程测量中,点位误差曲线的应用非常广泛,根据误差曲线图可以方便地获取坐标平差值在各个方向上的位差大小。如图 6.2.4 所示的 P 点误差曲线,其中 A 为 P 点附近已知点。由图 6.2.4,可得到:

(1)P 点的点位方差为$\hat{\sigma}_P=\sqrt{\overline{Pa}^2+\overline{Pb}^2}=\overline{ab}=\sqrt{\overline{Pc}^2+\overline{Pd}^2}=\overline{cd}$。

(2)P 点的位差极大值为$\hat{\sigma}_E=\overline{Pc}=E$。

(3)P 点的位差极小值为$\hat{\sigma}_F=\overline{Pd}=F$。

(4)PA 边的边长中误差(纵向误差)为$\hat{\sigma}_s=\overline{Pe}$。

(5)PA 边的方向中误差$\hat{\sigma}_\alpha=\rho\overline{Pf}/S$。其中$\overline{Pf}$为 PA 的横向中误差。

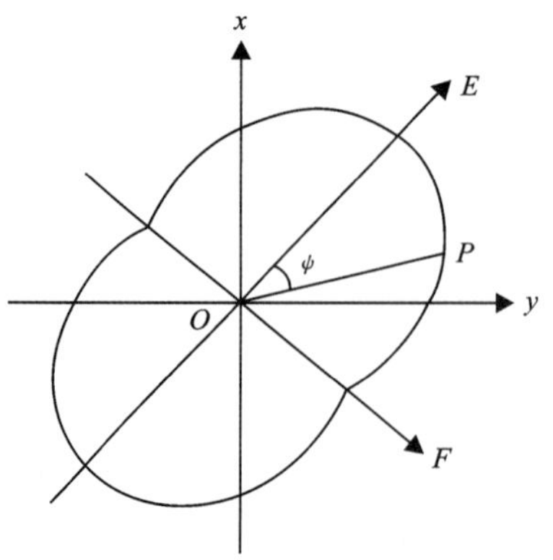

图 6.2.3 误差曲线

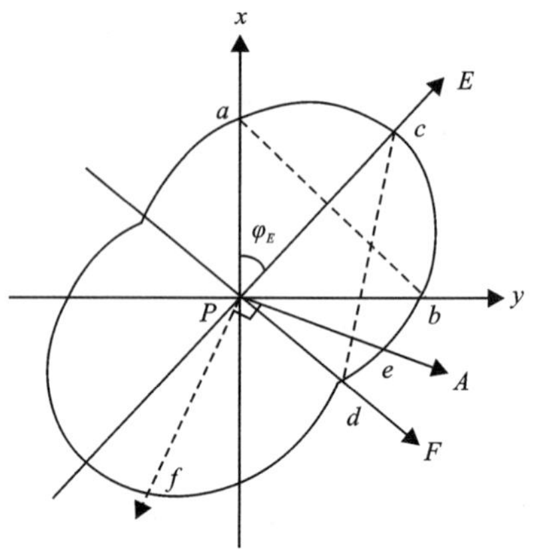

图 6.2.4 误差曲线应用

6.2.2 误差椭圆

利用点位误差曲线能够方便地获取该点在不同方向上的位差，但是该曲线并不是一种典型的曲线，作图比较复杂，因此降低了其实用价值。考虑到其形状与以 E、F 为长、短半轴的椭圆很相似。因此，在实际工程应用中，常用该椭圆来代替误差曲线，称该椭圆为点位误差椭圆，E、F、φ_E 为点位误差椭圆的参数。

图 6.2.5 为误差椭圆和对应的误差曲线图，其中实线为误差椭圆，虚线为误差曲线。显然，除 4 个极值点外，点位误差椭圆与点位误差曲线不重合，两者之间有微小的差别。下面以图解的方式阐述两者之间的关系。

分别以椭圆长半轴 E 和短半轴 F 为半径作圆弧交 x'、y' 轴于 E、F' 和 E'、F，分别称其为大圆弧 EE' 和小圆弧 FF'，如图 6.2.6 所示。现作一自 OE 起始方向角度为 τ 的向径，交大圆弧于 P'，交小圆弧于 P''，过 P' 作 x' 轴的垂线，交 x' 轴于 a，过 P'' 作 y' 轴的垂线交 y' 轴于 b，垂线 bP'' 的延长线交 aP' 于 P 点，此点恰好位于误差椭圆上。这是因为

$$\left.\begin{aligned} x_p &= \overline{oa} = \overline{oP'}\cos\tau = E\cos\tau \\ y_p &= \overline{ob} = \overline{oP''}\sin\tau = F\sin\tau \end{aligned}\right\} \tag{6.2.43}$$

于是有

$$\frac{x^2}{E^2} + \frac{y^2}{F^2} = \frac{(E\cos\tau)^2}{E^2} + \frac{(F\sin\tau)^2}{F^2} = 1 \tag{6.2.44}$$

上式即为以 E、F 为长、短半轴的椭圆参数方程，因此 P 就是误差椭圆上的点。

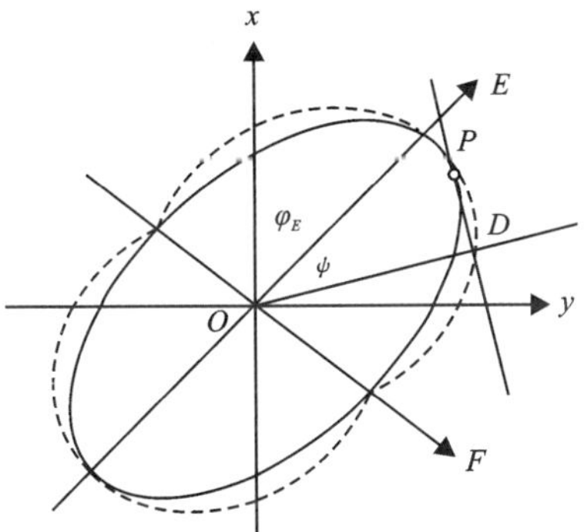

图 6.2.5　误差椭圆与误差曲线

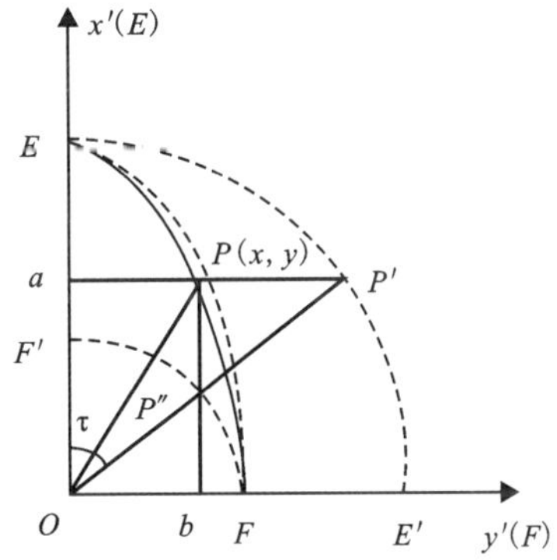

图 6.2.6　误差椭圆的作图方法

除两极轴方向外，误差椭圆与误差曲线均不重合，存在偏差，那如何利用误差椭圆求取任意方向的实际位差值 σ_ψ 呢？

证明如下：

如图 6.2.7 所示，假定 OP' 为任意 ψ 方向线，作与 OP' 垂直且与椭圆相切的直线，垂足为 D，切点为 $P_1(x_1, y_1)$。过切点 P_1 作 y' 轴平行线，分别交 x' 轴于 P'_1 点，交 OP' 于 P''_1 点；过 $P_1{}'$ 点作切线的平行线，交 OP' 于 C 点。由图 6.2.7 知

$$\overline{OD} = \overline{OC} + \overline{CD} = x_1\cos\psi + y_1\sin\psi \tag{6.2.45}$$

由式(6.2.43)知

$$x_1 = E\cos\tau_1,\ y_1 = F\sin\tau_1 \tag{6.2.46}$$

于是

$$\overline{OD} = E\cos\tau_1\cos\psi + F\sin\tau_1\sin\psi \tag{6.2.47}$$

对上式两边平方，得

$$\begin{aligned}\overline{OD}^2 &= E^2\cos^2\tau_1\cos^2\psi + 2EF\cos\tau_1\cos\psi\sin\tau_1\sin\psi + F^2\sin^2\tau_1\sin^2\psi \\ &= E^2\cos^2\psi(1-\sin^2\tau_1) + F^2\sin^2\psi(1-\cos^2\tau_1) + 2EF\cos\tau_1\sin\tau_1\cos\psi\sin\psi \\ &= E^2\cos^2\psi + F^2\sin^2\psi - (E\cos\psi\sin\tau_1 - F\sin\psi\cos\tau_1)^2\end{aligned} \tag{6.2.48}$$

从图 6.2.7 进一步可知，$\overline{P_1D}$的斜率为

$$\left(\frac{\mathrm{d}y}{\mathrm{d}x}\right)_1 = -\cot\psi$$

顾及式(6.2.46)，有

$$\left(\frac{\mathrm{d}y}{\mathrm{d}x}\right)_1 = \frac{\mathrm{d}y_1}{\mathrm{d}\tau_1}\cdot\frac{\mathrm{d}\tau_1}{\mathrm{d}x_1} = -\frac{F\cos\tau_1}{E\sin\tau_1} = -\cot\psi = -\frac{\cos\psi}{\sin\psi}$$

于是

$$F\cos\tau_1\sin\psi = E\sin\tau_1\cos\psi \tag{6.2.49}$$

即

$$F\cos\tau_1\sin\psi - E\sin\tau_1\cos\psi = 0$$

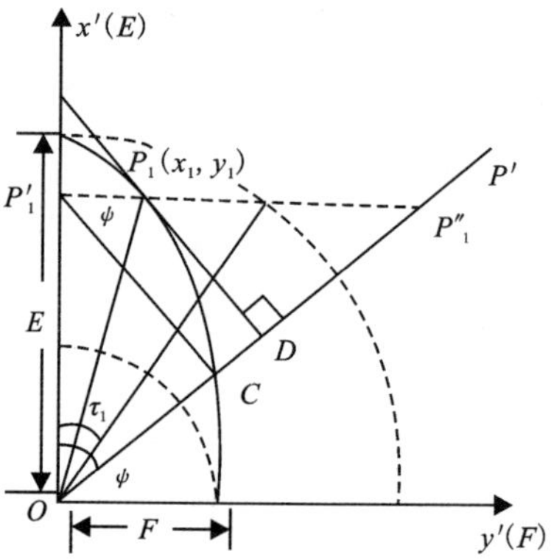

图 6.2.7　利用误差椭圆计算位差

故由式(6.2.48)，可得

$$\overline{OD}^2 = E^2\cos^2\psi + F^2\sin^2\psi \tag{6.2.50}$$

显然，$\overline{OD}$即为ψ方向上的位差。因此，用误差椭圆求某点任意方向ψ上的位差$\hat{\sigma}_\psi$，只需在垂直于该方向上作椭圆的切线，则垂足与原点的连线长度就是该点在ψ方向上的位差$\hat{\sigma}_\psi$。

6.2.3　相对误差椭圆

在工程应用中，除了需要研究待定点相对于起始点的精度外，有时还关注任意两个待定点之间相对位置的精度情况。

设有两个待定点$P_i(x_i, y_i)$、$P_j(x_j, y_j)$，它们之间的相对位置可通过其坐标差来表示，即

$$\left.\begin{aligned}\Delta x_{ij} &= x_j - x_i \\ \Delta y_{ij} &= y_j - y_i\end{aligned}\right\} \tag{6.2.51}$$

根据协因数传播律可得

$$\left.\begin{aligned}Q_{\Delta\hat{x}\Delta\hat{x}} &= Q_{\hat{x}_i\hat{x}_i} + Q_{\hat{x}_j\hat{x}_j} - 2Q_{\hat{x}_i\hat{x}_j} \\ Q_{\Delta\hat{y}\Delta\hat{y}} &= Q_{\hat{y}_i\hat{y}_i} + Q_{\hat{y}_j\hat{y}_j} - 2Q_{\hat{y}_i\hat{y}_j} \\ Q_{\Delta\hat{x}\Delta\hat{y}} &= Q_{\hat{x}_i\hat{y}_i} + Q_{\hat{x}_j\hat{y}_j} - Q_{\hat{x}_i\hat{y}_j} - Q_{\hat{x}_j\hat{y}_i}\end{aligned}\right\} \tag{6.2.52}$$

如果这两个待定点中有一个是已知点(不带误差)，如P_j，于是由上式可得$Q_{\Delta\hat{x}\Delta\hat{x}} = Q_{\hat{x}_i\hat{x}_i}$，$Q_{\Delta\hat{y}\Delta\hat{y}} = Q_{\hat{y}_i\hat{y}_i}$，$Q_{\Delta\hat{x}\Delta\hat{y}} = Q_{\hat{x}_i\hat{y}_i}$，此时两点之间坐标差的协因数等于待定点坐标的协因数。

利用P_i、P_j两点坐标差的协因数，依据式(6.2.18)、式(6.2.19)及式(6.2.29)即可得到计算P_i与P_j间的相对误差椭圆三参数的计算公式，即

$$\left.\begin{aligned} E^2 &= \frac{1}{2}\sigma_0^2\left(Q_{\Delta\hat{x}\Delta\hat{x}} + Q_{\Delta\hat{y}\Delta\hat{y}} + \sqrt{(Q_{\Delta\hat{x}\Delta\hat{x}} - Q_{\Delta\hat{y}\Delta\hat{y}})^2 + 4Q_{\Delta\hat{x}\Delta\hat{y}}^2}\right) \\ F^2 &= \frac{1}{2}\sigma_0^2\left(Q_{\Delta\hat{x}\Delta\hat{x}} + Q_{\Delta\hat{y}\Delta\hat{y}} - \sqrt{(Q_{\Delta\hat{x}\Delta\hat{x}} - Q_{\Delta\hat{y}\Delta\hat{y}})^2 + 4Q_{\Delta\hat{x}\Delta\hat{y}}^2}\right) \\ \tan\varphi_E &= \frac{Q_E - Q_{\Delta\hat{x}\Delta\hat{x}}}{Q_{\Delta\hat{x}\Delta\hat{y}}} = \frac{Q_{\Delta\hat{x}\Delta\hat{y}}}{Q_E - Q_{\Delta\hat{y}\Delta\hat{y}}} \end{aligned}\right\} \tag{6.2.53}$$

【例 6.2.3】 如图 6.2.8 所示的测边网，A、B 为已知点，C、D 为待求点。经平差后求得 C、D 点坐标的协因数阵为

$$Q_{\hat{X}\hat{X}} = \begin{bmatrix} 0.350 & 0.015 & -0.005 & 0 \\ 0.015 & 0.250 & 0 & 0.020 \\ -0.005 & 0 & 0.200 & 0.010 \\ 0 & 0.020 & 0.010 & 0.300 \end{bmatrix}$$

单位权中误差为 $\hat{\sigma}_0 = \pm 2\text{cm}$。试计算：

(1)C 点的误差椭圆参数。

(2)D 点的误差椭圆参数。

(3)C、D 两点的相对误差椭圆参数。

(4)已知 CD 边的方位角 $T_{CD} = 142.5°$，试计算 CD 边长中误差。

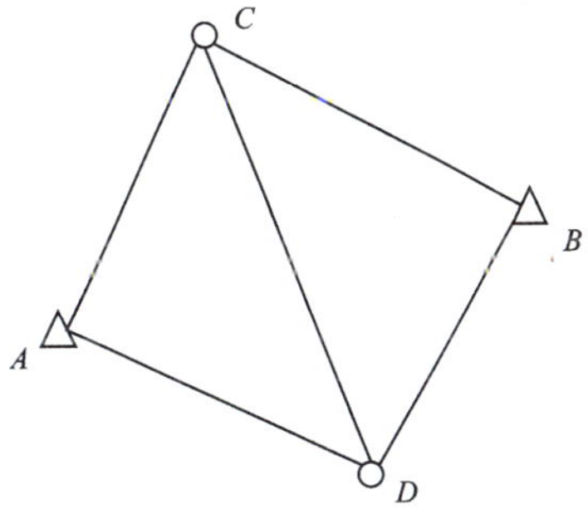

图 6.2.8 测边网

解：

1)C 点的误差椭圆参数计算

按前面相应公式，可计算求得

$$Q_E = \frac{1}{2}\left(Q_{11} + Q_{22} + \sqrt{(Q_{11} - Q_{22})^2 + 4Q_{12}^2}\right) = 0.3522, E = \hat{\sigma}_0\sqrt{Q_E} = \pm 1.187\text{cm}$$

$$Q_F = \frac{1}{2}\left(Q_{11} + Q_{22} - \sqrt{(Q_{11} - Q_{22})^2 + 4Q_{12}^2}\right) = 0.2478, F = \hat{\sigma}_0\sqrt{Q_F} = \pm 0.996\text{cm}$$

$\tan\varphi_E = \dfrac{Q_{12}}{Q_E - Q_{22}} = 0.1468$，$\varphi_E = 8°20'58''$或 $188°20'58''$，$\varphi_F = 98°20'58''$或 $278°20'58''$。

2)D 点的误差椭圆参数计算

$$Q_E = \frac{1}{2}\left(Q_{33} + Q_{44} + \sqrt{(Q_{33} - Q_{34})^2 + 4Q_{34}^2}\right) = 0.301, E = \hat{\sigma}_0\sqrt{Q_E} = \pm 1.097\text{cm}$$

$$Q_F = \frac{1}{2}\left(Q_{33} + Q_{44} - \sqrt{(Q_{33} - Q_{44})^2 + 4Q_{34}^2}\right) = 0.199, F = \hat{\sigma}_0\sqrt{Q_F} = \pm 0.892\text{cm}$$

$\tan\varphi_E = \dfrac{Q_{34}}{Q_E - Q_{44}} = 10.099$，$\varphi_E = 84°20'42''$或 $264°20'42''$，$\varphi_F = 174°20'42''°$或 $354°20'42''$。

3)C、D 两点相对误差椭圆参数计算

坐标差协因数为

$$\begin{pmatrix} Q_{\Delta x\Delta x} & Q_{\Delta x\Delta y} \\ Q_{\Delta x\Delta y} & Q_{\Delta y\Delta y} \end{pmatrix} = \begin{pmatrix} 0.56 & 0.025 \\ 0.025 & 0.51 \end{pmatrix}$$

相对椭圆参数为

$Q_E=\frac{1}{2}(Q_{\Delta x\Delta x}+Q_{\Delta y\Delta y}+\sqrt{(Q_{\Delta x\Delta x}-Q_{\Delta y\Delta y})^2+4Q_{\Delta x\Delta y}^2})=0.5704, E=\hat{\sigma}_0\sqrt{Q_E}=1.51\text{cm}$

$Q_F=\frac{1}{2}(Q_{\Delta x\Delta x}+Q_{\Delta y\Delta y}-\sqrt{(Q_{\Delta x\Delta x}-Q_{\Delta y\Delta y})^2+4Q_{\Delta x\Delta y}^2})=0.4996, F=\hat{\sigma}_0\sqrt{Q_F}=1.41\text{cm}$

$\tan\varphi_E=\frac{Q_{\Delta x\Delta y}}{Q_E-Q_{\Delta y\Delta y}}=0.4142, \varphi_E=22°30'$或$202°30'$，$\varphi_F=112°30'$或$292°30'$。

4)CD边长中误差

$$\varphi = T_{CD} = 142.5°$$

$$Q_{\varphi\varphi} = Q_{\hat{x}\hat{x}}\cos^2\varphi + Q_{\hat{x}\hat{y}}\sin2\varphi + Q_{\hat{y}\hat{y}}\sin^2\varphi = 0.517$$

边长中误差 $\sigma_{S_{CD}}=m_0\sqrt{Q_{\varphi\varphi}}=\pm1.44\text{cm}$。

6.3 点位落入误差椭圆内的概率

当观测值只含有随机误差时，观测误差服从正态分布。于是由点的纵、横坐标对构成的二维随机向量(x,y)服从二维正态分布，对应的联合分布密度函数为

$$f(x,y) = \frac{1}{2\pi\sigma_x\sigma_y\sqrt{1-\rho^2}}e^{-\frac{1}{2}q(x,y)} \tag{6.3.1}$$

式中：

$$q(x,y)=\frac{1}{1-\rho^2}\left\{\frac{(x-\mu_x)^2}{\sigma_x^2}-\frac{2\rho(x-\mu_x)(y-\mu_y)}{\sigma_x\sigma_y}+\frac{(y-\mu_y)^2}{\sigma_y^2}\right\} \tag{6.3.2}$$

其中，μ_x、μ_y 是待定点坐标 x、y 的数学期望，σ_x^2、σ_y^2 和 σ_{xy} 分别是 x、y 的方差和协方差，而 $\rho=\sigma_{xy}/\sigma_x\sigma_y$ 为它们的相关系数。图 6.3.1 为函数 $f(x,y)$ 的形状，通常称该曲面为正态密度曲面。

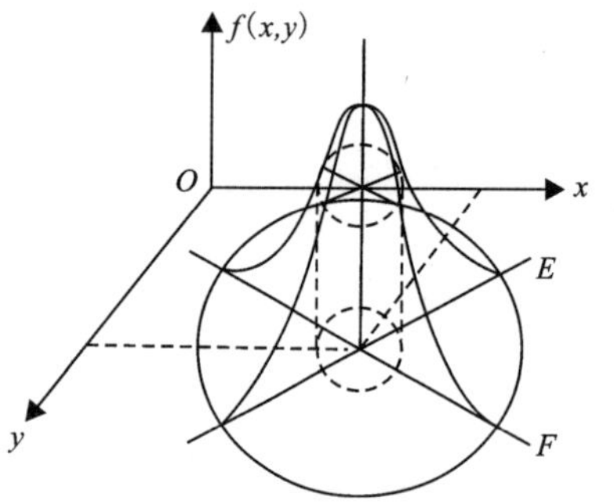

图 6.3.1　二维正态密度曲面

若用任意一个垂直于 xOy 的平面截该曲面，其交线都是一个正态曲线。用任意平行于 xOy 的平面截该曲面，即当 $f(x,y)$ 为某一定值时，其交线均为一个椭圆，即

$$f(x,y)=\text{定值} \tag{6.3.3}$$

由式(6.3.1)知，若要满足上式，只要函数的指数部分等于某一常数 k 即可，即

$$\frac{(x-\mu_x)^2}{\sigma_x^2}-\frac{2\rho(x-\mu_x)(y-\mu_y)}{\sigma_x\sigma_y}+\frac{(y-\mu_y)^2}{\sigma_y^2}=k^2 \tag{6.3.4}$$

上式表示的即为椭圆。显然，同一椭圆上的点分布密度 $f(x,y)$ 相同，因此也称该椭圆为等密度椭圆。

当 $f(x,y)$ 取不同值时，即可得到一组同心椭圆，反映了待定点实际点位的分布情况。特别地，当 $f(x,y)=\frac{1}{2\pi\sigma_x\sigma_y\sqrt{1-\rho^2}}$时，此时 $k=0$，椭圆成为一个点(μ_x,μ_y)，即曲面的最高点，也即中心点。当 $f(x,y)$趋于零时，k 趋于无穷大，椭圆也趋于无穷大。当 $\sigma_x=\sigma_y$，且 $\rho=0$ 时，

此时椭圆变为圆。在概率论中，称椭圆为概率圆；在测量学中，称其为误差椭圆。

为了讨论方便，可将坐标轴原点 O 移至椭圆中心(μ_x,μ_y)，于是式(6.3.4)可简化为

$$\frac{x^2}{\sigma_x^2}-\frac{2\rho xy}{\sigma_x\sigma_y}+\frac{y^2}{\sigma_y^2}=k^2 \tag{6.3.5}$$

顾及 $\rho=\frac{\sigma_{xy}}{\sigma_x\sigma_y}$，上式也可改写为

$$\sigma_y^2x^2-2\sigma_{xy}xy+\sigma_x^2y^2=k^2\sigma_x^2\sigma_y^2 \tag{6.3.6}$$

由解析几何知，当有方程 $Ax^2+Bxy+Cy^2=D$ 时，为了消去方程中的 Bxy 项，使其变成标准化形式，则需将坐标系旋转一个角度 θ，其值为

$$\tan2\theta=\frac{B}{A-C}=\frac{2\sigma_{xy}}{\sigma_x^2-\sigma_y^2} \tag{6.3.7}$$

考虑到 $\sigma_x^2=\sigma_0^2Q_{xx}$，$\sigma_y^2=\sigma_0^2Q_{yy}$，$\sigma_{xy}=\sigma_0^2Q_{xy}$，则上式可改写为

$$\tan2\theta=\frac{2Q_{xy}}{Q_{xx}-Q_{yy}} \tag{6.3.8}$$

由此可见，这里的旋转角 θ 实际上就是式(6.2.10)确定的极值方向角 φ_0。即只要坐标轴与 E、F 方向相互重合，式(6.3.6)就可变成标准化形式。此时第二项前的系数为零，于是可改写为

$$\frac{x'^2}{\sigma_{x'}^2}+\frac{y'^2}{\sigma_{y'}^2}=\frac{x'^2}{E^2}+\frac{y'^2}{F^2}=k^2 \tag{6.3.9}$$

很显然，当 k 取不同值时，即可得到一族同心的误差椭圆，记作 B_k。通常称当 $k=1$ 时的误差椭圆为标准误差椭圆。

经上述平移和旋转简化后，二维正态分布密度函数为

$$f(x',y')=\frac{1}{2\pi EF}\exp\left[-\frac{1}{2}\left(\frac{x'^2}{E^2}+\frac{y'^2}{F^2}\right)\right] \tag{6.3.10}$$

现讨论待定点落入误差椭圆 B_k（记作$(x',y')\subset B_k$）内的概率，即

$$\begin{aligned}P((x',y')\subset B_k)&=\iint_{B_k}f(x',y')\mathrm{d}x'\mathrm{d}y'\\&=\iint_{B_k}\frac{1}{2\pi EF}\exp\left\{-\frac{1}{2}\left(\frac{x'^2}{E^2}+\frac{y'^2}{F^2}\right)\right\}\mathrm{d}x'\mathrm{d}y'\end{aligned} \tag{6.3.11}$$

对上式积分作变量代换，令 $u=\frac{x'}{\sqrt{2}E}$，$v=\frac{y'}{\sqrt{2}F}$，代入式(6.3.9)，得

$$u^2+v^2=\frac{1}{2}k^2 \tag{6.3.12}$$

上式表示以$\frac{\sqrt{2}}{2}k$ 为半径的圆 C_k，待定点落入椭圆 B_k 内的概率就相当于落入 C_k 内的概率，因此有

$$P((x',y')\subset B_k)=\frac{1}{\pi}\iint_{C_k}\mathrm{e}^{-u^2-v^2}\mathrm{d}u\mathrm{d}v \tag{6.3.13}$$

现令 $u=r\cos\theta, v=r\sin\theta$，代入上式，于是就可将由平面直角坐标的式(6.3.13)变换为如下的极坐标表达式：

$$P((x',y')\subset B_k)=\frac{1}{\pi}\int_0^{2\pi}\int_0^{\frac{k}{\sqrt{2}}} r\mathrm{e}^{-r^2}\mathrm{d}r\mathrm{d}\theta=2\int_0^{\frac{k}{\sqrt{2}}} r\mathrm{e}^{-r^2}\mathrm{d}r=1-\mathrm{e}^{-\frac{k^2}{2}} \tag{6.3.14}$$

给予不同的 k 值，就可得到如表 6.3.1 所示的相应概率 P。

表 6.3.1　与 k 值对应的概率值

k	P	k	P
0	0	2.5	0.9561
0.5	0.1175	3.0	0.9889
1.0	0.3935	3.5	0.9978
1.5	0.6752	4.0	0.99966
2.0	0.8647	4.5	0.99996

图 6.3.2 展示了 k 分别为 1、2、3 及 4 的 4 个椭圆，且在每个椭圆上标注了在该椭圆内出现待定点的概率，椭圆之间所标明的数字是表示待定点出现在 2 个椭圆之间的概率。由图 6.3.2 可以看出，点出现在 $k=1$、2 的 2 个椭圆之间的概率最大，约为 47%；而点出现在 $k=3$ 的椭圆以外的概率很小，约为 1%，即 $k=3$ 的椭圆实际上可视为最大的误差椭圆。

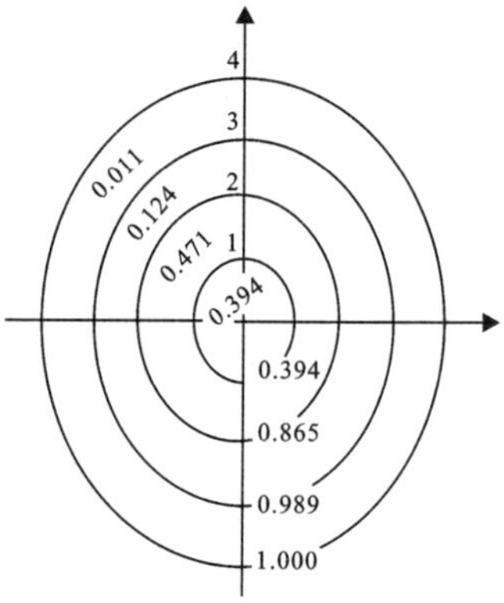

图 6.3.2　待定点出现在不同误差椭圆内的概率

6.4　应用实例

6.4.1　误差椭圆在线状工程项目建设中的应用

桥梁和隧道建设是提升道路运载能力的关键环节，而控制测量则是保证整个桥、隧乃至整条交通线路施工顺利完成的基础环节，其中贯通误差的控制是重中之重。

桥、隧通常采用相向施工，因此垂直于贯通方向的误差即横向误差的控制是关键。在施工控制网设计中，可通过贯通点相对误差椭圆预估隧道横向贯通误差，再结合相应规范中的限差要求，以此调整控制网形状或施测方案，确保顺利贯通和连接。导线是隧道贯通或桥梁对接等线状工程项目常用的一种布网方式。下面以导线为例讨论误差椭圆在线状工程项目建设中的应用。

将贯通点 k 和 k' 看作是两条分别以两洞口点出发的导线独立确定的两点，如图 6.4.1 所示。理想状态下两条支导线在 k 处闭合，然而由于误差的存在，两支导线的终点 k 和 k' 不闭合，通常称两点的连线 $\boldsymbol{kk'}$ 为贯通偏差全向量，而横向贯通误差则是指贯通偏差在垂直于导线方向上的分量。

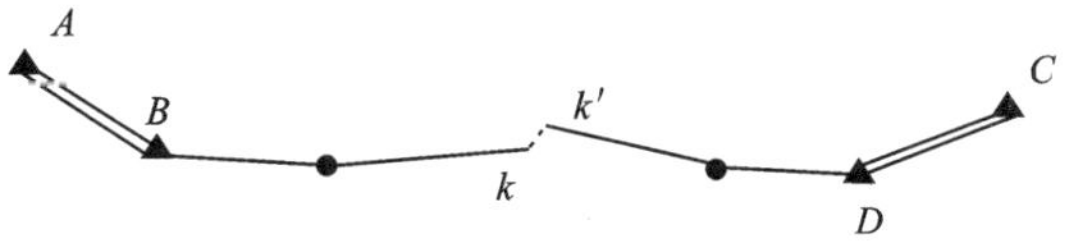

图 6.4.1　贯通误差

假设经过计算处理后，k 和 k' 两点坐标协因数阵分别为 $\begin{bmatrix} Q_{\hat{x}\hat{x}} & Q_{\hat{x}\hat{y}} \\ Q_{\hat{y}\hat{x}} & Q_{\hat{y}\hat{y}} \end{bmatrix}$、$\begin{bmatrix} Q_{\hat{x}'\hat{x}'} & Q_{\hat{x}'\hat{y}'} \\ Q_{\hat{y}'\hat{x}'} & Q_{\hat{y}'\hat{y}'} \end{bmatrix}$，且彼此间相互独立，于是其相对坐标协因数阵为 $\begin{bmatrix} Q_{\Delta\hat{x}\Delta\hat{x}} & Q_{\Delta\hat{x}\Delta\hat{y}} \\ Q_{\Delta\hat{y}\Delta\hat{x}} & Q_{\Delta\hat{y}\Delta\hat{y}} \end{bmatrix}$，其中 $Q_{\Delta\hat{x}\Delta\hat{x}} = Q_{\hat{x}\hat{x}} + Q_{\hat{x}'\hat{x}'}$，$Q_{\Delta\hat{y}\Delta\hat{y}} = Q_{\hat{y}\hat{y}} + Q_{\hat{y}'\hat{y}'}$，$Q_{\Delta\hat{y}\Delta\hat{y}} = Q_{\hat{x}\hat{y}} + Q_{\hat{x}'\hat{y}'}$。依据式(6.2.53)可计算相对误差椭圆参数为

$$E^2 = \frac{1}{2}\sigma_0^2\left(Q_{\Delta\hat{x}\Delta\hat{x}} + Q_{\Delta\hat{y}\Delta\hat{y}} + \sqrt{(Q_{\Delta\hat{x}\Delta\hat{x}} - Q_{\Delta\hat{y}\Delta\hat{y}})^2 + 4Q_{\Delta\hat{x}\Delta\hat{y}}^2}\right)$$

$$F^2 = \frac{1}{2}\sigma_0^2\left(Q_{\Delta\hat{x}\Delta\hat{x}} + Q_{\Delta\hat{y}\Delta\hat{y}} + \sqrt{(Q_{\Delta\hat{x}\Delta\hat{x}} - Q_{\Delta\hat{y}\Delta\hat{y}})^2 + 4Q_{\Delta\hat{x}\Delta\hat{y}}^2}\right)$$

$$\tan\varphi_E = \frac{Q_{EE} - Q_{\Delta\hat{x}\Delta\hat{x}}}{Q_{\Delta\hat{x}\Delta\hat{y}}} = \frac{Q_{\Delta\hat{x}\Delta\hat{y}}}{Q_{FF} - Q_{\Delta\hat{y}\Delta\hat{y}}}$$

根据 E、F、φ_E 即可绘制贯通点相对误差椭圆。假设线状工程贯通处的方位角为 α，而垂直于贯通方向即横向的方位角为 $\alpha + 90°$，于是横向贯通误差为

$$m_u^2 = E^2\cos^2(90° + \alpha - \varphi_E) + F^2\sin^2(90° + \alpha - \varphi_E) = E^2\sin^2(\varphi_E - \alpha) + F^2\cos^2(\varphi_E - \alpha) \tag{6.4.1}$$

依据式(6.4.1)计算的方差可以判断方案是否符合设计的要求。如果不达标，则可以通过调整控制网网形或置换高等级仪器提高观测精度解决问题。

6.4.2　误差椭圆在线要素定位精度评价中的拓宽应用

在现代测绘地理信息数据处理中，线要素作为重要的地理实体之一，由于受点的定位误差影响，也存在着定位误差即定位不确定性。由于面可以由边界线围绕而成，线又可看成是由若干条线段连接而成，因此线段的定位不确定性是基础。下面就以线段为例讨论误差椭圆在线要素定位精度评价中的拓展应用。

线段位置由两端点坐标唯一确定，因此线段内部的点，可利用两端点坐标经过线性内插获得。两端点坐标存在定位误差，会引起线段定位的不确定性。设两端点坐标分别为 $\xi_1(x_1, y_1)$、$\xi_2(x_2, y_2)$。为简单起见，这里假定两端点坐标独立且等精度，坐标方差阵均为 $\begin{bmatrix} \sigma_x^2 & \sigma_{xy} \\ \sigma_{xy} & \sigma_y^2 \end{bmatrix}$。$\xi_r(x_r, y_r)$ 为线段 $\xi_1\xi_2$ 上的任意一点，如图 6.4.2所示，则有

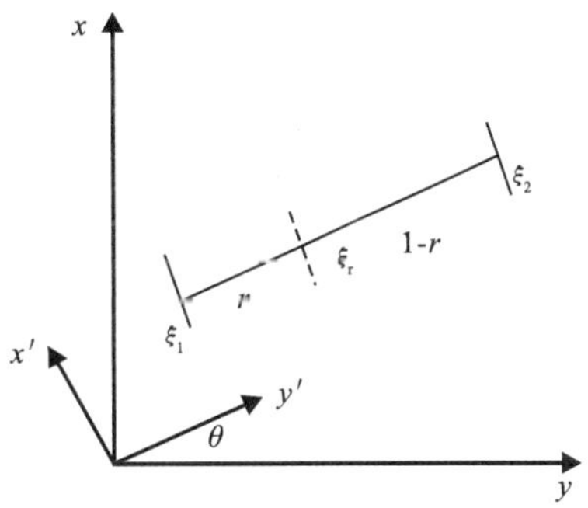

图 6.4.2　线段上的点

$$\begin{cases} x_r = (1-r)x_1 + rx_2 \\ y_r = (1-r)y_1 + ry_2 \end{cases} \tag{6.4.2}$$

式中：r 是任意点 ξ_r 到端点 ξ_1 的距离与线段 $\xi_1\xi_2$ 长度的比值，即 $r=|\xi_1\xi_r|/|\xi_1\xi_2|$。

由误差传播律可得

$$D_{\xi_r\xi_r}=\begin{bmatrix}\sigma_{x_r}^2 & \sigma_{x_ry_r}\\ \sigma_{x_ry_r} & \sigma_{y_r}^2\end{bmatrix}=[(1-r)^2+r^2]\begin{bmatrix}\sigma_{x_r}^2 & \sigma_{x_ry_r}\\ \sigma_{x_ry_r} & \sigma_{y_r}^2\end{bmatrix}\tag{6.4.3}$$

因此，可以结合前述误差椭圆的计算公式，计算出线段上任意点的误差椭圆参数，由此可以绘制出线段的误差椭圆簇，如图 6.4.3 所示。误差椭圆簇的外围包络线就构成了线段 $\xi_1\xi_2$ 的位置不确定性误差模型带。从式(6.4.3)可以看出，任意点 ξ_r 的坐标方差阵$D_{\xi_r\xi_r}$ 为 r 的函数。对该式求一阶导数并令其等于零，不难得到，当 $r=\dfrac{1}{2}$时，$D_{\xi_r\xi_r}$ 为最小。因此，当仅考虑定位误差时，线段的误差带模型为两头宽中间窄的哑铃型。

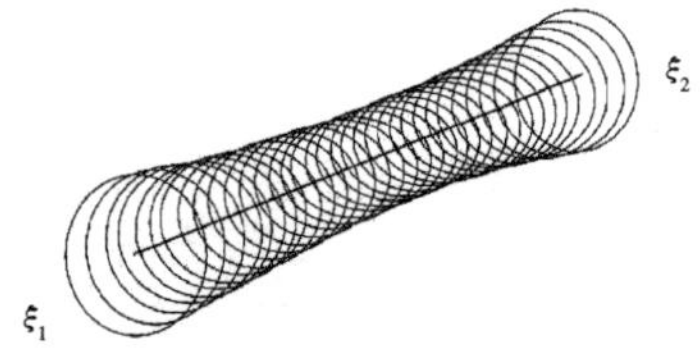

图 6.4.3 线段的误差椭圆簇

实际上，线段的误差带模型可以看成由线段内部任意点(非端点 ξ_1、ξ_2)在垂直于线段方向的位差构成；而对于两端点，则除了考虑该方向外，还需要考虑其他方向上的位差。因此，对于线段内部点，垂直于线段方向上的位差为

$$\sigma_{r\theta}^2=[(1-r^2)+r^2](\sigma_x^2\cos^2\theta-\sigma_{xy}\sin2\theta+\sigma_y^2\sin^2\theta)\tag{6.4.4}$$

式中：

$$\theta=\tan^{-1}\frac{x_2-x_1}{y_2-y_1}\tag{6.4.5}$$

而对于两端点，则需要顾及其他方向上的位差，即垂直于线段方向的外侧，用误差椭圆表示。两者组合即构成了线段的定位误差模型，如图 6.4.4 所示。

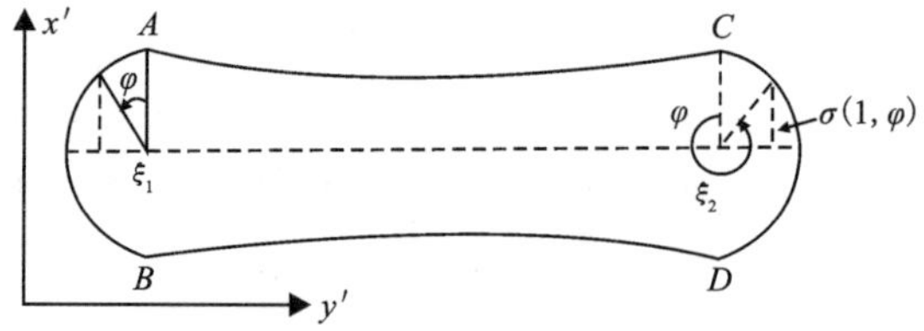

图 6.4.4 线段 $\xi_1\xi_2$ 的误差分布模型

7 测量平差模型误差的假设检验

前面章节讲述的测量平差模型均是以观测数据仅含有偶然误差且函数模型和随机模型正确的条件为基础，但由于观测数据总是不可避免的含有误差，因此一个完整的平差系统，不仅要利用平差准则对参数进行最优估计，还需要保证观测数据的正确性和平差数学模型的合理性。后者则需要借助数理统计方法对观测数据和平差数学模型进行假设检验，以保证平差系统的质量。

本章在简要介绍统计假设检验基本概念与基本方法的基础上，分别介绍了偶然误差特性的假设检验，误差分布正态性的假设检验，以及平差模型正确性的统计检验。

7.1 假设检验的基本概念

假设检验亦称为“显著性检验”，是用于判断子样与子样、子样与母体差异是由抽样误差还是本质差别引起的统计推断方法。假设检验的基本原理是先对母体的特征提出某种假设，再通过抽样研究的统计推理，对此假设应该接受还是拒绝作出一个判断。例如，检验观测误差是否服从正态分布、正态母体分布的数学期望或方差是否等于某一已知值、两个正态母体的数学期望或方差是否相等，这些均属于统计假设检验要解决的问题。

在平差数据处理中，一般是根据研究的对象，先对其总体分布函数或分布的某些未知参数提出一个假设。例如，检验正态母体 $N(\mu,\sigma^2)$ 的数学期望 μ 和方差 σ^2 是否等于某一已知分布 μ_0 和 σ_0^2，可假设

$$H_0:\mu=\mu_0,\quad H_1:\mu\neq\mu_0 \tag{7.1.1}$$

$$H_0:\sigma^2=\sigma_0^2,\quad H_1:\sigma^2\neq\sigma_0^2 \tag{7.1.2}$$

假设检验就是要在上述两个假设 H_0 和 H_1 中做出选择。其中，H_0 称为原假设(基本假设或零假设)，H_1 称为备选假设(对立假设)。

在假设检验中，要判断原假设 H_0 是否正确，需要先对母体进行抽样获得子样，再对子样进行加工，将子样含有的信息集中起来，即建立检验 H_0 的统计量。而建立检验统计量是假设检验的重要环节。

例如，假设从正态母体 $N(\mu,\sigma^2)$ 中抽取容量为 n 的子样 $(X_1,X_2,\cdots,X_n)$，该子样构成一个服从标准正态分布的统计量 $g(X_1,X_2,\cdots,X_n)$，其标准化变量为

$$g=\frac{\bar{X}-\mu}{\sigma/\sqrt{n}}\sim N(0,1) \tag{7.1.3}$$

式中：$\bar{X}$ 为子样均值。

在置信概率 $p=1-\alpha$ 下的置信区间概率表达式为

$$P(A)=P\left(-Z_{\alpha/2}<\frac{\bar{X}-\mu}{\sigma/\sqrt{n}}<Z_{\alpha/2}\right)=p=1-\alpha \tag{7.1.4}$$

式中:A 表示 $-Z_{\alpha/2}<g<Z_{\alpha/2}$ 的事件;α 为显著性水平。

α 一旦给定,区间的上下临界值 $Z_{\alpha/2}$ 是一个确定值,称为标准正态分布的双侧百分位点。

为了检验上述假设是否成立,只需将式(7.1.3)中的 μ 用 μ_0 代替,如果有

$$P\left(-Z_{\alpha/2}<\frac{\bar{X}-\mu_0}{\sigma/\sqrt{n}}<Z_{\alpha/2}\right)=p=1-\alpha \tag{7.1.5}$$

则说明在 H_0 成立条件下的统计量 g 的数值在 $-Z_{\alpha/2}\sim Z_{\alpha/2}$ 的区间范围内,表示事件 A 出现了,应该接受原假设 H_0。通常将上述区间 $(-Z_{\alpha/2},Z_{\alpha/2})$ 称为接受域。如果计算结果出现 $|g|>Z_{\alpha/2}$,则表示 A 的逆事件出现了,g 落在拒绝域 $(-\infty,-Z_{\alpha/2})\cup(Z_{\alpha/2},+\infty)$ 内,此时应拒绝原假设 H_0,接受备选假设 H_1。

上述检验是将拒绝域布置在曲线的两端(图 7.1.1),这种检验称为双尾检验,也可将拒绝域布置在曲线的左端或右端(图 7.1.2),称为单尾检验。

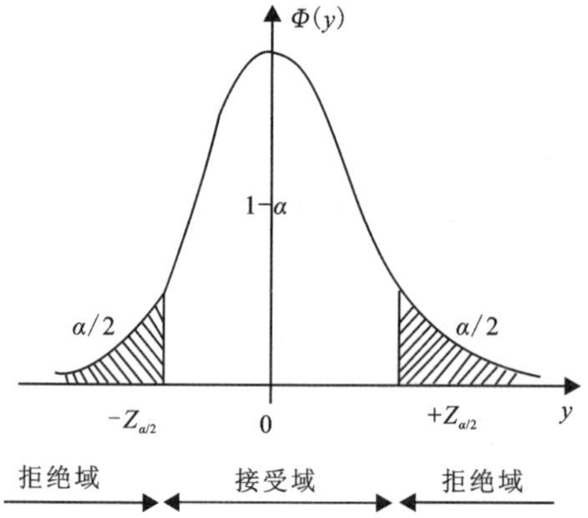

图 7.1.1　双尾检验

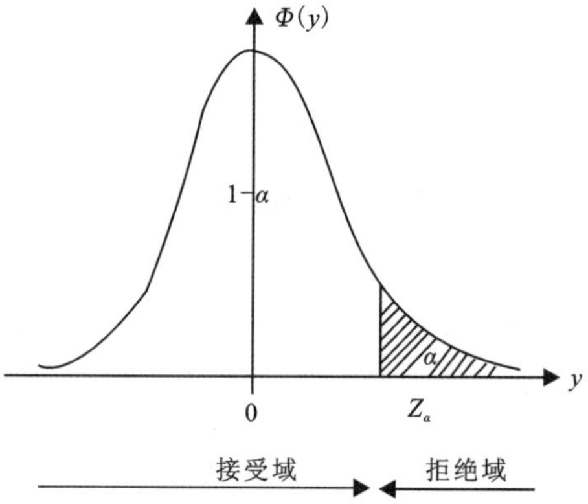

图 7.1.2　单尾检验

由假设检验原理可知,假设检验是以小概率事件在一次实验中实际上是不可能发生的这一前提为依据。但必须指出,虽然小概率事件出现的概率很小,但并不能说它就完全不可能发生。因此,在进行抽样时,由于抽样具有随机性,检验统计量也具有随机性。例如,给定显著水平 $\alpha=0.05$,那么即使原假设是正确的,但其中仍有 5%的计算数值会落入拒绝域内。由此可见,任何的假设检验总会存在做出不正确判断的可能性,即不可能绝对的不犯错误。以 $H_0:\mu=\mu_0$,$H_1:\mu\neq\mu_0$ 为例,当 H_0 为真(正确)时,一次实验取得的子样值却使得检验统计量的数值落入拒绝域内,从而做出拒绝 H_0 的判断,这就犯了以真为假的错误,称之为“弃真错误”或“第一类错误”。由图 7.1.3 可知,犯第一类错误的概率为 α,H_0 为真,但统计量 u 却落入了右尾 α 的区间内,被判断拒绝 H_0。同样,当 H_0 为不真(不正确)时,即 H_1 为真时,也有可能接受 H_0,因为所计算的统计量 u 却落入了 H_0 的接受域 β 区间内,这种错误称为“第二类错误”或“纳伪错误”。从图 7.1.3 可看出,犯第二类错误的概率为 β。显然,当子样容量 n 确

定后，犯这两类错误的概率不可能同时减小。当 α 增大，则 β 减小；当 α 减小，则 β 增大。

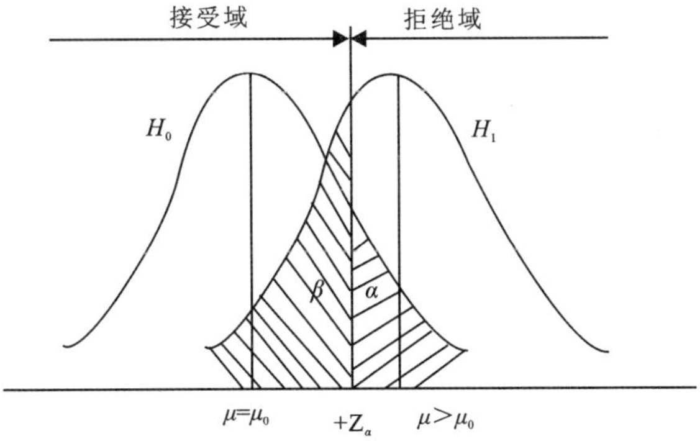

图 7.1.3 假设检验的接受域和拒绝域

综上，假设检验一般可分为以下几个主要步骤：

(1)根据所研究的具体问题建立原假设 H_0 和备选假设 H_1。

(2)确定适当的显著水平 α。

(3)选取合适的子样函数 $g(X_1,X_2,\cdots,X_n)$，且其分布应是已知的。

(4)由子样观测值 $(X_1,X_2,\cdots,X_n)$ 确定检验统计量，根据给定的显著水平 α 判断其落入拒绝域还是接受域，从而确定接受 H_0 还是拒绝 H_0。

7.2 假设检验的基本方法

本节主要介绍统计假设检验的 4 种基本方法，即 u 检验法、t 检验法、χ^2 检验法和 F 检验法，其中所构造的统计量均是针对从正态母体中抽得的直接子样，属于直接平差的情形。

7.2.1 u 检验法

u 检验法主要用于检验正态母体均值之间是否存在显著性差异，其适用条件如下：

(1)母体服从正态分布且母体方差已知，无论子样容量 n 多大均适用。

(2)当母体不服从正态分布时，只要子样容量 n 足够大，即在满足大子样条件下，用子样方差代替母体方差，仍可用 u 检验法。在概率论中已证明，当 $n>30$ 时，u 变量就很近似标准正态随机变量，母体均值的检验即可用 u 检验法。

设从正态母体 $N(\mu,\sigma^2)$ 中抽取容量为 n 的子样 $(X_1,X_2,\cdots,X_n)$，且假设母体方差是已知，则有

$$E(\bar{X})=\frac{1}{n}\sum_{i=1}^{n}[E(X_i)]=\frac{1}{n}(n\mu)=\mu \tag{7.2.1}$$

$$D(\bar{X})=\frac{1}{n^2}\sum_{i=1}^{n}[D(X_i)]=\frac{1}{n^2}(n\sigma^2)=\frac{\sigma^2}{n} \tag{7.2.2}$$

因此，子样均值服从正态随机变量

$$\bar{X}\sim N\left(\mu,\frac{\sigma^2}{n}\right) \tag{7.2.3}$$

将 $\bar{X}$ 标准化，则有

$$u = \frac{\bar{X} - \mu}{\sigma / \sqrt{n}} \tag{7.2.4}$$

此时 u 变量服从标准正态分布，即 $u \sim N(0,1)$。

为检验母体均值和某已知值是否有显著差异，可先建立原假设和备选假设

$$H_0: \mu = \mu_0, H_1: \mu \neq \mu_0 \tag{7.2.5}$$

并假设原假设为真，则有

$$u = \frac{\bar{X} - \mu}{\sigma / \sqrt{n}} \sim N(0,1) \tag{7.2.6}$$

如果用子样均值 $\bar{x}$ 代替上式中的 $\bar{X}$，由于 μ_0、σ、n 均已知，且 u 分布也是已知的，则可将 u 作为检验的统计量。此时用双尾检测法，作统计量 u，选定显著水平 α，查正态分布表可得 $u_{\frac{\alpha}{2}}$。如果 $|u| > u_{\frac{\alpha}{2}}$，则拒绝 H_0，否则原假设 H_0 成立，这就是 u 检验法的全过程。

【例 7.2.1】 统计三角网中 385 个三角形闭合差，计算得到闭合差的平均值 $\mu = 0.02''$。已知闭合差中误差 $\sigma = 0.43''$，试求该闭合差的数学期望是否为 0。

解：三角形闭合差是三角形中三个内角观测值之和的真误差。若满足偶然误差，则其数学期望应为 0。故可作原假设和备选假设

$$H_0: \mu = 0, H_1: \mu \neq 0$$

计算统计量

$$u = \frac{0.02}{0.43 / \sqrt{385}} = 0.913$$

选定 $\alpha = 0.05$，查正态分布表得 $u_{0.025} = 1.96$。现有 $|u| = 0.913 < u_{\frac{\alpha}{2}}$，故接受原假设 H_0，表明该三角网的闭合差为偶然误差，数学期望为 0，系统误差不显著。

在该例题中，母体中误差 σ 是已知的，如在实际测量中当 σ 未知时，可利用实测结果计算所得的估值 $\hat{\sigma}$ 代替。一般当 $n > 30$ 时，可用 $\hat{\sigma}$ 代替 σ 进行检验。

前面讲到，u 检验法还可以用于检验正态母体均值之间是否具有显著性差异。

【例 7.2.2】 设两个工作组一起观测某目标的纬度，由往期观测资料可知，两组观测一次的中误差均为 $\sigma = 0.54''$。现第一组对该目标观测了 15 次，平均观测值的秒数为 $1.34''$，第二组观测了 12 次，平均观测值的秒数为 $1.21''$。试问两组所得结果的差异是否显著（取显著水平 $\alpha = 0.05$）。

解：该例题实际上是检验两个正态母体的均值之间是否具有显著性差异，显然，可用 u 检验法。首先建立对应的检验统计量：设有正态随机变量 $X \sim N(\mu_1, \sigma_1^2)$ 和 $Y \sim N(\mu_2, \sigma_2^2)$，分别从两个母体中独立地抽取子样 $(X_1, X_2, \cdots, X_{n1})$ 和 $(Y_1, Y_2, \cdots, Y_{n2})$，由式(7.2.3)可知子样均值 $\bar{X}$ 和 $\bar{Y}$ 为

$$\bar{X} \sim N\left(\mu_1, \frac{\sigma_1^2}{n_1}\right), \quad \bar{Y} \sim N\left(\mu_2, \frac{\sigma_2^2}{n_2}\right)$$

且$(\bar{X}-\bar{Y})\sim N\left((\mu_1-\mu_2),\left(\frac{\sigma_1^2}{n_1}+\frac{\sigma_2^2}{n_2}\right)\right)$，将$(\bar{X}-\bar{Y})$标准化，则有

$$u=\frac{(\bar{X}-\bar{Y})-(\mu_1-\mu_2)}{\sqrt{\frac{\sigma_1^2}{n_1}+\frac{\sigma_2^2}{n_2}}}\sim N(0,1) \tag{7.2.7}$$

式中：σ_1^2 和 σ_2^2 均为已知。

利用上述统计量 u，即可对原假设 $H_0:\mu_1=\mu_2$ 或 $H_0:\mu_1-\mu_2=c$（c 为一常数）是否成立进行检验。

因此，在该例题中可作原假设和备选假设

$$H_0:\mu_1=\mu_2,H_1:\mu_1\neq\mu_2$$

由式(7.2.7)可得

$$u=\frac{1.34-1.21}{0.54\sqrt{\frac{1}{15}+\frac{1}{12}}}=0.49$$

选定显著水平 $\alpha=0.05$，查正态分布表得 $u_{0.025}=1.96$。现有$|u|=0.49<u_{\frac{\alpha}{2}}$，故接受原假设 H_0，则说明两组观测结果无显著差异。

7.2.2 *t* 检验法

t 检验法主要用于母体均值的显著性检验，其适用条件为母体方差未知或小子样问题。

设从正态母体 $N(\mu,\sigma^2)$ 中抽取容量为 n 的子样，得到子样平均值 $\bar{X}$ 和子样中误差 $\hat{\sigma}$，此时，可作服从 t 分布的统计量

$$t=\frac{\bar{X}-\mu}{\hat{\sigma}/\sqrt{n}}\sim t(n-1) \tag{7.2.8}$$

式中：

$$\hat{\sigma}=\sqrt{\frac{\sum_{i=1}^{n}(X_i-\bar{X})^2}{n-1}} \tag{7.2.9}$$

对母体期望是否与一常数相符进行假设检验，统计量 t 与 u 不同之处是仅用 $\hat{\sigma}$ 代替 σ，但统计量 t 已不服从正态分布，而是服从自由度为 $n-1$ 的 t 分布。这种利用统计量 t 检验的方法称为 t 检验法。

t 检验法的原假设与 u 检验法类似，即有

$$H_0:\mu=\mu_0,H_1:\mu\neq\mu_0 \tag{7.2.10}$$

H_0 成立时，统计量式(7.2.8)满足概率式

$$P\left\{-t_{\frac{\alpha}{2}}<\frac{\bar{X}-\mu_0}{\hat{\sigma}/\sqrt{n}}<t_{\frac{\alpha}{2}}\right\}=1-\alpha \tag{7.2.11}$$

或

$$P\left\{\left|\frac{\bar{X}-\mu_0}{\hat{\sigma}/\sqrt{n}}\right|>t_{\frac{\alpha}{2}}\right\}=\alpha \tag{7.2.12}$$

如果$\left|\dfrac{\bar{X}-\mu_0}{\hat{\sigma}/\sqrt{n}}\right|>t_{\frac{\alpha}{2}}$，则拒绝 H_0，即 H_1：$\mu\neq\mu_0$ 成立，否则接受 H_0。

【例 7.2.3】 为测定某类型的精密测距仪视距常数是否准确，设置一条长度 150m 基线，并认为其无误差。现用该设备对这条基线进行多次测量，量得长度（单位：m）分别为 150.021、150.043、150.021、150.009、149.989、150.019、150.017、149.996、150.016、150.011。试检验该仪器视距常数是否准确（给定 $\alpha=0.05$）。

解：该问题实际上是进行母体均值的显著性检验，可利用 t 检验法对其检验，作原假设和备选假设，即

$$H_0:\mu=\mu_0=150, H_1:\mu\neq\mu_0$$

由多次测量结果计算可得

$$\bar{x}=\frac{1}{10}\sum_{i=1}^{10}x_i=150.014$$

$$\hat{\sigma}=\sqrt{\frac{\sum_{i=1}^{10}(x_i-\bar{x})^2}{10-1}}=0.015$$

$$t=\frac{150.014-150}{0.015/\sqrt{10}}=2.95$$

当 $\alpha=0.05$ 时，由 t 分布表可查得

$$t_{\alpha/2}(n-1)=t_{0.025}(9)=2.262$$

现 $|t|>t_{\alpha/2}$，则拒绝原假设 H_0，接受备选假设，表明该仪器视距常数含系统误差，需要进行校正。

7.2.3 χ^2 检验法

χ^2 检验法主要用于检验正态母体的方差 σ^2 是否等于某个已知值 σ_0^2。

设从正态母体 $N(\mu,\sigma^2)$ 中抽取容量为 n 的子样 $(X_1,X_2,\cdots,X_n)$，得子样方差 $\hat{\sigma}^2$，且 $\hat{\sigma}^2=\dfrac{\sum_{i=1}^{n}(X_i-\bar{X})^2}{n-1}$，则可建立自由度为 $n-1$ 的 χ^2 分布的统计量

$$\chi^2=\frac{(n-1)\hat{\sigma}^2}{\sigma^2}=\frac{\sum_{i=1}^{n}(X_i-\bar{X})^2}{\sigma^2}\sim\chi^2(n-1) \tag{7.2.13}$$

这种用统计量 χ^2 检验母体方差是否与某一已知方差相符的方法就称为 χ^2 检验法。可作假设

$$H_0:\sigma^2=\sigma_0^2, H_1:\sigma^2\neq\sigma_0^2 \tag{7.2.14}$$

H_0 成立时，给定显著水平 α，统计量式(7.2.13)满足概率式

$$P\left\{\chi^2_{1-\frac{\alpha}{2}}<\frac{(n-1)\hat{\sigma}^2}{\sigma_0^2}<\chi^2_{\frac{\alpha}{2}}\right\}=1-\alpha \tag{7.2.15}$$

即如果统计量 χ^2 的值落在区间$(\chi^2_{1-\frac{\alpha}{2}},\chi^2_{\frac{\alpha}{2}})$内，则接受 H_0，否则接受 H_1。

【例 7.2.4】 设某类型光学经纬仪，已知其测角中误差为 1.42″，现利用新试制的同类型仪器观测了 12 个测回，测得测角中误差为 1.73″，试问新仪器的精度是否可认为与原仪器的精度相同或不低于原仪器的精度。

解：该问题实际上是检验母体的方差 σ^2 是否等于某个已知值 σ_0^2，可用 χ^2 检验法。作原假设和备选假设，即

$$H_0:\sigma^2=\sigma_0^2,H_1:\sigma^2\neq\sigma_0^2$$

其中，$\sigma_0^2-(1.42)^2=2.02$。

计算统计量 $\chi^2=\frac{(n-1)\hat{\sigma}^2}{\sigma_0^2}=\frac{(12-1)(1.73)^2}{2.02}=16.30$，取显著水平 $\alpha=0.05$，查 χ^2 分布表可得 $\chi^2_{0.025}(11)=21.92$，现 $\chi^2(11)<\chi^2_{0.025}(11)$，在接受域内，认为在显著水平 0.05 的条件下，新仪器的精度与原仪器相当，故接受原假设 H_0。

7.2.4　F 检验法

F 检验法主要用于检验两个正态母体的方差是否相等。

设 $(X_1,X_2,\cdots,X_m)$ 取自正态母体 $N(\mu_1,\sigma_1^2)$，$(Y_1,Y_2,\cdots,Y_n)$ 取自正态母体 $N(\mu_2,\sigma_2^2)$，且两个子样相互独立，子样方差分别为 $\hat{\sigma}_1^2$ 和 $\hat{\sigma}_2^2$，自由度分别为 $m-1$ 和 $n-1$，则要检验这两个母体的方差是否相等，可采用 F 检验法。构建服从 F 分布的统计量，即

$$F=\frac{\hat{\sigma}_1^2/\sigma_1^2}{\hat{\sigma}_2^2/\sigma_2^2}=F(m-1,n-1) \tag{7.2.16}$$

可作假设

$$H_0:\sigma_1^2=\sigma_2^2,H_1:\sigma_1^2\neq\sigma_2^2 \tag{7.2.17}$$

H_0 成立时，给定显著水平 α，统计量式(7.2.16)满足概率式

$$P\left\{F_{1-\frac{\alpha}{2}}<\frac{\hat{\sigma}_1^2}{\hat{\sigma}_2^2}<F_{\frac{\alpha}{2}}\right\}=1-\alpha \tag{7.2.18}$$

即当 $\frac{\hat{\sigma}_1^2}{\hat{\sigma}_2^2}<F_{1-\frac{\alpha}{2}}$ 或 $\frac{\hat{\sigma}_1^2}{\hat{\sigma}_2^2}>F_{\frac{\alpha}{2}}$ 时，拒绝 H_0，接受 H_1；否则，接受 H_0。

【例 7.2.5】 利用两台测距仪测定某一段相同的距离，其测回数和计算的测距方差分别为：测距仪甲，$n_1=10$，$\sigma_1^2=0.07\text{cm}^2$；测距仪乙，$n_2=12$，$\sigma_2^2=0.04\text{cm}^2$。试在显著水平 $\alpha=0.05$ 下，检验两台仪器的测距精度是否有显著性差别。

解：该问题可用 F 检验法。作原假设和备选假设，即

$$H_0:\sigma_1^2=\sigma_2^2,H_1:\sigma_1^2\neq\sigma_2^2$$

采用双尾检验，因 $\sigma_1^2>\sigma_2^2$，故 σ_1^2 做分子，σ_2^2 做分母，以分子自由度 $10-1=9$，分母自由度 $12-1-11$，查 F 分布表得 $F_{0.025}=2.90$。计算统计量

$$F=\frac{\hat{\sigma}_1^2}{\hat{\sigma}_2^2}=\frac{0.07}{0.04}=1.75$$

比较可知 $F<F_{\frac{\alpha}{2}}$，故接受原假设 H_0，认为两台仪器的测距精度没有显著差别。

7.3　偶然误差特性的假设检验

根据概率观点以及第 2 章所述内容，偶然误差服从以下 4 个特性：

(1)在一定的观测条件下,偶然误差的绝对值不超过某一界限,简称界限性。

(2)偶然误差中,绝对值小的误差出现的概率比绝对值大的误差出现的概率要大,简称聚中性。

(3)绝对值相等的正负误差出现的概率相同,即对称性。

(4)偶然误差的数学期望为零,即

$$E(\Delta)=0 \text{ 或} \lim_{n\to\infty}\frac{\sum_{i=1}^{n}\Delta_i}{n}=0$$

上述几点正是偶然误差作为服从正态分布的随机变量的描述。因此,在大量的观测中,观测值应服从这 4 个概率特性,否则认为其含有系统误差或粗差。故可依据概率统计理论对偶然误差作是否服从这些特性的检验。

7.3.1 误差正负号个数的检验

这里以误差列中正负号个数为统计量进行检验。由偶然误差对称特性知,偶然误差为正和为负的个数应相等。设 β_i 代表第 i 个误差的正负号,且有

$$\beta_i=\begin{cases}1 & \Delta_i>0\\ 0 & \Delta_i<0\end{cases} \tag{7.3.1}$$

即 $P(\Delta>0)=P(\Delta<0)=\frac{1}{2}$或可记为 $p=q=\frac{1}{2}$。

为检验误差正负号个数是否相等,可作假设

$$H_0:p=\frac{1}{2},H_1:p\neq\frac{1}{2}$$

可构造统计量:$S_\beta=\beta_1+\beta_2+\cdots+\beta_n=[\beta]$,$S_\beta$ 服从二项分布,其数学期望和方差分别为

$$E(S_\beta)=np=\frac{n}{2},D(S_\beta)=npq=\frac{n}{4}=\sigma_{S_\beta}^2 \tag{7.3.2}$$

标准化二项分布当 n 足够大时,是逼近标准正态分布的,因此当 $n\to\infty$时,S_β 逼近正态分布,故有

$$\frac{S_\beta-E(S_\beta)}{\sigma_{S_\beta}}=\frac{S_\beta-\frac{n}{2}}{\frac{1}{2}\sqrt{n}}\sim N(0,1) \tag{7.3.3}$$

按 u 检验法,若取置信度为 95%,则有

$$P\left(\frac{\left|S_\beta-\frac{n}{2}\right|}{\frac{1}{2}\sqrt{n}}<x_p\right)=95\% \tag{7.3.4}$$

查正态分布表可知在 95%的置信度下,$u_{\frac{\alpha}{2}}=1.96$。若以 2 倍中误差作为极限值时,即 $u_{\frac{\alpha}{2}}=2$,则置信度为 95.45%,故有

$$P\left(\left|S_\beta-\frac{n}{2}\right|<\frac{1}{2}\times 2\sqrt{n}\right)=1-\alpha=95.45\%$$

或
$$P\left(\left|S_\beta-\frac{n}{2}\right|<\sqrt{n}\right)=95.45\%$$
即 S_β 将以 95.45%的概率满足
$$\left|S_\beta-\frac{n}{2}\right|<\sqrt{n} \tag{7.3.5}$$

而 S_β 不满足此式的概率为 4.55%，这是一个小概率事件，如果此情况发生了，则否定原假设，即不能认为正负误差出现的概率各占 $\frac{1}{2}$。

若以 $S_{\beta'}$ 表示负误差的个数，则有
$$S_\beta=n-S_{\beta'}$$
将其代入式(7.3.5)，有
$$\left|\frac{n}{2}-S_{\beta'}\right|<\sqrt{n} \tag{7.3.6}$$
式(7.3.5)和式(7.3.6)相加可得
$$|S_\beta-S_{\beta'}|<2\sqrt{n} \tag{7.3.7}$$
式中：S_β 为正误差的个数；$S_{\beta'}$ 为负误差的个数。

7.3.2　正负误差分配顺序的检验

实际测量中，一系列观测误差正负分配顺序应该是随机的，但往往在实际中却表现为在某个范围内误差大部分为正，而在另一范围内又大多为负的情况。在这种情况下，虽然正负误差的个数仍然有可能基本相等，但实际上观测数据中存在系统误差，则可用下面方法进行检验。

以 u_i 表示第 i 个误差和第 $i+1$ 个误差的正负号交替，当相邻两误差符号相同时，取 $u=1$，相邻两误差符号相反时，$u=0$，即
$$u_1=\begin{cases}1 & p=\frac{1}{2}\text{，相邻误差符号相同}\\ 0 & q=\frac{1}{2}\text{，相邻误差符号相反}\end{cases}$$
构造统计量
$$S_u=u_1+u_2+\cdots+u_{n-1}=\sum_{i=1}^{n-1}u_i \tag{7.3.8}$$
显然，S_u 也是服从二项分布的随机变量，其数学期望和方差分别为
$$E(S_u)=\frac{1}{2}(n-1),\ D(S_u)=\frac{1}{4}(n-1) \tag{7.3.9}$$

当 $n\to\infty$ 时，S_u 逼近正态分布，故有
$$\frac{S_u-E(S_u)}{\sqrt{D(S_u)}}=\frac{S_u-\frac{1}{2}(n-1)}{\frac{1}{2}\sqrt{n-1}}\sim N(0,1) \tag{7.3.10}$$

类似于式(7.3.7)的推导，可得

$$|W| < 2\sqrt{n-1} \tag{7.3.11}$$

其中,W 表示误差列中同号交替次数与异号交替次数之差。若 W 不能满足上式,则否定原假设 $p=q=\frac{1}{2}$,认为误差列中可能存在与观测次序有关的系统误差影响。

7.3.3 误差数值和的检验

由偶然误差的特性可知,对大量误差有

$$\lim_{n\to\infty}\frac{\sum_{i=1}^{n}\Delta_i}{n}=0 \tag{7.3.12}$$

为了检验误差的数值和是否为零,可作原假设 H_0:误差均值为零。

因为 $\Delta_i \sim N(0,\sigma^2)$,故有 $\frac{\sum_{i=1}^{n}\Delta_i}{n} \sim N\left(0,\frac{\sigma^2}{n}\right)$,可作统计量

$$u=\frac{\frac{\sum_{i=1}^{n}\Delta_i}{n}-0}{\sigma/\sqrt{n}}=\frac{\sum_{i=1}^{n}\Delta_i}{\sqrt{n}\sigma}\sim N(0,1) \tag{7.3.13}$$

若取 95.45%的置信度,则有

$$P\left(\left|\frac{\sum_{i=1}^{n}\Delta_i}{\sqrt{n}\sigma}\right|<2\right)=95.45\% \tag{7.3.14}$$

在 H_0 为正确的条件下,检验结果应满足

$$-2<\frac{\sum_{i=1}^{n}\Delta_i}{\sqrt{n}\sigma}<2 \quad 或 \quad -2\sqrt{n}\sigma<\sum_{i=1}^{n}\Delta_i<2\sqrt{n}\sigma \tag{7.3.15}$$

即若 $\left|\sum_{i=1}^{n}\Delta_i\right|<2\sqrt{n}\sigma$ 成立,则接受原假设。

当 n 较大时,可用观测中误差 m 代替 σ,所以 $\left|\sum_{i=1}^{n}\Delta_i\right|<2\sqrt{n}m$ 。若 $\sum_{i=1}^{n}\Delta_i$ 不满足该式,则否定原假设,即不能认为 $\lim_{n\to\infty}\frac{\sum_{i=1}^{n}\Delta_i}{n}=0$ 。n 较小时用 t 检验法。

7.3.4 个别误差值的检验

由偶然误差特性可知,误差超出某一界限的概率应接近于零。下面讨论此界限值的确定,即确定极限误差的数值。

观测误差服从正态分布,故有

$$\Delta_i \sim N(0,\sigma^2) \tag{7.3.16}$$

标准化可得 $\frac{\Delta_i}{\sigma}\sim N(0,1)$。

若取 95.45%的置信度，则有

$$P\left(\left|\frac{\Delta_i}{\sigma}\right|<2\right)=95.45\% \text{ 或 } P(|\Delta_i|<2\sigma)=95.45\% \tag{7.3.17}$$

上式表明，观测误差的绝对值 Δ_i 将以 95.45%的概率小于 2σ，而误差绝对值大于 2σ 的概率为 4.55%，是小概率事件，故可取 2σ 为极限误差。

实际中当 n 有限时，可用观测中误差 $\hat{\sigma}$ 代 σ，则有 $|\Delta_i|<2\hat{\sigma}$，故常取 $2\hat{\sigma}$ 为极限误差。

【例 7.3.1】 设在某三角网中测得 30 个三角形闭合差，如表 7.3.1 所示，用上述检验方法对此误差列进行偶然误差特性的检验。

表 7.3.1 三角形闭合差

三角形编号	闭合差 $W('')$	三角形编号	闭合差 $W('')$	三角形编号	闭合差 $W('')$
1	−0.64	11	+0.26	21	+0.08
2	+0.51	12	−0.17	22	−0.06
3	+1.03	13	−1.01	23	−0.05
4	−1.22	14	−2.04	24	+0.47
5	+1.14	15	+1.32	25	+0.24
6	+0.18	16	−0.27	26	+0.32
7	+1.02	17	+2.37	27	−0.12
8	−0.30	18	−0.03	28	+0.18
9	−0.27	19	+0.76	29	−0.19
10	+0.41	20	−1.02	30	+0.07

解：依三角形闭合差可算出

$$\hat{\sigma}_W=\pm\sqrt{\frac{\sum_{i=1}^{n}W_i^2}{n}}=\pm 0.83''$$

依前述公式进行检验，并均取置信度为 95.45%。

(1)正负误差个数的检验：

正误差 16 个，负误差 14 个，差数 2 个，则 $S_\beta-S_{\beta'}=2$。而 $2\sqrt{n}=2\sqrt{30}=10.95\approx 11$，$S_\beta-S_{\beta'}<2\sqrt{n}$，满足式(7.3.7)，通过检验。

(2)正负误差分布的检验：

两相邻误差同号者有 10 个，两相邻误差异号者有 20 个，相差数 10 个，即式(7.3.11)中 $W=10$，而 $2\sqrt{n-1}=2\sqrt{29}=10.77\approx 11$，$W<2\sqrt{n-1}$，满足式(7.3.11)，通过检验。

(3)误差数值和的检验：

$$\sum_{i=1}^{n}W_i=2.97$$

而 $2\sqrt{n}\cdot m=2\sqrt{30}\times(\pm0.83)=\pm9.09$,$[W]<2\sqrt{n}\cdot m$,通过检验。

(4)最大误差值的检验:

表 7.3.1 中最大闭合差值为+2.37,而二倍中误差 $2\hat{\sigma}_W=2\times0.83=1.66$,此数值超限,应予舍弃。

7.4 误差分布正态性的假设检验

由偶然误差特性可知,大量偶然误差应服从正态分布。因此,在实际观测工作之后可以考察观测误差的分布,以检验误差列的实际分布与理论分布是否一致,或检验误差列的实际分布与理论分布的差异是否属于随机性。

检验正态性的方法一般主要有两类:直方图法和偏度峰度检验法。本节将简要介绍这两类方法。

7.4.1 直方图法

检验误差列是否服从正态分布,实际是根据给定的子样检验母体是否服从正态分布。

首先,将误差值出现的区间等距分为若干子区间,将误差值落在同一子区间的误差分为一组,小区间的长度称为组距。小区间的个数,一般可根据子样容量 n 的大小决定,通常分为 10~30 组为宜。然后,计算落入各小区间的误差值个数,称为小区间的组频数,也称为经验频数,以 n_i 表示。接着,根据抽样得出的观测值计算子样均值 $\bar{x}$ 和子样方差 m^2。当子样容量 n 较大时,可用计算得到的子样均值和子样方差代替母体参数 μ 和 $\hat{\sigma}^2$,即可得到正态母体 $N(\mu,\sigma^2)$的两个参数估值。至此即可绘出该正态分布的理论曲线,并可以计算出各小区间的理论频数 n_i'。最后,通过比较各个小区间的理论频数与经验频数的差异,即可检验出观测值是否服从正态分布。

这里重点讨论理论频数和经验频数的计算。

1)理论频数的计算

设正态分布的密度函数和分布函数为

$$f(x)=\frac{1}{\sigma\sqrt{2\pi}}\mathrm{e}^{-\frac{1}{2}(x-\mu)^2/\sigma^2},F(t)=\int_{-\infty}^{t}f(x)\mathrm{d}x$$

当以子样均值 $\bar{x}$ 和子样方差 $\hat{\sigma}^2$ 来代替母体均值 μ 及母体方差 σ^2 时,则上式变为

$$f(x)=\frac{1}{\hat{\sigma}\sqrt{2\pi}}\mathrm{e}^{-\frac{1}{2}(x-\bar{x})^2/\hat{\sigma}^2} \tag{7.4.1}$$

此密度曲线的两个参数 $\bar{x}$ 及 $\hat{\sigma}^2$ 为已知。此时,即可求出各小区间的理论频数。设各小区间的间隔为 d,各小区间的中间值为 t_i,观测值总数为 n,则各小区间的理论频数为

$$n'_i=np_i=n\int_{t_i-\frac{1}{2}d}^{t_i+\frac{1}{2}d}f(x)\mathrm{d}x=n\left\{F\left(t_i+\frac{1}{2}d\right)-F\left(t_i-\frac{1}{2}d\right)\right\} \tag{7.4.2}$$

或标准化后变为

$$n'_i = n\left\{F\left(\frac{t_i + \frac{d}{2} - \bar{x}}{\hat{\sigma}}\right) - F\left(\frac{t_i - \frac{d}{2} - \bar{x}}{\hat{\sigma}}\right)\right\} \tag{7.4.3}$$

上式中 F 的数值可由附表中查出。此时，即可求出各小区间的理论频数 $n'_i = np_i$。

2)经验频数的计算

根据实际观测资料，统计出位于各个小区间内观测量的个数，即为经验频数。有了各小区间的理论频数和经验频数，即可求出其相应的差值，检验其正态性。

【例 7.4.1】 设有真误差列，将其数值按从小到大的次序排列成表 7.4.1。下面采用上述方法检验该误差列是否服从正态分布。

表 7.4.1　真误差列

编号	误差值	编号	误差值	编号	误差值
1	−2.80	18	−0.21	35	0.48
2	−2.25	19	−0.20	36	0.49
3	1.68	20	0.15	37	0.55
4	−1.52	21	−0.10	38	0.62
5	−1.51	22	−0.06	39	0.79
6	−1.47	23	0.05	40	0.99
7	−1.30	24	0.18	41	1.08
8	−1.29	25	0.19	42	1.09
9	−0.95	26	0.24	43	1.09
10	−0.91	27	0.30	44	1.24
11	−0.65	28	0.31	45	1.27
12	−0.63	29	0.33	46	1.32
13	−0.61	30	0.34	47	1.55
14	−0.58	31	0.39	48	1.80
15	−0.44	32	0.42	49	2.53
16	−0.39	33	0.44	50	3.47
17	−0.23	34	0.47		

解：由表误差列可算得子样均值和子样方差为

$$\bar{x} = \frac{\sum_{i=1}^{n} x_i}{n} = \frac{4.093}{50} = 0.082,\ \hat{\sigma}^2 = \frac{\sum_{i=1}^{n}(x_i - \bar{x})^2}{n-1} = \frac{65.834}{49} = 1.344$$

用此子样均值和子样方差来代替母体均值和母体方差，则可得出正态分布 $N(0.082, 1.344)$。由此分布，即可算出各区间误差出现的理论频数。

设区间长度为 0.5，并算得各区间误差出现的概率 p_i。然后乘以 n，得 np_i，此即各小区间的理论频数。经验频数由表 7.4.1 统计直接得出。由此，可求出两者之差，计算如表 7.4.2 所示。

表 7.4.2　理论频数与经验频数差值的计算

区间	区间概率	理论频数		经验频数	差值	极限值 $2\sqrt{np_i}$
		np_i	取舍后	n_i		
$-\infty \sim -2.50$	0.027	1.35	1	1	0	2.3
$-2.50 \sim -2.00$	0.033	1.65	2	1	1	2.6
$-2.00 \sim -1.50$	0.059	2.95	3	3	0	3.4
$-1.50 \sim -1.00$	0.091	4.55	5	3	2	4.3
$-1.00 \sim -0.50$	0.122	6.1	6	6	0	4.9
$-0.50 \sim 0.00$	0.143	7.15	7	8	1	5.3
$0.00 \sim 0.50$	0.146	7.3	7	14	7	5.4
$+0.50 \sim +1.00$	0.131	6.55	7	4	3	5.1
$+1.00 \sim +1.50$	0.102	5.1	5	6	1	4.5
$+1.50 \sim +2.00$	0.069	3.45	3	2	1	3.7
$+2.00 \sim +2.50$	0.041	2.05	2	0	2	2.9
$+2.50 \sim +\infty$	0.036	1.8	2	2	0	2.7

理论频数与经验频数差值的极限值可由式(7.4.4)计算。

按 95.45%置信度的置信区间为

$$-2.0 < \frac{n_i - np_i}{\sqrt{np_i(1-p_i)}} < +2.0$$

或　(7.4.4)

$$-2.0\sqrt{np_i(1-p_i)} < n_i - np_i < +2.0\sqrt{np_i(1-p_i)}$$

这个事件在 H_0 下的概率为 95.45%。若差值 $n_i - np_i$ 落在式(7.4.4)区间之外，则在 95.45%的置信度下拒绝原假设 H_0，即此时 n 个观测值不是由母体 $N(\bar{x}, \hat{\sigma}^2)$ 中的抽样。如果 $n_i - np_i$ 落在式(7.4.4)区间之内，则以 95.45%的置信度接受原假设 H_0，这样就构成一种检验正态性的方法。

因为概率 p_i 较小，且 $1-p_i$ 处于根号之内，为简化计算，可近似地取 $\sqrt{1-p_i} \approx 1$，则式(7.4.4)变为

$$-2.0\sqrt{np_i} < n_i - np_i < +2.0\sqrt{np_i} \tag{7.4.5}$$

表 7.4.2 中最后一列的计算就是根据此式进行的。如果取置信度为 95%，则该式不等式两端的系数为 1.96。

从表 7.4.2 中最后一列可以看出，该例的理论频数与经验频数的差值除个别外，大部分均在限值之内，故接受 H_0 假设，即认为此观测列服从正态分布。

7.4.2 偏度峰度检验法

正态分布的重要特征是分布的对称性及分布的尖峭程度和两尾的长度，其中分布的对称性可用偏度检验，分布的尖峭程度和两尾的长度可用峰度检验。由数理统计可知，按子样值计算偏度和峰度的公式为

$$\text{偏度 } v_1 = \frac{\mu_3}{\sigma^3} \tag{7.4.6}$$

$$\text{峰度 } v_2 = \frac{\mu_4}{\sigma^4} - 3 \tag{7.4.7}$$

式中：μ_3 和 μ_4 分别为三阶和四阶子样中心矩；σ 为子样均方差。

因为峰度中含有四阶中心矩，两尾处的子样元素对于峰度的大小所起的作用很大，如果一组子样在两尾处偏离正态，这种偏离会在峰度上明显反映出来。当子样容量 $n \to \infty$时，子样偏度和峰度趋于正态分布。当总体为正态分布且 $n \to \infty$时，有

$$\left.\begin{array}{ll} E(v_1) \to 0 & E(v_2) \to 0 \\ D(v_1) \to \dfrac{6}{n} & D(v_2) \to \dfrac{24}{n} \end{array}\right\} \tag{7.4.8}$$

这样，当 n 很大时，可用 u 检验法进行正态性检验。可作假设

$$H_0: E(v_1) = 0, H_1: E(v_1) \neq 0$$

$$H_0: E(v_2) = 0, H_1: E(v_2) \neq 0$$

于是可作统计量

$$u_1 = \frac{v_1 - 0}{\sqrt{6/n}} \tag{7.4.9}$$

$$u_2 = \frac{v_2 - 0}{\sqrt{24/n}} \tag{7.4.10}$$

则检验拒绝域为

$$|u_1| > u_{\frac{\alpha}{2}}, \quad |u_2| > u_{\frac{\alpha}{2}}$$

取 95.45%的置信度，则计算出的 u_1 及 u_2 值应在(−2,+2)之内。

7.5 平差模型正确性的统计检验

平差模型的正确性包括函数模型的正确性和随机模型的正确性。

函数模型的正确性，是指误差方程及条件方程能够正确反映观测值之间、观测值与参数之间、参数与参数之间的关系。随机模型的正确性，是指观测值的先验方差矩阵能够正确反映观测值的实际精度，此外观测值还应服从正态分布。只有当这些条件满足时，最小二乘平差结果才具有最优的统计性质。

如果平差模型不正确，必然会通过最小二乘残差反映出来，并最终导致验后单位权方差偏离其理论值或先验值。因此，可以通过检验单位权方差的验后值与理论值或先验值是否一致的方式来检验平差模型的正确性。

验后单位权方差估值为

$$\hat{\sigma}_0^2 = \frac{\boldsymbol{V}^{\mathrm{T}}\boldsymbol{PV}}{r} \tag{7.5.1}$$

式中：$r=n-t$，n 为观测值的个数；t 为必要观测个数。

验后单位权方差是进行验后精度估计的依据，在计算参数以及参数函数的验后中误差时，精度估计公式中的方差因子均需要采用式(7.5.1)的计算结果。

设平差的验前单位权方差为 σ_0^2，对验后方差可作检验假设，即

$$H_0: \hat{\sigma}_0^2 = \sigma_0^2, H_1: \hat{\sigma}_0^2 \neq \sigma_0^2 \tag{7.5.2}$$

为了进行假设检验，首先要确定与 $\hat{\sigma}_0^2$ 有关的分布。

假定平差模型为参数平差模型，由单位权中误差公式的推导过程可知

$$\boldsymbol{V}^{\mathrm{T}}\boldsymbol{PV} = \boldsymbol{\Delta}^{\mathrm{T}}(\boldsymbol{P} - \boldsymbol{PAN}^{-1}\boldsymbol{A}^{\mathrm{T}}\boldsymbol{P})\boldsymbol{\Delta} \tag{7.5.3}$$

若令

$$\boldsymbol{H} = \boldsymbol{P} - \boldsymbol{PAN}^{-1}\boldsymbol{A}^{\mathrm{T}}\boldsymbol{P} \tag{7.5.4}$$

可知 $\boldsymbol{HP}^{-1}=\boldsymbol{I}-\boldsymbol{PAN}^{-1}\boldsymbol{A}^{\mathrm{T}}$ 为幂等阵，且 $\boldsymbol{H}$ 的秩等于多余观测数 r，即

$$\boldsymbol{HP}^{-1}\boldsymbol{HP}^{-1} = \boldsymbol{HP}^{-1} \tag{7.5.5}$$

根据幂等阵的性质可知，秩$(\boldsymbol{HP}^{-1})=\mathrm{tr}(\boldsymbol{HP}^{-1})$，将式(7.5.4)代入得

$$\begin{aligned} \mathrm{tr}(\boldsymbol{HP}^{-1}) &= \mathrm{tr}[(\boldsymbol{P} - \boldsymbol{PAN}^{-1}\boldsymbol{A}^{\mathrm{T}}\boldsymbol{P})\boldsymbol{P}^{-1}] \\ &= \mathrm{tr}(\underset{n\times n}{\boldsymbol{I}}) - \mathrm{tr}(\boldsymbol{PAN}^{-1}\boldsymbol{A}^{\mathrm{T}}) \\ &= n - \mathrm{tr}(\underset{t\times t}{\boldsymbol{I}}) = n - t = r \end{aligned} \tag{7.5.6}$$

因为 $\boldsymbol{P}^{-1}$ 为满秩阵，所以 $\boldsymbol{H}$ 的秩等于多余观测数 r。

将式(7.5.5)两端各右乘 $\boldsymbol{P}$，可得

$$\boldsymbol{HP}^{-1}\boldsymbol{H} = \boldsymbol{H} \tag{7.5.7}$$

因为 $\boldsymbol{H}$ 为对称非负定矩阵，必有 $n\times r$ 阶列满秩矩阵 $\boldsymbol{S}$，使得

$$\boldsymbol{H} = \boldsymbol{SS}^{\mathrm{T}} \tag{7.5.8}$$

于是

$$\boldsymbol{V}^{\mathrm{T}}\boldsymbol{PV} = \boldsymbol{\Delta}^{\mathrm{T}}\boldsymbol{SS}^{\mathrm{T}}\boldsymbol{\Delta} = (\boldsymbol{S}^{\mathrm{T}}\boldsymbol{\Delta})^{\mathrm{T}}(\boldsymbol{S}^{\mathrm{T}}\boldsymbol{\Delta}) \tag{7.5.9}$$

设

$$\boldsymbol{Z} = \boldsymbol{S}^{\mathrm{T}}\boldsymbol{\Delta} \tag{7.5.10}$$

$\boldsymbol{Z}$ 为 r 维向量。上式 $\boldsymbol{Z}$ 的数学期望为

$$E(\boldsymbol{Z}) = 0 \tag{7.5.11}$$

顾及式(7.5.7)、式(7.5.8)，$\boldsymbol{Z}$ 的方差矩阵为

$$\begin{aligned} \Sigma_Z &= \sigma_0^2\boldsymbol{S}^{\mathrm{T}}\boldsymbol{P}^{-1}\boldsymbol{S} \\ &= \sigma_0^2\,(\boldsymbol{S}^{\mathrm{T}}\boldsymbol{S})^{-1}\boldsymbol{S}^{\mathrm{T}}\boldsymbol{S}\cdot\boldsymbol{S}^{\mathrm{T}}\boldsymbol{P}^{-1}\boldsymbol{S}\cdot\boldsymbol{S}^{\mathrm{T}}\boldsymbol{S}\,(\boldsymbol{S}^{\mathrm{T}}\boldsymbol{S})^{-1} \\ &= \sigma_0^2\,(\boldsymbol{S}^{\mathrm{T}}\boldsymbol{S})^{-1}\boldsymbol{S}^{\mathrm{T}}\boldsymbol{HP}^{-1}\boldsymbol{HS}\,(\boldsymbol{S}^{\mathrm{T}}\boldsymbol{S})^{-1} \\ &= \sigma_0^2\,(\boldsymbol{S}^{\mathrm{T}}\boldsymbol{S})^{-1}\boldsymbol{S}^{\mathrm{T}}\boldsymbol{HS}\,(\boldsymbol{S}^{\mathrm{T}}\boldsymbol{S})^{-1} \\ &= \sigma_0^2\,(\boldsymbol{S}^{\mathrm{T}}\boldsymbol{S})^{-1}\boldsymbol{S}^{\mathrm{T}}\boldsymbol{SS}^{\mathrm{T}}\boldsymbol{S}\,(\boldsymbol{S}^{\mathrm{T}}\boldsymbol{S})^{-1} = \sigma_0^2\boldsymbol{I}_r \end{aligned} \tag{7.5.12}$$

式(7.5.11)、式(7.5.12)表明，$\boldsymbol{Z}$ 的分量 $z_i \sim N(0,\sigma_0^2)$，且相互独立。将其标准化，则有 $\dfrac{z_i}{\sigma_0} \sim N(0,1)$，故

$$\frac{1}{\sigma_0^2}\boldsymbol{V}^{\mathrm{T}}\boldsymbol{PV} = \frac{\boldsymbol{Z}^{\mathrm{T}}\boldsymbol{Z}}{\sigma_0^2} = \left(\frac{z_1}{\sigma_0}\right)^2 + \left(\frac{z_2}{\sigma_0}\right)^2 + \cdots + \left(\frac{z_r}{\sigma_0}\right)^2 \tag{7.5.13}$$

根据 χ^2 分布的定义，可知

$$\frac{\boldsymbol{V}^{\mathrm{T}}\boldsymbol{PV}}{\sigma_0^2} \sim \chi^2(r) \tag{7.5.14}$$

或

$$\frac{r\hat{\sigma}_0^2}{\sigma_0^2} \sim \chi^2(r) \tag{7.5.15}$$

即 $\dfrac{r\hat{\sigma}_0^2}{\sigma_0^2}$ 服从自由度为 r(多余观测数)的 χ^2 分布。

对于给定的显著水平 α，其接受域为

$$P\left\{\chi^2_{1-\frac{\alpha}{2}}(r) \leqslant \frac{r\hat{\sigma}_0^2}{\sigma_0^2} \leqslant \chi^2_{\frac{\alpha}{2}}(r)\right\} = 1-\alpha \tag{7.5.16}$$

即对统计量 $\chi^2 = \dfrac{r\hat{\sigma}_0^2}{\sigma^2}$ 在下列区间内

$$\chi^2_{1-\frac{\alpha}{2}}(r) \leqslant \frac{r\hat{\sigma}_0^2}{\sigma_0^2} \leqslant \chi^2_{\frac{\alpha}{2}}(r) \tag{7.5.17}$$

则接受原假设 H_0，认为平差模型正确；反之拒绝原假设，认为平差模型存在错误。

验后方差的检验是对平差模型的总体检验，只有通过检验的平差结果才能被采用。当验后方差的检验未通过时，表明平差模型可能存在错误。例如，起算数据有问题，观测值存在粗差或系统误差，观测值的权比不正确等，应视不同情况具体分析，找出存在的错误，重新进行平差。

【例 7.5.1】 某平差问题中，共有观测值 76 个，未知参数 14 个，计算的验后单位权方差 $\hat{\sigma}_0^2 = 0.95$，且已知验前单位权方差为 0.8。试由验后单位权方差检验平差模型的正确性，显著水平 α 取 0.05。

解：

$$\chi^2 = \frac{(76-14)\times 0.95}{0.8} = 73.6$$

$$\chi^2_{1-\frac{\alpha}{2}}(r) = 40.5$$

$$\chi^2_{\frac{\alpha}{2}}(r) = 83.3$$

计算的 χ^2 值在区间[40.5,83.3]内，故认为平差模型正确。

8 近代测量平差概论

最小二乘准则在处理仅含有偶然误差的观测值时，可以得到平差参数的最优无偏估计。但当观测值受系统误差或粗差影响时，采用最小二乘准则则无法获得参数的最优无偏估计。在经典测量数据处理中，要求设计矩阵列满秩、待估参数非随机以及观测值间相互独立。而随着测量技术的不断发展，多种空间对地观测技术广泛地应用于大地测量领域，观测模型更加丰富，随机模型也更加复杂，如多源数据的联合处理，需要考虑不同类型数据间定权的合理性，参数具有先验信息使得参数具有随机性质等，从而导致经典平差模型往往不再适用，需要采用近代测量数据处理理论与方法。本章仅选取秩亏自由网平差、附加系统参数的平差和粗差探测与稳健估计 3 个典型进展进行介绍。

8.1 秩亏自由网平差

8.1.1 概述

经典平差中，如间接平差模型中要求观测方程系数矩阵为列满秩，当采用最小二乘准则时，所得法方程的解即为未知参数的唯一解。但当大地测量网的起算数据不足时，即缺少足够的基准条件，会导致设计矩阵秩亏、法方程系数矩阵奇异、法方程系数矩阵正则逆不存在，从而导致法方程的解不唯一。当误差方程的系数矩阵秩亏时，进行的测量数据处理称为秩亏自由网平差。

假设有 n 个观测值 $\boldsymbol{L}=[l_1 \quad l_2 \quad \cdots \quad l_n]^{\mathrm{T}}$，$t$ 个未知参数 $\boldsymbol{X}=[x_1 \quad x_2 \quad \cdots \quad x_t]^{\mathrm{T}}$，其测量平差数学模型为

$$\text{函数模型：}\underset{n\times 1}{\boldsymbol{L}} = \underset{n\times t}{\boldsymbol{A}}\,\underset{t\times 1}{\boldsymbol{X}} + \underset{n\times 1}{\boldsymbol{\Delta}} \tag{8.1.1}$$

$$\text{随机模型：}E(\underset{n\times 1}{\boldsymbol{L}}) = \underset{n\times t}{\boldsymbol{A}}\,\underset{t\times 1}{\boldsymbol{X}},\quad D(\underset{n\times n}{\boldsymbol{L}}) = \sigma_0^2 \underset{n\times n}{\boldsymbol{Q}} = \sigma_0^2 \underset{n\times n}{\boldsymbol{P}^{-1}} \tag{8.1.2}$$

采用经典间接平差时，要求网中具备足够的基准数，即具备必要的起算数据，其个数与网的类型有关。如水准网的基准数为 1；测边、边角和导线网的基准数为 3，即一个点的坐标和一条边的方位角；测角网的基准数为 4，即两点的坐标等。相应的误差方程可表示为

$$\underset{n\times 1}{\boldsymbol{V}} = \underset{n\times t}{\boldsymbol{A}}\,\underset{t\times 1}{\hat{\boldsymbol{X}}} - \underset{n\times 1}{\boldsymbol{l}} \tag{8.1.3}$$

上式中设计矩阵 $\boldsymbol{A}$ 为列满秩矩阵，即 $R(\boldsymbol{A})=t$。由最小二乘准则即可得到法方程

$$\underset{t\times t}{\boldsymbol{N}}\,\underset{t\times 1}{\hat{\boldsymbol{X}}} = \underset{t\times 1}{\boldsymbol{W}} \tag{8.1.4}$$

式中：$\boldsymbol{N}=\boldsymbol{A}^{\mathrm{T}}\boldsymbol{P}\boldsymbol{A}$；$\boldsymbol{W}=\boldsymbol{A}^{\mathrm{T}}\boldsymbol{P}\boldsymbol{l}$。由于 $R(\boldsymbol{N})=R(\boldsymbol{A}^{\mathrm{T}}\boldsymbol{P}\boldsymbol{A})=R(\boldsymbol{A})=t$，因此 $\boldsymbol{N}$ 满秩，存在正则逆，法方程有唯一的解。即

$$\hat{\boldsymbol{X}} = \boldsymbol{N}^{-1}\boldsymbol{A}^{\mathrm{T}}\boldsymbol{P}\boldsymbol{l} \tag{8.1.5}$$

【例 8.1.1】 设有水准网，如图 8.1.1 所示，假设 P_3 点高程已知，按经典间接平差原理可列出误差方程式

$$\begin{bmatrix} v_1 \\ v_2 \\ v_3 \end{bmatrix} = \begin{bmatrix} 1 & 0 \\ -1 & 1 \\ 0 & -1 \end{bmatrix} \begin{bmatrix} \hat{x}_1 \\ \hat{x}_2 \end{bmatrix} - \begin{bmatrix} l_1 \\ l_2 \\ l_3 \end{bmatrix}$$

可见，设计矩阵 $\boldsymbol{A}$ 的秩 $R(\boldsymbol{A})=2$，为列满秩。

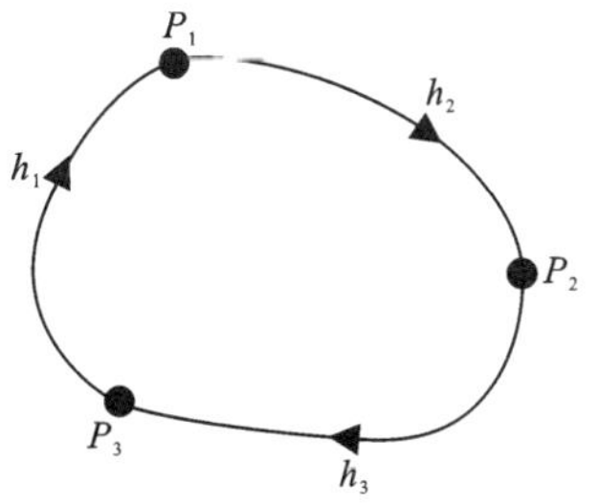

图 8.1.1　水准网

假设观测值为等精度观测，按最小二乘原理组成法方程，得

$$\begin{bmatrix} 2 & -1 \\ -1 & 2 \end{bmatrix} \begin{bmatrix} \hat{x}_1 \\ \hat{x}_2 \end{bmatrix} = \begin{bmatrix} l_1 - l_2 \\ l_2 - l_3 \end{bmatrix}$$

上式中法方程系数矩阵的秩 $R(\boldsymbol{N})=2$，列满秩，方程有唯一解。

通常将法方程系数矩阵满秩的数据处理问题称为满秩平差问题。若网中已知的起算数据等于必要起算数据时，该平差问题被称为经典自由网平差。

在上例中，若网中没有已知起算数据，即 P_1、P_2 和 P_3 均为待定点高程，令 3 个待定点高程为待估参数，则可列出误差方程式

$$\begin{bmatrix} v_1 \\ v_2 \\ v_3 \end{bmatrix} = \begin{bmatrix} 1 & 0 & -1 \\ -1 & 1 & 0 \\ 0 & -1 & 1 \end{bmatrix} \begin{bmatrix} \hat{x}_1 \\ \hat{x}_2 \\ \hat{x}_3 \end{bmatrix} - \begin{bmatrix} l_1 \\ l_2 \\ l_3 \end{bmatrix}$$

此时设计矩阵 $\boldsymbol{A}$ 的行列式为

$$\det(\boldsymbol{A}) = \begin{vmatrix} 1 & 0 & -1 \\ -1 & 1 & 0 \\ 0 & -1 & 1 \end{vmatrix} = 0$$

由于 $\begin{vmatrix} 1 & 0 \\ -1 & 1 \end{vmatrix} = 1 \neq 0$，故 $R(\boldsymbol{A})=2$，即 $\boldsymbol{A}$ 为降秩矩阵，按最小二乘原理构成的法方程系数矩阵为

$$\boldsymbol{N} = \boldsymbol{A}^{\mathrm{T}}\boldsymbol{A} = \begin{bmatrix} 2 & -1 & -1 \\ -1 & 2 & -1 \\ -1 & -1 & 2 \end{bmatrix}$$

而

$$\det(\boldsymbol{N}) = \begin{vmatrix} 2 & -1 & -1 \\ -1 & 2 & -1 \\ -1 & -1 & 2 \end{vmatrix} = 0, \quad \begin{vmatrix} 2 & -1 \\ -1 & 2 \end{vmatrix} = 3 \neq 0$$

故 $R(\boldsymbol{N})=2<3$，$\boldsymbol{N}$ 为奇异方阵，$\boldsymbol{N}^{-1}$ 不存在，其解不唯一，有无穷多组解。

由此可见，引起设计矩阵秩亏的原因在于水准网中缺少必要的起算数据，即缺少高程基准，此时水准网无法固定，可以上下平移。这种由于缺少基准导致误差方程设计矩阵秩亏、法方程具有无穷解的平差问题称为秩亏自由网平差。

基准是为了唯一确定大地网而必须提供的必要起算数据。例如，采用水准网估计待定点高程，最少需要已知 1 个高程量；采用测角三角网估计待定点二维平面坐标，基准条件为4 个，即 1 个固定点条件（x 和 y 两个已知数据），1 条固定边和一条边的固定方位角；采用测边三角网或导线网估计二维平面坐标，基准条件数为 3 个，即 2 个坐标条件和 1 个方位条件。此外，为了确定一个大地网的网形，必须拥有足够的必要观测数据，通常用 t 表示，独立未知参数个数用 u 来表示。

（1）当拥有必要起算数据时，$u=t$，系数矩阵 $\boldsymbol{A}$ 为列满秩矩阵，即

$$R(\underset{n\times t}{\boldsymbol{A}}) = t \tag{8.1.6}$$

属于经典自由网平差问题。

（2）当没有必要起算数据时，$u>t$，系数矩阵 $\boldsymbol{A}$ 为降秩矩阵，即

$$R(\underset{n\times u}{\boldsymbol{A}}) = t < u \tag{8.1.7}$$

将矩阵的列维数与其秩之差称为该矩阵的秩亏数，用 d 表示，即

$$d = u - t \tag{8.1.8}$$

由于秩亏是由平差的基准缺失导致的，故秩亏数 d 等于缺少的基准个数。

设秩亏自由网平差的误差方程为

$$\underset{n\times 1}{\boldsymbol{V}} = \underset{n\times u}{\boldsymbol{A}}\,\underset{u\times 1}{\hat{\boldsymbol{X}}} - \underset{n\times 1}{\boldsymbol{l}} \tag{8.1.9}$$

式中：$R(\boldsymbol{A})=t<u$。按最小二乘准则$\boldsymbol{V}^{\mathrm{T}}\boldsymbol{P}\boldsymbol{V}=\min$，可得法方程

$$\underset{u\times u}{\boldsymbol{N}}\,\underset{u\times 1}{\hat{\boldsymbol{X}}} = \underset{n\times u}{\boldsymbol{A}^{\mathrm{T}}}\,\underset{n\times n}{\boldsymbol{P}}\,\underset{n\times 1}{\boldsymbol{l}} \tag{8.1.10}$$

式中：$R(\boldsymbol{N})=R(\boldsymbol{A}^{\mathrm{T}}\boldsymbol{P}\boldsymbol{A})=R(\boldsymbol{A})=t<u$，即 $\boldsymbol{N}$ 为奇异方阵，其正则逆不存在，该方程具有无穷解。

因此，为了求得未知参数的唯一解，在经典平差采用的最小二乘准则基础上，还必须增加新的约束条件，根据所增加的约束条件不同，秩亏自由网平差可分为普通秩亏自由网平差、加权秩亏自由网平差和拟稳平差 3 类。下面仅以普通秩亏自由网平差为例介绍秩亏自由网平差的原理。

8.1.2 普通秩亏自由网平差原理

1. 参数估计

为了求得方程式(8.1.10)的唯一解，给定参数改正数的最小范数条件

$$\hat{\boldsymbol{X}}^{\mathrm{T}}\hat{\boldsymbol{X}} = \min \tag{8.1.11}$$

顾及法方程式(8.1.10)，构造拉格朗日极值条件

$$\varphi = \hat{\boldsymbol{X}}^{\mathrm{T}}\hat{\boldsymbol{X}} - 2\boldsymbol{K}^{\mathrm{T}}(\boldsymbol{N}\hat{\boldsymbol{X}} - \boldsymbol{A}^{\mathrm{T}}\boldsymbol{P}\boldsymbol{l}) = \min \tag{8.1.12}$$

对 $\hat{\boldsymbol{X}}$ 求一阶导数并令其为零，得

$$\frac{\partial\varphi}{\partial\hat{\boldsymbol{X}}} = 2\hat{\boldsymbol{X}}^{\mathrm{T}} - 2\boldsymbol{K}^{\mathrm{T}}\boldsymbol{N} = 0 \tag{8.1.13}$$

上式两边转置并顾及$\boldsymbol{N}^{\mathrm{T}}=\boldsymbol{N}$，得

$$\hat{\boldsymbol{X}} = \boldsymbol{N}\boldsymbol{K} \tag{8.1.14}$$

将其代入到式(8.1.10)，则

$$NNK = A^{T}Pl \tag{8.1.15}$$

因为 $R(N)-t<u$，故 $R(NN)=t<u$，NN 的正则逆不存在。由广义逆理论，可得

$$K = (NN)^{-} A^{T}Pl + [I - (NN)^{-}(NN)]M \tag{8.1.16}$$

代入式(8.1.14)，并顾及广义逆的性质 $N(NN)^{-}(NN)=N$，有

$$\hat{X}_r = N(NN)^{-} A^{T}Pl + [N - N(NN)^{-}(NN)]M = N_m^{-} A^{T}Pl \tag{8.1.17}$$

式中：

$$N_m^{-} = N(NN)^{-} \tag{8.1.18}$$

N_m^{-} 称为最小范数逆，$\hat{X}_r$ 即为最小范数解。显然 $\hat{X}_r$ 既满足最小二乘条件，又满足最小范数条件，因此也称其为最小二乘最小范数解。

2.精度估计

1)单位权方差

单位权方差的无偏估计公式为

$$\hat{\sigma}_0^2 = \frac{V^{T}PV}{f} = \frac{V^{T}PV}{n-t} \tag{8.1.19}$$

式中：f 为自由度；n 为观测值总数，$t=R(A)$ 为必要观测数。

2)未知参数估计量 $\hat{X}$ 的方差

根据协因数传播律，由式(8.1.17)可得未知数 $\hat{X}$ 的协因数矩阵为

$$Q_{\hat{X}_r\hat{X}_r} = N_m^{-}A^{T}PQPA(N_m^{-})^{T} = N(NN)^{-}N(NN)^{-}N = N^{+} \tag{8.1.20}$$

上式中 N^{+} 称为 N 的伪逆，具有唯一性。

8.2　附加系统参数的平差

系统误差是指受观测条件的影响而造成的可重复的误差，其数值或符号保持不变或按规律变化的误差。测量过程中的系统误差往往伴随着随机误差一起出现。在传统测量中，通常通过严格的测量规范来限制系统误差，如要求前后视距相等消除或减弱水准测量中 i 角带来的系统误差影响，采用合理的观测时间以减弱测距中大气折光的影响。但随着现代测量仪器和测绘技术的发展，如航空摄影测量、GNSS 导航定位、遥感测图、激光雷达测距等，存在如摄影系统畸变差、摄影材料系统变形、轨道参数误差、卫星姿态参数误差、钟差、图像配准等系统误差。这些误差若不加以有效处理，必将对测绘成果造成系统性的影响。可以通过假设系统参数，对系统误差进行分离，以减弱系统误差对测量成果的影响，这就涉及附加系统参数平差的问题。

8.2.1　附加系统参数平差原理

对经典的间接平差函数模型中的误差方程进行扩展，增加非随机系统参数，函数模型扩展为

$$\underset{n\times 1}{V} = A\underset{t\times 1}{\hat{X}} + B\underset{u\times 1}{\hat{S}} - \underset{n\times 1}{l} \tag{8.2.1}$$

上式即为附加系统参数平差的函数模型。对应的随机模型为

$$E(\boldsymbol{L})=\boldsymbol{A}\widetilde{\boldsymbol{X}}+\boldsymbol{B}\widetilde{\boldsymbol{S}},\quad D(\boldsymbol{L})=\sigma_0^2\boldsymbol{Q}=\sigma_0^2\boldsymbol{P}^{-1} \tag{8.2.2}$$

式中：$\widetilde{\boldsymbol{S}}$为系统参数，其平差值为 $\hat{\boldsymbol{S}}$。$\hat{\boldsymbol{X}}$ 和 $\hat{\boldsymbol{S}}$ 均为非随机参数。$R(\boldsymbol{A})=t$，$R(\boldsymbol{B})=u$，$n>(t+u)$。

采用最小二乘准则可得法方程

$$\begin{bmatrix}\boldsymbol{A}^{\mathrm{T}}\boldsymbol{PA} & \boldsymbol{A}^{\mathrm{T}}\boldsymbol{PB}\\ \boldsymbol{B}^{\mathrm{T}}\boldsymbol{PA} & \boldsymbol{B}^{\mathrm{T}}\boldsymbol{PB}\end{bmatrix}\begin{bmatrix}\hat{\boldsymbol{X}}\\ \hat{\boldsymbol{S}}\end{bmatrix}=\begin{bmatrix}\boldsymbol{A}^{\mathrm{T}}\boldsymbol{Pl}\\ \boldsymbol{B}^{\mathrm{T}}\boldsymbol{Pl}\end{bmatrix} \tag{8.2.3}$$

上述法方程系数矩阵为满秩方阵。令$\boldsymbol{N}_{11}=\boldsymbol{A}^{\mathrm{T}}\boldsymbol{PA}$，$\boldsymbol{N}_{12}=\boldsymbol{A}^{\mathrm{T}}\boldsymbol{PB}=\boldsymbol{N}_{21}^{\mathrm{T}}$，$\boldsymbol{N}_{22}=\boldsymbol{B}^{\mathrm{T}}\boldsymbol{PB}$，上式解为

$$\begin{bmatrix}\hat{\boldsymbol{X}}\\ \hat{\boldsymbol{S}}\end{bmatrix}=\begin{bmatrix}\boldsymbol{N}_{11} & \boldsymbol{N}_{12}\\ \boldsymbol{N}_{21} & \boldsymbol{N}_{22}\end{bmatrix}^{-1}\begin{bmatrix}\boldsymbol{A}^{\mathrm{T}}\boldsymbol{Pl}\\ \boldsymbol{B}^{\mathrm{T}}\boldsymbol{Pl}\end{bmatrix} \tag{8.2.4}$$

按分块矩阵求逆公式，则有

$$\begin{bmatrix}\boldsymbol{N}_{11} & \boldsymbol{N}_{12}\\ \boldsymbol{N}_{21} & \boldsymbol{N}_{22}\end{bmatrix}^{-1}=\begin{bmatrix}\boldsymbol{N}_{11}^{-1}+\boldsymbol{N}_{11}^{-1}\boldsymbol{N}_{12}\boldsymbol{M}^{-1}\boldsymbol{N}_{21}\boldsymbol{N}_{11}^{-1} & -\boldsymbol{N}_{11}^{-1}\boldsymbol{N}_{12}\boldsymbol{M}^{-1}\\ -\boldsymbol{M}^{-1}\boldsymbol{N}_{21}\boldsymbol{N}_{11}^{-1} & \boldsymbol{M}^{-1}\end{bmatrix} \tag{8.2.5}$$

式中：$\boldsymbol{M}=\boldsymbol{N}_{22}-\boldsymbol{N}_{21}\boldsymbol{N}_{11}^{-1}\boldsymbol{N}_{12}$。

将式(8.2.5)代入式(8.2.4)，可得参数解为

$$\hat{\boldsymbol{X}}=(\boldsymbol{N}_{11}^{-1}+\boldsymbol{N}_{11}^{-1}\boldsymbol{N}_{12}\boldsymbol{M}^{-1}\boldsymbol{N}_{21}\boldsymbol{N}_{11}^{-1})\boldsymbol{A}^{\mathrm{T}}\boldsymbol{Pl}-\boldsymbol{N}_{11}^{-1}\boldsymbol{N}_{12}\boldsymbol{M}^{-1}\boldsymbol{B}^{\mathrm{T}}\boldsymbol{Pl} \tag{8.2.6}$$

$$\hat{\boldsymbol{S}}=-\boldsymbol{M}^{-1}\boldsymbol{N}_{21}\boldsymbol{N}_{11}^{-1}\boldsymbol{A}^{\mathrm{T}}\boldsymbol{Pl}+\boldsymbol{M}^{-1}\boldsymbol{B}^{\mathrm{T}}\boldsymbol{Pl}=\boldsymbol{M}^{-1}(\boldsymbol{B}^{\mathrm{T}}\boldsymbol{Pl}-\boldsymbol{N}_{21}\boldsymbol{N}_{11}^{-1}\boldsymbol{A}^{\mathrm{T}}\boldsymbol{Pl}) \tag{8.2.7}$$

8.2.2 附加系统参数平差精度估计

单位权方差估计式为

$$\hat{\delta}_0^2=\frac{\boldsymbol{V}^{\mathrm{T}}\boldsymbol{PV}}{r}=\frac{\boldsymbol{V}^{\mathrm{T}}\boldsymbol{PV}}{n-(t+u)} \tag{8.2.8}$$

由法方程系数逆矩阵式(8.2.5)可得：

$$\boldsymbol{Q}_{\hat{X}\hat{X}}=\boldsymbol{N}_{11}^{-1}+\boldsymbol{N}_{11}^{-1}\boldsymbol{N}_{12}\boldsymbol{M}^{-1}\boldsymbol{N}_{21}\boldsymbol{N}_{11}^{-1} \tag{8.2.9}$$

$$\boldsymbol{Q}_{\hat{S}\hat{S}}=\boldsymbol{M}^{-1} \tag{8.2.10}$$

假定不考虑系统参数时，误差方程式

$$\boldsymbol{V}=\boldsymbol{A}\hat{\boldsymbol{X}}-\boldsymbol{l} \tag{8.2.11}$$

其最小二乘解为$\hat{\boldsymbol{X}}_0$，即

$$\hat{\boldsymbol{X}}_0=\boldsymbol{N}_{11}^{-1}\boldsymbol{A}^{\mathrm{T}}\boldsymbol{Pl} \tag{8.2.12}$$

对应的协因数矩阵为

$$\boldsymbol{Q}_{\hat{X}_0\hat{X}_0}=\boldsymbol{N}_{11}^{-1} \tag{8.2.13}$$

顾及式(8.2.7)、式(8.2.12)，则式(8.2.6)可改写为

$$\hat{\boldsymbol{X}}=\hat{\boldsymbol{X}}_0-\boldsymbol{N}_{11}^{-1}\boldsymbol{N}_{12}\hat{\boldsymbol{S}}=\hat{\boldsymbol{X}}_0+\boldsymbol{\Delta}\hat{\boldsymbol{X}} \tag{8.2.14}$$

将式(8.2.13)代入式(8.2.9)，并顾及式(8.2.10)，可得 $\hat{\boldsymbol{X}}$ 的协因数矩阵为

$$\boldsymbol{Q}_{\hat{X}\hat{X}}=\boldsymbol{Q}_{\hat{X}_0\hat{X}_0}+\boldsymbol{\Delta Q}_{\hat{X}\hat{X}} \tag{8.2.15}$$

式中：

$$\Delta\hat{X} = -N_{11}^{-1}N_{12}\hat{S} \tag{8.2.16}$$

$$\Delta Q_{\hat{X}\hat{X}} = Q_{\hat{X}_0\hat{X}_0}N_{12}Q_{\hat{S}\hat{S}}N_{21}Q_{\hat{X}_0\hat{X}_0} \tag{8.2.17}$$

显然，$\Delta\hat{X}$即为增加系统参数后对未知参数解的影响，$\Delta Q_{\hat{X}\hat{X}}$为相应的精度变化。式(8.2.7)、式(8.2.8)、式(8.2.10)、式(8.2.14)、式(8.2.15)即为附加系数参数平差的计算公式。

8.3 粗差探测与稳健估计

粗差是指由观测条件的影响导致观测值中出现远大于中误差的一类误差，其占比较小，但对参数估计的影响不容忽视。当观测值含有粗差时，若仍采用最小二乘准则进行参数估计，不仅不会得到最优无偏估计，还会严重影响测量成果质量，因为最小二乘准具有均衡误差的性质。

为便于研究粗差的规律，本节假设观测值中不含系统误差，只考虑粗差和偶然误差的联合影响，即

$$\Delta = \Delta_g + \Delta_n \tag{8.3.1}$$

当对含有粗差的观测值建立数学模型时，一般有两类处理方法：

(1)一类是将粗差归入函数模型，随机模型则保持不变，即

$$\begin{cases} L_i \sim N[E(L_i),\sigma^2] \\ L_j \sim N[E(L_j)+\Delta_g,\sigma^2] \end{cases} \tag{8.3.2}$$

式中：L_i为正常观测值；L_j为含粗差的观测值。

这种模型称为均值漂移模型。该模型将含粗差的观测值L_j看作为与正常观测值L_i具有相同方差不同数学期望值的随机变量，采用该模型处理粗差的方法称为数据探测法。

(2)另一类是将粗差归入到随机模型，即

$$\begin{cases} L_i \sim N[E(L_i),\sigma^2] \\ L_j \sim N[E(L_j),a^2\sigma^2],a^2 > 1 \end{cases} \tag{8.3.3}$$

该模型将含粗差的观测值L_j看作与正常的观测值L_i有相同数学期望不同方差随机变量，采用该模型处理粗差的方法称为稳健估计法。

8.3.1 数据探测法

数据探测法是巴尔达基于可靠性理论提出的一种处理粗差的方法。该方法基本思想是基于均值漂移模型，在平差过程中检测观测值是否含有粗差，并对其进行定位与剔除，然后按照常规平差方法进行参数估计，达到消除粗差对观测值影响的目的。

当观测值不含粗差时，$E(\boldsymbol{\Delta})=0$，则不含粗差影响的观测值改正数$\boldsymbol{V}$，其数学期望为

$$E(\boldsymbol{V}) = 0 \tag{8.3.4}$$

方差为

$$D(\boldsymbol{V}) = \sigma_0^2 \boldsymbol{Q}_{VV} \tag{8.3.5}$$

则$v_i \sim N[0,\sigma_0^2(\boldsymbol{Q}_{VV})_{ii}]$。

如果观测值中含有粗差，且假定只有第i个观测值含有粗差，设为Δg_i，此时该观测值的改正数为

$$v'_i = v_i + v_{g_i} \tag{8.3.6}$$

则其数学期望为

$$E(v'_i) = v_{\varepsilon_i} \neq 0 \tag{8.3.7}$$

据此可通过检验观测值改正数的期望是否为零来判断观测值中是否含有粗差。检验的主要步骤如下：

(1)给定原假设和被选假设

$$H_0: E(v_i) = 0$$

$$H_1: E(v_i) \neq 0$$

(2)当 H_0 成立时，构造检验统计量，这里采用标准化残差为检验统计量，即

$$w_i = \frac{v_i}{\sigma_{v_i}} = \frac{v_i}{\sigma_0\sqrt{Q_{v_iv_i}}} = N(0,1) \tag{8.3.8}$$

(3)进行 u 检验，给定显著水平 α，一般取 $\alpha=0.001$，采用双尾检验，查正态分布表得 $u_{\frac{\alpha}{2}}$，若 $w_i<u_{\frac{\alpha}{2}}$，则接受 H_0，$E(v_i)=0$ 成立，即 v_i 不受粗差的影响，否则判断存在粗差。

数据探测法在假定只有一个观测粗差的前提下其理论是严密的，能够准确定位出含有粗差的观测值。但在具体应用中常存在多个观测值含有粗差，此时可采用逐次粗差探测与剔除的方法进行处理。但该方法没有考虑到含有粗差观测值之间的相关性，使得粗差识别存在偏差，为此需要研究其他粗差处理方法。

8.3.2 稳健估计法

稳健估计法是一种方差膨胀模型，即含有粗差的观测值，方差变大，精度降低。为此通过迭代选权的方法，将含有粗差的观测值的权逐次降低，以消除粗差对参数估计的影响。

稳健估计法有很多，总的来说可以分为三大类：M 估计、L 估计和 R 估计。M 估计是一种广义的极大似然估计，是极大似然估计的推广，又分为选权迭代法和 P 范数最小法两类。由于 M 估计易于实施，是目前应用最为广泛的一种稳健估计法。本节主要对 M 估计及其选权迭代法进行简要介绍。

1. M 估计原理

最小二乘估计的准则为

$$\boldsymbol{V}^{\mathrm{T}}\boldsymbol{PV} = \min \tag{8.3.9}$$

因此个别异常大残差的出现将会导致平方和迅速增大。为了达到平方和为极小的目的，估值必然要迁就那些异常值，所以个别异常值会对整个估值产生较大的影响。因此，如果用增长较慢的极小化残差函数代替平方和函数，是否可以得到比最小二乘估计具有较好的抗粗差性的估计呢？Huber(胡贝尔)于 20 世纪 60 年代提出的 M 估计正是基于这种想法。

设有参数向量 $\boldsymbol{X}$，是未知的非随机变量，为了估计 $\boldsymbol{X}$，进行 n 次观测，得到了观测向量 $\underset{n\times1}{\boldsymbol{L}}$ 的观测值 $\underset{n\times1}{\boldsymbol{l}}$，由极大似然估计有

$$\sum_{i=1}^{n}\ln(f(l_i,\hat{\boldsymbol{X}})) = \max \tag{8.3.10}$$

或

$$-\sum_{i=1}^{n}\ln(f(l_i,\hat{\boldsymbol{X}}))=\min \tag{8.3.11}$$

式中：f 为随机量 L 的密度函数。

Huber 于 1964 年提出用 $\rho(l_i,\hat{\boldsymbol{X}})$ 代替函数 $-\ln(f(l_i,\hat{\boldsymbol{X}}))$ 使其定义广义化，于是可得

$$\sum_{i=1}^{n}\rho(l_i,\hat{\boldsymbol{X}})=\min \tag{8.3.12}$$

或

$$\sum_{i=1}^{n}\varphi(l_i,\hat{\boldsymbol{X}})=0 \tag{8.3.13}$$

式中：

$$\varphi(l_i,\hat{\boldsymbol{X}})=\frac{\partial\rho(l_i,\hat{\boldsymbol{X}})}{\partial\hat{\boldsymbol{X}}} \tag{8.3.14}$$

由式(8.3.12)或式(8.3.13)出发，对参数 $\hat{\boldsymbol{X}}$ 进行估计，即是广义极大似然估计，简称 M 估计。

在测量平差中，观测量 $\boldsymbol{L}$ 的残差为 $\boldsymbol{V}$，权为 $\boldsymbol{P}$，且独立。M 估计的函数 ρ 可取为 $\rho(v_i)$，M 估计准则为

$$\sum_{i=1}^{n}P_i\rho(v_i)=\min \tag{8.3.15}$$

或

$$\sum_{i=1}^{n}P_i\varphi(v_i)=0 \tag{8.3.16}$$

式中：

$$\varphi(v_i)=\frac{\partial\rho(v_i)}{\partial\hat{\boldsymbol{X}}} \tag{8.3.17}$$

M 估计中的 ρ 和 φ 是任意适当选取的函数，M 估计的稳健性与 ρ(或 φ)的选择有关。例如，当

$$\rho(v_i)=v_i^2 \tag{8.3.18}$$

就是最小二乘估计，它不具抗粗差能力。选取不同的 ρ(或 φ)，会得出不同的 M 估计，其稳健性也不尽相同，因此 M 估计不是指一个确定的估计，它是指一类估计。

2. 选权迭代法

M 估计的方法有很多，其中应用最广泛、最易理解且计算最简便的方法为选权迭代法。

设间接平差的误差方程式为

$$\boldsymbol{V}=\boldsymbol{A}\hat{\boldsymbol{X}}-\boldsymbol{l} \tag{8.3.19}$$

观测值向量权阵为 $\boldsymbol{P}$。设含有粗差的误差方程可写为

$$v_i=\boldsymbol{a}_i\hat{\boldsymbol{X}}-l_i \tag{8.3.20}$$

其权为 P_i；$\boldsymbol{a}_i$ 为 $\boldsymbol{A}$ 的第 i 行向量。

根据 M 估计准则 $\sum\limits_{i=1}^{n}p_i\varphi(v_i)=0$，即

$$\frac{\partial \sum_{i=1}^{n} p_i \rho(v_i)}{\partial \hat{\boldsymbol{X}}} = \sum_{i=1}^{n} p_i \varphi(v_i) \frac{\partial v_i}{\partial \hat{\boldsymbol{X}}} = \sum p_i \varphi(v_i) \boldsymbol{a}_i = 0 \tag{8.3.21}$$

或

$$\sum_{i=1}^{n} \boldsymbol{a}_i^{\mathrm{T}} p_i \frac{\varphi(v_i)}{v_i} v_i = 0 \tag{8.3.22}$$

令 $w_i = \dfrac{\varphi(v_i)}{v_i}$，称为权因子，$\bar{p}_i = p_i w_i$ 为等价权函数，则将式(8.3.22)写成矩阵形式为

$$\boldsymbol{A}^{\mathrm{T}} \overline{\boldsymbol{P}} \boldsymbol{V} = 0 \tag{8.3.23}$$

式中：$\overline{\boldsymbol{P}}$为等价权阵，当观测值独立时，对角线元素为每个观测值的等价权 $\bar{p}_i$；当观测值不独立时可采用相关等价权。顾及式(8.3.19)有

$$\boldsymbol{A}^{\mathrm{T}} \overline{\boldsymbol{P}} \boldsymbol{A} \hat{\boldsymbol{X}} - \boldsymbol{A}^{\mathrm{T}} \overline{\boldsymbol{P}} \boldsymbol{l} = 0 \tag{8.3.24}$$

由此解得参数的 M 估值为

$$\hat{\boldsymbol{X}} = (\boldsymbol{A}^{\mathrm{T}} \overline{\boldsymbol{P}} \boldsymbol{A})^{-1} \boldsymbol{A}^{\mathrm{T}} \overline{\boldsymbol{P}} \boldsymbol{l} \tag{8.3.25}$$

上式解法与最小二乘求解完全一致，因此又称为抗差最小二乘法。

下面简述选权迭代法的求解步骤。

(1)建立数学模型：

$$\boldsymbol{V} = \boldsymbol{A} \hat{\boldsymbol{X}} - \boldsymbol{l}, \quad \boldsymbol{P}$$

(2)按最小二乘法求解参数估值及其残差：

$$\hat{\boldsymbol{X}}^{(1)} = (\boldsymbol{A}^{\mathrm{T}} \boldsymbol{P} \boldsymbol{A})^{-1} \boldsymbol{A}^{\mathrm{T}} \boldsymbol{P} \boldsymbol{l}$$

$$\boldsymbol{V}^{(1)} = \boldsymbol{A} \hat{\boldsymbol{X}}^{(1)} - \boldsymbol{l}$$

(3)由$\boldsymbol{V}^{(1)}$求解观测值的等价权矩阵$\overline{\boldsymbol{P}}$，应用抗差最小二乘法式(8.3.25)进行迭代计算。选定某一微小正数 ε 作为阈值，当第 k 次与第 $k-1$ 次迭代所得的参数估值之差的绝对值小于选定的阈值时停止迭代，即满足

$$\left| \hat{\boldsymbol{X}}^{(k)} - \hat{\boldsymbol{X}}^{(k-1)} \right| \leqslant \varepsilon$$

(4)输出最后结果：

$$\hat{\boldsymbol{X}}^{(k)} = (\boldsymbol{A}^{\mathrm{T}} \overline{\boldsymbol{P}}^{(k-1)} \boldsymbol{A})^{-1} \boldsymbol{A}^{\mathrm{T}} \overline{\boldsymbol{P}}^{(k-1)} \boldsymbol{l}$$

$$\boldsymbol{V}^{(k)} = \boldsymbol{A} \hat{\boldsymbol{X}}^{(k)} - \boldsymbol{l}$$

从选权迭代求解的步骤可知，该方法的关键是确定等价权。选择不同的 ρ 函数，就构成不同的权函数。通常权函数是一个在平差过程中随改正数变化的量，经过多次迭代，使含有粗差的观测的权函数接近于零。这样一种在平差过程中通过改变观测值的权来实现参数稳健估计的方法，称之为选权迭代法。在测量数据处理中引入权矩阵的稳健估计理论由周江文教授提出，称之为等价权抗差估计。

以下介绍 3 种常用的 ρ 函数和对应的权因子构造法。

1)胡贝尔法

胡贝尔(Huber)提出的 ρ 函数为

$$\rho(v)=\begin{cases}\dfrac{v^2}{2} & |v|\leqslant c\\ c|v|-\dfrac{1}{2}c^2 & |v|>c\end{cases} \tag{8.3.26}$$

式中：c 为常系数，通常可取 $c=2\sigma$，由此可得相应的权因子为

$$w(v)=\begin{cases}1 & |v|\leqslant c\\ \dfrac{c}{|v|} & |v|>c\end{cases} \tag{8.3.27}$$

由胡贝尔法确定的权因子可以看出，当所有改正数均在 $-c$ 和 c 之间时，胡贝尔估计就是经典的最小二乘估计。而当改正数大于 c 时，其 $w(v)$ 与改正数成反比，v 越大，对应的 $w(v)$ 越小，权也越小，与此相应该观测值对参数估计的影响也越小。

2)IGG 法

IGG 法是周江文在 1989 年提出的一种抗差权函数构造方法，其 ρ 函数为

$$\rho(v)=\begin{cases}\dfrac{v^2}{2} & |v|<1.5\sigma\\ |v| & 1.5\sigma<|v|<2.5\sigma\\ d & |v|>2.5\sigma\end{cases} \tag{8.3.28}$$

权因子为

$$w(v)=\begin{cases}1 & |v|<1.5\sigma\\ \dfrac{1}{|v|+k} & 1.5\sigma<|v|<2.5\sigma\\ 0 & |v|>2.5\sigma\end{cases} \tag{8.3.29}$$

式中：k 是相对 $|v|$ 的一个很小的量。

3)相关等价权

当观测值相关时，观测值的权阵为

$$\boldsymbol{P}=\begin{bmatrix}p_{11} & \cdots & p_{1n}\\ \vdots & & \vdots\\ p_{n1} & \cdots & p_{nn}\end{bmatrix} \tag{8.3.30}$$

当采用选权迭代法进行抗差估计时需要建立相关等价权，其权阵为

$$\bar{\boldsymbol{P}}=\begin{bmatrix}\bar{p}_{11} & \cdots & \bar{p}_{1n}\\ \vdots & & \vdots\\ \bar{p}_{n1} & \cdots & \bar{p}_{nn}\end{bmatrix} \tag{8.3.31}$$

其中

$$\begin{cases}\bar{p}_{ii}=p_{ii}\cdot w_i, & w_i=\varphi_i(v_i,v_i)/v_i\\ \bar{p}_{ij}=p_{ij}\cdot w_j, & w_j=\varphi_j(v_i,v_j)/v_j\end{cases} \tag{8.3.32}$$

与独立观测值等价权相比，相关等价权的 φ 函数或权因子 w 的构造更加复杂，这里仅介绍 IGG-Ⅲ相关等价权函数的构造方法，以及

$$\bar{p}_{ij}=\begin{cases}p_{ij} & |u_j|<k_0\\ p_{ij}\cdot\dfrac{k_0}{|u_j|}\cdot d_j^2, & k_0\leqslant|u_j|<k_1\\ 0 & k_1\leqslant|u_j|\end{cases}\tag{8.3.33}$$

式中：令 $u_j=v_j/\sigma_0$；$d_j=(k_1-|u_j|)/(k_1-k_0)$，称为平滑因子，且 $0\leqslant d_j\leqslant 1$，$k_0$ 可取 1.0～1.5，k_1 可取 2.5～3.0。

主要参考文献

崔希璋，於宗传，陶本藻，等，2001.广义测量平差(新版)[M].武汉：武汉大学出版社.

戴华阳，雷斌，2019.误差理论与测量平差[M].2版.北京：测绘出版社.

邓书斌，2010.ENVI遥感图像处理[M].北京：科学出版社.

丁安民，2012.误差理论与测量平差基础[M].北京：测绘出版社.

丁克良，李刚，李慧，等，2022.误差理论与测量平差基础[M].北京：中国地图出版社.

胡圣斌，肖本林，2012.误差理论与测量平差基础[M].北京：北京大学出版社.

黄维彬，1992.近代平差理论及其应用[M].北京：解放军出版社.

贾永红，2003.数字图像处理[M].武汉：武汉大学出版社.

李庆海，陶本藻，1992.概率统计原理和在测量中的应用[M].2版.北京：测绘出版社.

刘大杰，陶本藻，2000.实用测量数据处理方法[M].北京：测绘出版社.

邱卫宁，陶本藻，姚宜斌，等，2008.测量数据处理理论与方法[M].武汉：武汉大学出版社.

瞿伟，张勤，李振洪，等，2013.山西清徐地裂缝构造活动参数反演[J].武汉大学学报(信息科学版)，38(4)：421-425.

史文中，2005.空间数据与空间分析不确定性模型[M].北京：科学出版社.

隋立芬，宋立杰，柴洪州，等，2016.误差理论与测量平差基础[M].北京：测绘出版社.

陶本藻，2001.自由网平差变形分析[M].武汉：武汉测绘科技大学出版社.

陶本藻，2007.测量数据处理的统计理论和方法[M].北京：测绘出版社.

王穗辉，2015.误差理论与测量平差[M].2版.上海：同济大学出版社.

武汉大学测绘学院测量平差学科组，2014.误差理论与测量平差基础[M].3版.武汉：武汉大学出版社.

武汉大学测绘学院测量平差学科组，2015.误差理论与测量平差基础习题集[M].2版.武汉：武汉大学出版社.

杨元喜，1993.抗差估计理论及应用[M].北京：八 出版社.

杨元喜，2006.自适应动态导航定位[M].北京：测绘出版社.

於宗俦，于正林，1990.测量平差原理[M].武汉：武汉测绘科技大学出版社.

虞定麟，1985.利用贯通点相对误差椭圆预计隧道横向贯通误差[J].工程勘察(2)：1-6.

岳东杰，2005.水利水电工程变形监测中GPS技术与数据处理研究[D].南京：河海大学.

张菊清，杨元喜，张亮，2008.地图数字化误差纠正的拟合推估法[J].武汉大学学报(信息科学版)，33(5)：508-511.

张勤，张菊清，岳东杰，等，2020.近代测量数据处理与应用[M].2版.北京：测绘出版社.

张书毕,2013.测量平差[M].2版.徐州:中国矿业大学出版社.

赵丽华,2011.区域地壳运动模型实现的理论与方法研究[D].西安:长安大学.

周江文,欧吉坤,杨元喜,等,1999.测量误差理论新探[M].北京:地震出版社.

朱建军,左延英,宋迎春,2013.误差理论与测量平差基础[M].北京:测绘出版社.

TAO B Z,QIU W N,YAO Y B,et al.,2019.Error theory and foundation of surveying adjustment[M].Wuhan:Wuhan University Press.

HUGHES I,HASE T,2010.Measurements and their uncertainties:a practical guide to modern error analysis[M].Oxford:Oxford University Press.

NIE Y,SHEN Y,PAIL R,et al.,2022.Efficient variance component estimation for large-scale least-squares problems in satellite geodesy[J].Journal of Geodesy,96(2):1-15.

YANG Y X,HE H B,XU G C,2001.Adaptively robust filtering for kinematic geodetic positioning[J].Journal of Geodesy,75(2/3):109-116.